U0579100

让 我 们 一 起 追 寻

Moral Politics: How Liberals and Conservatives Think

By George Lakoff

道德政治

MORAL POLITICS

How Liberals and
Conservatives Think

〔美〕

乔治·莱考夫

著

张淳 胡红伟 \译

自由派和
保守派如何思考

社会科学文献出版社
SOCIAL SCIENCES ACADEMIC PRESS (CHINA)

目　录

第五部分　总结

第六部分　谁是对的？　你怎么知道的？

再版前言

在我看来，本书在今天的意义比其初版时（1996 年）更加 重要，与当下的问题更密切相关。无论是克林顿的弹劾审判，还是 2000 年总统选举当中佛罗里达州的选举票计数，都给我们展现了一个分裂的美国。这种分裂在一个又一个的议题、政府的各个层面，以及各种各样的媒体当中都表露无遗。本书的内容就是对这一分裂进行解释。

2000 年总统大选之夜，红州和蓝州的地图分布不仅展现了东西海岸连同五大湖地区与中部地区在地理上的分裂，也不仅仅是利益团体的分裂，它反映的是两种看待世界的方式之间的分裂。在政治学中，这一分裂即保守主义和进步主义（或自由主义）的分裂。但是这一政治分裂的影响比看上去要深远得多。它同样也是道德上的分裂，关系到人们如何看待什么是"好"人，什么行为是"正确的"。而且，其影响还不仅于此：归根结底，这一分裂植根于家庭，关系到人们认为家庭应该是怎样的——你的父母是不是称职，你是不是一个好的家长，以及你 是否以正确的方式抚养长大。这一政治分裂是很个人的。它关系到你是什么样的人。

保守主义/自由主义的分裂归根结底是各个层面——从家庭到道德到宗教，一直到政治——人们理想意义上的严厉和慈爱之间的分裂。这一分裂处于我们的民主和公共生活的核心，但至今我们的公共话语没有对之进行公开的讨论。究其原因，是因为其细节在很大程度上是无意识的，属于认知科学家称为认知无意识的一部分——一种我们无法直接接触的深层思维。然而，认知科学家可以推断出认知无意识并对其进行详细研究，本书将会展现这样的过程。但是，对于大多数人无法公开接触到的事情，很难进行公开讨论。然而，对于想要深入理解并掌握我们国家最深层次的根本分裂的美国人来说，这一点至关重要，这个分裂超越并是所有个别议题之源：政府的角色、社会福利政策、税收、教育、环境、能源、枪支管制、堕胎、死刑等。这些议题说到底并不是不相关的问题，而是同一个问题的表现：严厉和慈爱。这绝不是一件容易的事，所以我们需要一本书的篇幅才能讲清楚。

对于自认为属于进步主义或自由主义阵营的人来说，理解这些问题尤为重要。在过去的三十年里，保守派已经向他们的智囊团投入了数十亿美元。资金充足的保守派知识分子已经完成了他们的工作，阐明了保守派的统一的道德和家庭价值体系；为自己的愿景创造了合适的语言；在全国的媒体进行传播；制定了一个符合保守派价值观的连贯一致的政治规划。

进步派的智囊团做得不够好，我们将在本书的后记中讨论其中的原因。正如我们将要看到的那样，尽管保守派似乎是少数派，但他们一直很成功，其背后有着非常重要的原因。保守派支持他们的知识分子；而进步派常常忽视这一点。保守派重视基础建设，舍得给他们最好的思想家和作家的事业进行投资；进步派有足够的资金来做这些事情，但他们并没有有效地实施。我们将会看到为什么会出现这种情况，在后记中，我会补充一些内容，说明我们需要怎样做才能迎头赶上。

自从本书的初版发行以来，已经发生了很多事情。尽管有

[xi]

些人物已经改变（金里奇和克林顿不再占据舞台的中心），虽然有些特定的议题已经消失（没有人再推动孤儿院的建设）并被其他议题所取代（比如能源政策），但是，美国政治世界观的基本轮廓仍然没有改变。

本书的后记将会把讨论延伸到当下的问题：克林顿弹劾审判、2000 年总统大选、乔治·W. 布什政府的早期行政管理，以及进步派未来的问题和前景。

乔治·莱考夫

2001 年 6 月

致　谢

首先，我要向加州大学伯克利分校的学生和同事表示诚挚 〔xiii〕
的感谢。在过去的 24 年里，我有幸在此教书，遇见了卓越的同事，以及聪明、勤奋、和善、富有质疑精神的学生，他们为我提供了无与伦比的温暖和充满智性挑战的环境。对此，我深表感激。我要特别感谢诺厄·鲍姆（Noah Baum），黛安娜·鲍姆林德（Diana Baumrind），罗伯特·贝拉（Robert Bellah），乔·坎波斯（Joe Campos），大卫·科利尔（David Collier），乔·格雷迪（Joe Grady），乔舒亚·古特维尔（Joshua Gutwill），J. B. 洛（J. B. Lowe），帕姆拉·摩根（Pamela Morgan），保罗·马森（Paul Mussen），思蕊妮·纳亚纳（Srini Narayanan），艾伦·施瓦茨（Alan Schwartz），劳拉·斯托克（Laura Stoker），伊芙·斯威策（Eve Sweetser），萨拉·陶布（Sarah Taub），艾略特·图雷尔（Eliot Turiel），南希·厄本（Nancy Urban）和莱昂内尔·威（Lionel Wee）。帕姆拉·摩根还整理了宝贵的参考文献。

马克·约翰逊的《道德想象力》激励我开始思考道德体系的问题，本书的大部分内容我都与约翰逊讨论过。他是我所认识的最富创造力的同事，也是最好的朋友。

我的儿子安德鲁·莱考夫（Andrew Lakoff）阅读了我的大量书稿，远远超出了一个孝子应尽的义务。由于他的批评、挑 〔xiv〕
战、诙谐的幽默、出色而富有成效的建议，本书得到了很大的提升。

迈克尔·厄曼纳提（Michele Emanatian），佐尔坦·科夫塞思（Zoltan Kovecses），吉姆·麦克利（Jim McCawley），马克·特纳（Mark Turner）和斯蒂芬·温特（Steven Winter）都为本书提供了重要的评论，一如既往地带给我很多思考和启发，还有安东尼奥（Antonio）和汉娜·达玛西奥（Hannah Damasio）也是如此。

我非常幸运能够和保罗·迪恩（Paul Deane）、大卫·图基（David Tuggy）成为朋友和同事，尽管他们与我有政治分歧，但仍然带给我很多见解和智慧。他们不会同意这本书的大部分内容，但他们耐心和善意的讨论使本书得到了完善。

芝加哥大学出版社的语言学编辑杰夫·赫克（Geoff Huck）为书稿的修改提供了宝贵的建议。我很感激他非常精准的编辑判断，耐心的倾听和出色的语言学思维。出版社请的几位匿名审稿人也提供了非常有用的修改建议。

在撰写本书的过程中，1995 年夏季我有机会去巴黎高等技术学院和新墨西哥大学语言学研究所进行访学和教学。我要特别感谢皮埃尔·恩科威（Pierre Encreve），米歇尔·福内尔（Michel de Fornel）和他们的学生在我讲课期间对这些主题进行长时间的有益的讨论，还有皮埃尔·布尔迪厄（Pierre Bourdieu），他给我提出了极富启发性的建议。我很感激语言学研究所所长琼·拜比（Joan Bybee）给我在那里任教的机会，感谢舍曼·威尔科克斯（Sherman Wilcox）让我有机会在 1995 年国际认知语言学协会会议上介绍这些材料。我还要感谢 UNM 的葆拉·布拉曼特（Paula Bramante）提出的建议。

感谢加州大学 1994～1995 学年的总统人文奖学金。

伯克利分校的凯夫·范妮（Cafe Fanny）和欧·沙梅（O Chame）为我提供了丰富的食物。

我的妻子凯瑟琳·弗拉姆金（Kathleen Frumkin）就本书与我进行了详细的讨论，而且在其他方面提供了许多帮助。〔xv〕

几年前，我在花园里与已故的朋友保罗·鲍姆谈话。我问保罗，他能不能想到一个简单的问题，对这个问题的回答就是自由主义与保守主义政治态度的最佳指向标。他回答道："如果你的宝宝晚上哭，你会把他抱起来吗？"本书试图对这个答案进行理解。

第一部分
导　论

第 1 章　思维与政治

当代美国的政治存在世界观的分歧。保守派与自由派的区 〔3〕 别仅在于他们各自有着一套看待世界的方式，而且，他们常常无法准确理解对方的世界观到底是怎样的。作为一名思维与语言学专业学者我认为，我们能比以往更好地理解保守派和自由派的世界观以及他们的话语形式。

我所属的学科研究的是人们如何将这个世界概念化（conceptualize），它叫做认知科学，是对思维的一种跨学科研究。这个学科的研究范围很广泛，涵盖对视觉、记忆方方面面的研究，关注日常生活中的推理和语言。认知语言学是该学科的分支，最关注的是日常生活当中的概念化、推理和语言，即世界观问题。从这个研究领域诞生起，我就开始从事认知语言学研究，我的专业就是研究我们如何将日常生活概念化，如何思考和谈论它们。政治观念和政治话语也属于我的研究范围，尽管迄今为止相关的研究成果仍然十分少见。

常识与无意识思维

开篇之处，简单介绍一下我的专业或许是有用的。认知科 〔4〕 学研究得最多的概念之一是常识（common sense）。我们不能把常识当作理所应当照单接受的东西。认知科学家一听到"这仅仅是常识"这句话就会立刻竖起耳朵，同时他知道此处必有值得细究和深究之处——有值得仔细推敲之处。没有什么"仅仅是"常识。常识有一种无意识的概念化结构，正是这一结构使其成为"常识"。正因为政治话语具有这种常识性的特点，我们才必须研究它。我希望诸君在阅毕掩卷之时能够明白常识包含着多少深奥、复杂、世故和细微之处需要我们去细究，尤其是在道德领域和政治领域。

认知科学领域的最基本的结论之一（也是从对常识推理的研究得出的）是，人的大多数思维都是无意识的——这种无意识并非弗洛伊德意义上被压抑的无意识，而仅仅是我们没有意识到它。我们的思维和谈话的速度之快、层次之深，使我们来不及对我们所说所想的一切产生明确的意识，也无法对之进行有效的控制。对于思维的组成要素——概念，我们甚至更加缺乏明确的意识。当我们思考时，我们是在使用一套概念的阐释系统，但我们并不是很明确这些概念究竟是什么，以及它们如何被整合进一个系统里。

这就是我所研究的对象：我们无意识的概念系统（system of concepts）究竟是什么，我们如何应用这些概念系统进行思考和交流。最近几年，我的研究集中关注概念系统的两个组成部分：概念隐喻（conceptual metaphors）与类别（categories），尤其是其中的辐射型类别（radial categories）与原型（prototypes）。概念隐喻，即习惯地、通常是无意识地根据一套经验对另一套经验进行概念化。举例来说，很多人可能都没意[5]识到，我们通常都根据经济领域的交易和计算来对道德进行概念化。如果你帮了我一个大忙，对你来说我就是"负债的"（indebted）我就"欠"（owe）你一个人情，我就要考虑如何"偿还"（repay）这个人情。我们不仅根据这种欠债还钱的思维来谈论道德，同时我们还用另一种方式来思考道德。诸如回报

（retribution）、赔偿（restitution）、报复（revenge）、公正（justice）等概念在经济领域有特定的理解方式。我们将会看到，这些例子只是冰山一角。下面的论述会让人们明白很多道德推理都是隐喻推理。

如果这个例子还不够清楚的话，下面的论述会让人们更加明白，我们完全不必将隐喻思维诗意化，更不必将之修辞化。它在日常思维中很常见。并不是每一个常识都是隐喻性的，但其数量绝对是惊人的（参见参考文献，A1）。

隐喻性常识

日常生活中，我们在著名报刊的专栏文章里读到的很多都是隐喻性的常识推理。让我们来看一个非常简单的例子，这是从《华盛顿邮报》的专栏作家威廉·拉斯伯里（William Raspberry）的一篇专栏文章中摘录的〔发表于《休斯敦纪事报》（*Houston Chronicle*），A 版，第 30 页，1995 年 2 月 4 日〕。文章的开篇十分直白。

> 最新发现，首都华盛顿特区政府面临至少 7.22 亿美元的预算缺口，越来越多的人在谈论国会有可能接管这个城市。

在列举了一项他觉得有问题的政府花销之后，拉斯伯里接着写道：

> 我们在这种情况下会做，……就好像贫穷又仁慈的母亲发现自己还有一张信用卡可用。

[6] 换言之，这个城市惊人的债务当中，有相当部分是因为当地政府努力做好事，却无力承担其费用的结果。

然后他列举了一长串例子，都是市政府想做但是他认为政府却无力承担的好事，文章结尾他这样写道：

但问题大部分都在于仁慈的母亲的心态：如果是对孩子好的东西，我就应该买——至于钱从哪里来，这个问题以后再考虑。

好吧，母亲不仅刷爆信用卡：现在债务多得无论如何省吃俭用都无济于事了，她还需要国会的紧急财政援助。

但在此之后，她必须学会说不——不仅要对垃圾食品说不，也要对承担不起的优质肉类说不。

任何读者都能读懂拉斯伯里的这篇文章。他写的好像都是常识问题。然而，这里隐含着一个精致的概念隐喻，通篇都是根据这个隐喻进行论证。

在这个隐喻中，政府是一个不切实际地溺爱孩子的母亲，而市民就是她的孩子们。她不会自我约束；不负责任地溺爱孩子，预先花掉了她没有的钱。这不仅是一个政治故事，还是一个蕴含着道德含义的故事。其道德就是母亲必须要学会自我约束（"说不"）和自我否定（"对承担不起的优质肉类说不"），只有这样她才能成为一个好母亲。

这篇文章通俗易懂，对大多读者来说，它说的似乎都是常识问题。但为什么会这样呢？把政府比作父母、市民比作孩子的隐喻是最近才出现的吗？还是一个我们早已熟知的隐喻？读

者为什么愿意用这种方式去理解政府？他们为何不觉得这样的
隐喻实在荒谬？读者们——我是指所有的读者——为什么不这 〔7〕
样回应，"别跟我们扯些什么溺爱孩子的母亲，还是来点实在
的，讨论经济和政策的细节问题吧！"但是读者们并没有这样
做。专栏文章"只是常识"，而且，它只是保守主义的常识。

　　这个专栏的逻辑结构是由隐喻，而不是事实所决定的。人
们可能会采取不同的方式去叙述这种预算缺口。人们可能会观
察到，华盛顿特区的城市服务一定是超越了其人口规模，以服
务于那些相对富裕的公务员、游说者以及其他工作人员，他们
居住在富裕的郊区但在城里工作。人们也可能提到，国会的责
任就是让这个城市得到妥善的维护，并以人道标准为生，确实，
首都也应该为国家设定一个典范。然后，人们可能会从政府的
角度将国会喻为父母，将国会视为一个不称职的父亲，拒绝支
付其子女，亦即华盛顿特区居民的生活费。国会这个不称职的
父亲必须履行自己的职责，并支付相应的费用，不管这对他来
说有多艰难。这只是常识——一种不同的常识。

　　确切地说，保守派的常识是什么？它与自由派的常识有什
么不同？隐喻思想在保守派和自由派的日常常识推理中究竟扮
演了什么角色？正如我们将要看到的，这一专栏中所使用的隐
喻——政府即父母，与保守主义常识，以及作为一种政治和道
德哲学的保守主义关系密切。

辐射型类别

　　辐射型类别是人类概念类别中最常见的种类，我们无法
通过列出其所有成员所共有的特质来界定它。相反，其独特 〔8〕
之处在于核心模型的各种变体。以"母亲"这个类别为例，
其核心模型的特点包括四个亚模型。1. 生育模型：母亲生育

了你。2. 基因模型：你从母亲身上遗传一半的基因特征。3. 抚养模型：母亲抚养、照料你。4. 婚姻模型：你的母亲是你父亲的妻子。在大多数最基本的情况中，所有条件都成立。但现代生活是复杂的，有些时候只能符合其中的部分条件。因此，我们还有生母、基因母亲、养母、继母、代孕母亲等特定的称谓。

另一个辐射型类别的例子就是伤害的不同形式。人身伤害是其核心模型。但是，伤害还包括其他在隐喻意义上被理解为人身伤害的各种类型的伤害，比如：金融损失、政治迫害、社会伤害、心理伤害。法庭对所有这些伤害的形式都予以承认，但他们也承认人身伤害的核心地位。对于人身伤害，法庭常常施以最为严厉的惩罚。

辐射型类别，包括核心模型和变体模型，在人类的思维中很常见。并且我们将会看到，保守派和自由派也属于辐射型类别。认识到这一点很重要，因为保守派和自由派的类别都非常复杂，存在着非常多的变体。辐射型类别这个理论使我们得以解释其核心特征和各种变体。关于辐射型类别的介绍，参见莱考夫（1987）和参考文献 A2。

原型的种类

辐射型类别的核心是普遍现象的一种亚类型，它被称作"原型"（prototype）。（参见参考文献，A2）原型包括很多种类，它们将在本书的论述中占据重要的地位，因此有必要在开篇就对之进行探讨。原型是类别（不论是亚类别还是一个独立的类别）的一个组成元素，它被用来以某种推理方式在整体上代表那个类别。**所有原型都是用来进行某种推理的认知结构；它们并非是世界的客观特征。**

〔9〕

以下是一些在美国政治中具有一定作用的原型的基本类型，它们将多次出现在本书中：

1. 辐射型类别的**核心亚类别**：它奠定了以新的方式扩展类别，以及对各种变体进行界定的基础。

政治方面的例子包括自由派和保守派的各种核心类型。

2. **典型**原型：它描述了典型案例的特征，用来在整体上区分各种类别，除非我们明确我们所面对的是非典型的情况。

例如，提到鸟我们一般会联想到，会飞，会发出鸟鸣，非食肉类动物，差不多知更鸟或麻雀的大小。如果我说"门廊上有一只鸟"，你会认为这是一个典型的鸟的原型，除非我另有说明。如果我说到一个典型的美国人，很多人脑海中浮现的是一个土生土长的、以英语为母语的白人成年男性新教徒，等等。

3. **理想型**原型：它界定了用来衡量亚类别的标准。

我们将要讨论保守派和自由派各自认为的理想的家长、理想的公民以及理想的个人是什么样的。

4. **反理想型**原型：这个亚类别是对最糟糕的亚类别的例证，一个"魔鬼式"亚类别。它界定了反面标准。〔10〕

自由派和保守派有各自截然不同的魔鬼类型，我们将会讨论这些类型，以及它们如何被用于推理中。

5. **社会成见型**：这种模型在文化中普遍存在，它轻率地对整个类别做出判断——毫无反思的判断，认为某种成见就是这种类别的典型。

社会成见型常常用在草率或存在偏见的话语中，比如，爱尔兰醉汉（常用来说爱尔兰人总是爱喝醉），勤勉的日本人（常用来说日本人总是很勤奋），等等。伦理和性别成见型常常出现在政治谈话中，政治成见型也是如此。成见有可能来源于神话，也可能源自某个家喻户晓的个例。

6. **突出典范**：某个突出的范例，常常用来做概率上的判断，或用以总结出某个类别的典型的特征。

政治话语中常常将突出典范作为典型；例如，大肆宣传某个拿福利的骗子，让公众形成拿福利者都是骗子的印象。

7. **本质**原型：这是一种特征的假想的集合。它依据通俗理论，描述某物之所以为某物，或某人之所以为某人的特征。

〔11〕　鸟类的本质特征有：它们有羽毛、翅膀、喙，会下蛋。理性思维被认为是人类的本质特征。在道德话语中，"人格"这个概念被认为是由某种本质原型界定的。你的人格使得你成为你、决定你会如何行事。

读者对以上这些应该都不陌生。它们全部都是人类思维的正常产物，而且被应用在日常对话中。它们在政治中的应用也很常见，但我们确实有必要认识到它们是如何被应用的。要知道，不能将突出范例与典型弄混，也不能把典型（比如典型的政客）与理想型（比如理想的政治家）弄混，这是很关键的。

关于本书

在此前的写作中，我一直关注概念分析的种种细节，及其在认知科学、哲学及语言学研究领域所产生的成果。本书同样源于我的日常研究。大概在保守党赢得 1994 年中期选举的时候，我碰巧正在研究道德概念体系的具体问题，尤其是我们的道德的隐喻体系。在大选进行时，我更加清楚地看到自由派和保守派的道德体系有天壤之别，而他们的政治话语正是源自各自的道德体系。我发现，认知语言学的分析技巧可以用来对之进行具体描述，列出他们各自偏爱的道德隐喻。特别有意思的是，对于道德，实质上他们使用了同样的隐喻，只是优先性不同，甚至完全相反。这似乎可以解释自由派和保守派为何面对同一个问题总是得出相反的结论——以及为何总是各说各话，无法理解对手的思维。 〔12〕

　　这时我问了自己一个问题，起初其答案并非显而易见：是什么使得这些道德特征统一起来？是否存在某种一般的思想，指导保守派和自由派选择了各自那套道德推理的隐喻特征？问题一旦提出，答案很快也就浮现了出来，这正是保守派不断提到的：家庭。深藏于保守派和自由派政治中的，正是不同的家庭模式。我们将会看到，保守派是基于严父式的家庭模式（Strict Father model），而自由派则是基于慈亲式的家庭模式（Nurturant Parent model）。这两种不同的家庭模式产生了不同的道德体系和不同的话语形式，即不同的词汇选择和推理方式。

　　一旦我们注意到这一点，一个更深层的问题就出现了：我们能否解释是什么统一了自由派和保守派各自的一系列政治立场？家庭模式和基于家庭模式的道德体系使我们得以解释，自由派和保守派为何在特定的具体问题上立场各异？这个问题比较困难。让我们来看看保守派。反对堕胎与反对环保主义之间有何联系？它们分别与反对平权运动、枪支管制或者最低工资保障之间有何联系？保守派的思维模式理应回答这些问题，正如自由派的思维模式理应解释他们为何在这些问题上持相反的立场。对这些问题的解释十分重要。我们该如何准确解释保守派和自由派各自所拥有的那一系列政策？

　　即使是保守主义和自由主义话语的基本要素同样需要解释。 〔13〕保守派强调社会安全网络（social safety nets）是违反道德的，因为它们妨碍到自律和责任心。自由派认为减免富人的税收是不道德的，因为这帮助了并不需要帮助的人，而真正需要帮助的人却得不到帮助。是怎样的道德体系引导他们提出这些观点，并驳斥对方的观点？为什么保守派喜欢谈论纪律和坚韧，而自由派则喜欢谈论需要和帮助？为什么自由派喜欢讨论社会事件，而保守派则倾向于回避？

我认为，这些答案就来自于他们各自不同的家庭模式，以及基于家庭模式的道德体系之间的差别——来自我所说的严父式家庭模式和慈亲式家庭模式之间的区别。基于家庭模式的道德体系和政治之间的联系，产生了我们最常见的比喻：将国家比作家庭。正是国即家这个普遍的、无意识的、自然而然的隐喻，从严父式道德中催生出了当代保守主义，从慈亲式道德中催生出了当代自由主义。

这一点并非直截了当抑或显而易见，部分是因为这两种道德体系本身并不泾渭分明。然而，一旦我们觉察到这个道德体系，答案便也就浮现而出了。这也是目前唯一能够解释为何保守派和自由派会拥有各自的政策、推理方法和语言方式。

变　型

当然，哪怕仅仅是在保守派与自由派之间，道德与政治的模式也远不止这两种。但在人类的正常思维范围内，我将要详述的这两种家庭模式体系和道德体系确实系统地产生了一大批实际的道德与政治立场，其中每一种都是这两种体系的变体。由于人类的类别结构是辐射型的，因此，变型也是系统地产生的。在下面的具体分析中我们可以看出，这些变体的参数是由模式的结构所限定的。因此，比如保守派的两位议员罗伯特·

[14]

多尔（Robert Dole）和菲尔·格兰姆（Phil Gramm），他们尽管在某些特定问题上持有截然相反的立场，但仍然同属于保守派阵营。这一研究的目的之一就是，提出一种理论，说明是什么决定了这些变型的参数。因此，当我说"两种模式"时，我所指的是其结构决定了一系列变型的核心模式。因此，"自由主义的"模式就是其结构能自然而然地产生一系列自由主义变型的核心模式。所有这些自由主义变体之所以成为一个统一类别，正是它们与核心模式之间的系统性关联。我将在下文的第 5、6 和 17 章中讨论这些变体的具体参数，正是它们产生了极为复杂的辐射型类别。

一致性

我称为"核心"的保守主义和自由主义，是连贯一致的政治思想体系。并且，保守主义和自由主义的每一种变型也有着连贯一致的思想体系。辐射型类别展现了这些一致的思想体系在各自的类别内如何相辅相成，以及它们之间有着怎样的关系。

但是，并非所有公民的思想体系都是连贯一致的。而且，事实远非如此。确实，概念体系研究的重要结论之一就是，他们内部并不具有连贯一致性。人们在不同的领域通常会依照不同的模式行事。因此，有关婚姻是怎样的，或者计算机应该怎样运行，同一个人很可能会遵循不一致的思维模式。有时使用某一种——精确的——模式，有时又会遵循另一种。如果你看不到其中的逻辑推理，可能会觉得根本没有什么模式，人们似乎只是在随机行事。但如果对每个个案的推理形式进行研究，就会发现在大多数情况下，不同的案例当中都有不同模式的痕迹可循。〔15〕

认知科学家的工作就是尽可能精确地揭示每一种认知模式，

使人们能够明白任一特定情形下所采用的推理方式。这也是本书想要实现的目标之一。目前为止我所表明的是，有关政治的推理方式存在两种道德和政治模式——保守主义和自由主义。大部分投票者都或多或少会遵循一些模式——并且通常都会在不同时间的不同议题上采取不同的模式。这里要提出的问题是：人们所应用的到底是何种模式？

在近些年的选举中，投票者在总统大选和国会选举中所采用的是不同的模式，在国家的层面复制了严父式家庭模式和慈母式家庭模式。冷战期间，我们有过严父式的总统和慈母式的国会。随着冷战的结束，人们把目光更多转向国内问题，国家首先选择了一位慈亲式总统，然后建立了一个严父式国会。投票者再一次采用了不同的模式。

严格的保守派和严格的自由派各自有一套连贯一致的政治观；他们不会因时因事在不同模式之间摇摆不定。这里所描述的模式就是这种严格的保守派和严格的自由派的模式。简言之，模式决定了连贯一致的思想体系。保守派和自由派的领导人和其思想追随者所做的就是尽力让选民也与他们的思想连贯一致——非此即彼，即在所有问题上都成为完完全全的自由派抑或彻彻底底的保守派。

[16]

由于人们不会在生活的每一个方面都使用同一种模式，一个政治上的保守派尽管在政治生活中采用严父式家庭模式，但很可能在其家庭生活中很好地采用慈亲模式；而一个政治上的自由派尽管在政治生活中采用慈亲式家庭模式，但在家里有可能采用严父模式。严厉的父亲们有可能是政治自由派，而慈亲式家长们也有可能是政治保守派。

当代的保守派政治家试图使家庭领域和政治领域所采用的

模式之间的联系更加紧密；要指出的是，保守派信奉严父式的家庭模式，同时他们也试图说服其他在家庭领域中同样信奉严父式的人们在政治上也成为保守派。我认为，他们成功地做到了，让那些相信并认同严父式家庭模式的人们将票投给了保守派。举例来说，以前蓝领工人由于与工会的隶属关系以及为了经济利益而将票投给自由派，但如今他们可能由于在文化上更加认同保守主义，就有可能将票投给保守派，尽管这样做违背了自己的经济利益。

一个人在实际的家庭生活中采用一种模式，而在政治上采用另一种模式，两者之间并没有任何逻辑上的冲突。但在这里，逻辑并不重要。如果你在政治上采用和家庭生活中相同的家庭模式，那么在认知上的连贯一致性就会更多。

本书试图表明什么是完全的自由派和彻底的保守派。深挖细节，我们也就明白在每一个具体问题上，采取自由立场或保守立场意味着什么。通过这种方式，我们也将会看到因时因事摇摆不定的投票者在每一个具体问题上所运用的推理形式。最后，我们将会理解政治思维的复杂性。 〔17〕

所解为何

在这里，我们应该提出一个尖锐的问题：如果对两种模式的众多变型的特点进行描述，以及对这些模式在使用中所发生的变型进行解释，那么，你所解释的究竟是什么？倘若类别内的所有变型和应用中的变型都弄清楚了，所有问题就都能解释清楚了吗？

这个尖锐的问题其实误解了我们的工作。我们研究的重点并非分门别类。分类本身就很乏味。这些模式有多种多样的含义：

第一，它们可以对推理模式进行分析。

第二，它们可以说明不同问题的推理方式是如何互相适应的。

第三，它们可以表明——比方说，为何保守派不同推理形式之间的关联使得它们都能被理解为保守主义。

第四，这些模式可以表明政治推理形式与道德推理形式之间的联系。

第五，这些模式可以表明政治中的道德推理如何最终是基于家庭的模式。

第六，为何这些模式能够互相适应——以及为何我们的政治推理形式并非随机产生。这个任务最为艰巨。

认知科学本身并不关心政治。像我们这样的概念体系的研究者只是尽可能揭示人类思维的工作方式，但是，以科学探索为目的所研究的对象——人类思维本身也会产生道德与政治思想体系，并在日常生活中使用它们。因此，概念体系研究的成果最终越来越多地被用于理解道德和政治生活。我认为本书是〔18〕能够帮助我们更好地理解我们的社会和政治生活的认知社会科学早期成果。

个人承诺

在这里，我必须清楚地阐明，我运用自己的专业能力去研究道德和政治的所得，与我本人的道德和政治担当之间的界线。这一点至关重要。有人认为不可能做出这样明确的区分，尽管事实可能的确如此，但我个人还是会尽力做出区分。在本书前面的 19 个章节中，我所做的是一个认知学家的工作，尽自己所能地对当代美国保守主义和自由主义的道德及政治世界观进行认知学分析，并且，我希望这些分析免受任何政治偏见的影响。

但我无法隐藏自己的道德和政治世界观，而且我也不会试图加以隐藏。在本书的最后几章中我将解释自己为何是一个自由派，这个原因不是来自自由派思想体系内部，而是出于外在的考虑。

我认为本书绝不是空洞的学术八股，因为保守派比自由派更能理解政治的道德维度，他们不仅在政治上获得更多成功，而且还懂得如何使政治更广泛地服务于美国的道德培养和文化规划。我相信，一旦他们的规划成为现实，将会摧毁人类在 20 世纪所取得的大部分道德进步。自由派无力阻止他们，很大程度上是因为他们并不理解保守派的世界观，以及道德理想主义所扮演的角色以及家庭在其中所起到的作用。

此外，自由派并不完全理解他们自己政治当中的道德，以及家庭在其中所发挥的作用。自由派需要认识到，一种总体的、连贯一致的自由派政治需要建立在一个连贯一致、根基深厚而强大有力的自由主义道德的基础上。如果自由派们对他们自己 〔19〕 所支持的哲学、道德与家庭之间的联系不以为然，不仅将继续在选举中失败，而且反过来还要为保守派成功阻碍美国进步承担责任。

保守派知道，政治不仅是政策、利益群体和各项议题的讨论。他们已经懂得政治同时也事关家庭和道德，有关神话、隐喻和情感认同。经过 25 年的实践，他们已经懂得如何在投票者的脑海中建立起道德和公共政策之间的概念联系。他们精心设计自己的价值观，阐释他们的神话，设计出一套符合这种价值观和神话的语言，通过有力的口号不断重复，不断加强家庭 - 道德 - 政策之间的联系，直到美国人，甚至包括很多媒体精英都认为这些联系是自然而然的。只要自由派继续对政治的道德、神话和情感认同漠不关心，只要他们仍然只着眼于政策、利益团体和议题讨论，他们就不可能理解这个国家所发生的政治转型，也不可能改变这个事实。

"自由派的"

"自由派的"这个词有很多含义，其中一些与"保守派的"的含义有所重叠。为了使表述更加清晰，我需要区分"政治自由主义"与"理论自由主义"，前者正是本书的主题，而后者是政治哲学的话题。我将这样定义"古典理论自由主义"的观点：它历史悠长，并认为个人是或者说个人应该是自由的、自主的理性行动者，每个人都追求自身的利益。从这方面来看，[20] 很多保守派成员和自由派成员都是古典理论自由派。

另一方面，现代自由主义理论主要来自哲学家约翰·罗尔斯（John Rawls）的著作（参见参考文献，C3）。罗尔斯试图修正古典自由主义，使之涵盖诸如贫困、健康、教育之类的社会问题。他提出，一个公正的社会，除了具有将人视为自主理性的行为者的古典自由主义观点，还应该具有以下社会—契约理论（此处只做简单化的罗列）：

1. 无知之幕（The Veil of Ignorance）：社会契约制定的前提必须是每个人都不知道自己在社会中所处的地位。

2. 其结果是正义被视为公平。毕竟，如果你不知道自己究竟属于哪个社会层次，你就会希望整个社会是公平的。因为假如你以跌落底层而告终，你会希望这个地位也不至于太差。

3. 个人对目标、价值和善的概念的选择是个人偏好的主观表达。这将使得它们可以诉诸纸面、可以排序，并且可以用有关偏好、实用性和决策等精确的理论进行测定。

4. 接受这一政治观并不违反任何道德观。

5. 这一观点具有普世性，不受特定的文化和亚文化的影响。

罗尔斯的观点已经在很多方面都得到了详尽的阐释和批评，尤其是在"共同体主义"（communitarian）这方面。其字面意思就是，人不是孤立的元子化个体，而是（1）生活在对之负有责任的共同体之中，（2）部分由这个共同体所界定，（3）部分由其目标和道德概念所界定，（4）道德是一个社会现象，其意义是社会的，而非个人的（参见参考文献，C4）。所有这些讨论的实质都是理论的，而并非以经验为依据。以此试图说明自由主义应该是怎样，而非当代政治自由主义是什么。〔21〕

我所说的"政治自由主义"，在另一方面，代表了我们的日常政治话语中的所谓"自由派"所支持的一系列政治立场：支持社会福利项目（social program）；环保主义；公共教育；女性权益、同性恋权益、少数族裔权益；平权运动；支持堕胎的立场；等等。当我在本书中提到"自由主义"时，我指的是政治自由主义，而非理论自由主义。

但在做出这个区分之后，我应该提出一个显而易见的问题：当代的理论自由主义是否以某种方式为政治自由主义提供了精确的注解？我认为答案是否定的，理由将会在本书的结尾揭晓。政治自由主义与理论自由主义是完全不同的，其典型世界观与理论自由主义的旨趣也大相径庭。

因为本书研究的是经验问题，而不是纯粹的理论问题，所以将得出一个非常不同于政治哲学的"自由主义"的概念也就不足为奇了。有意思的是，这些问题也呈现出一些罗尔斯式的品质，以及许多共同体主义的特点。道德利己主义的隐喻中包含着理性主体。罗尔斯的"无知之幕"与道德的同理心隐喻有着相似的功能，这个隐喻延伸出了作为公平的道德的隐喻（第6章）。许多共同体主义者对于自由主义的观点产生于慈亲式道德，因为慈亲式道德强调社会与个人都需要承担的社会责任，社会的根本是道德，政治的根本也是道德；慈亲式道德的其他方面强调个人的权利和自由。

〔22〕 我不是政治哲学家，也不会对自己的研究所得做出任何哲学假设。我不会使用政治哲学家的理论工具和推理形式。我的研究成果基于认知科学工具对政治世界观所进行的经验研究，它们与理论推测的地位非常不同，因此不应与政治哲学混淆——顺便提一句，我非常尊敬政治哲学。

本书概要

本书第 2 章将针对保守主义和自由主义的思想体系提出一系列需要回答的问题。为何自由派和保守派会有各自一系列立场，什么原因塑造了他们的话语形式？同时，书中也整合了一些困惑：保守派与自由派各自对对方的不解。

第二部分描述了保守主义和自由主义基于家庭的道德体系，表明隐喻在这些道德体系中所起的巨大作用。在第二部分中，第 3 章列出道德的所有隐喻的基础。第 4 章阐述了道德最基本的隐喻。第 5 章和第 6 章阐述严父式家庭模式和慈亲式家庭模式，以及它们所产生的基于家庭的道德体系。至此，基于家庭的道德体系应用于政治的框架就搭好了。

第三部分指出了道德分析与政治分析之间的联系。第 7 章解释了为何这样的分析是必不可少的以及为何过去的分析都以失败而告终。第 8 章指出了模式的阐释本质。第 9 章描述了这两种家庭道德所引出的道德类型。

第四部分是政治阐释。第 10～16 章讨论了一系列议题，涉及范围颇为广泛，从社会福利项目以及犯罪问题到堕胎，表明 〔23〕
自由派和保守派在这些议题上所持立场背后的逻辑，以及这些立场是如何从两种不同的家庭道德体系的类型中得出的。

第五部分总结这些解释。第 17 章研究保守主义和自由主义的各种变型。第 18 章描述保守派和自由派的各种变型与其核心模式相关的非理性的关联，并且谈论刻板模式的问题。第 19 章提出，美国的政治全部都是基于上述家庭道德体系的。

到这里，本书就对保守主义和自由主义的概念体系提出了一个中性的描述。在第四部分，我提出是否存在某种理由，让人们的选择超越这两种道德和政治体系。第 21～23 章就提供了三个这样的理由——做一个自由派的理由。除此之外一定还有许多其他理由，但是我所提出的这三个理由是来自于我的研究领域，以及相关的领域：儿童发展的调研，思维本质，道德概念体系的内在结构。最后，在尾声中，我讨论了该研究所揭示的公共话语与媒体的问题。

总体上，本书的结构是线性的：第一，提出问题。第二，回答该问题的第一步，亦即以家庭为基础的道德体系。第三，道德体系与政治的联系。第四，政治以及问题的答案。第五，政治世界观选择的非意识形态原因。第六，公共话语的含义。

第2章 美国政治中的世界观问题

自由派的迷思

〔24〕 保守派热衷于说自由派并不理解保守派在说什么,因为后者总是抓不住重点。这一点,保守派是对的。这些年以来,保守派在意识形态方面的优势地位,尤其是他们在1994年国会中期选举所取得的胜利,给自由派留下了很多迷惑。这里就有一些例子。

保守党的主要政治和思想领袖威廉·贝内特(William Bennett),在道德教育方面投入了大量的精力。他著有长达800页的《美德书》(*The Book of Virtues*),该书是写给儿童的经典道德故事集,曾连续80周位居畅销榜。为何保守派认为美德与道德应该与他们的政治议程相统一,以及他们所宣扬的道德观又是怎样的?

家庭价值和父亲这一角色最近成为保守派政治的核心。他们的家庭价值是怎样的?其父亲角色的概念是怎样的,以及它们与政治又有着怎样的关系?

〔25〕 保守派的众议院发言人重视家庭价值观,他认为那些母亲接受社会救济的孩子要离开他们自己熟悉的家,然后被安置到孤儿院里。这听上去就与自由派的家庭价值观相反,而符合保守派的思想。这是为什么?

保守派大多数都反对堕胎,声称他们想要拯救未出生的胎儿。美国的婴儿死亡率极高，很大程度上是因为低收入母亲缺乏足够的产前护理。是的，保守派并不支持启动政府福利项目去提供这些产前护理，且投票取消已经在降低新生儿死亡率方面取得成功的福利项目。自由派认为这很不合逻辑。在自由派眼中，那些反对堕胎的保守派确实想要通过停止堕胎挽救那些母亲并不想要的小生命，但是却不想方设法挽救那些母亲渴望带到世间的生命（通过提供足够的产前护理福利）。但是保守派却看不到这里的不合逻辑。这是为什么？

自由派发现同样不合逻辑的是，反对堕胎的拥护者大部分都支持罚款措施。而保守派却觉得理所当然。这是为什么？

保守派反对福利和政府基金救助有需要的人，却支持政府基金救助洪水、火灾、地震等天灾造成的难民。这怎么会不冲突呢？

一名提倡加州 1994 年单一支付医疗保障体系①的自由派支持者发言时对保守派听众说，他倡议保守派应该改变他们经济上的自私自利。他指出，所节省的行政成本会让他们少花钱，却拥有同样的医疗健康福利，节省的这部分资金同时也保障了穷人的医疗护理。一位女性这样回应："我认为不对，这样的话我就是在为别人付费。"自由派支持者的倡议为什么在此失败了？

保守派愿意为他们支持的军队和监狱增加预算。但是他们 ［26］想要撤销保护公众，尤其是保护工人和消费者权益的监管部门。保守派并不把监管视为一种保护形式，而将它视为一种干涉。为什么？

---

① Single-payer health care-wiki，由政府单一出资的医疗保障体系——译注。

保守派声称他们支持州政府的权力高于联邦政府的权力。但是他们的侵权改革提议会将大量之前属于州政府的权力赋予联邦政府，包括决定对产品责任和证券欺诈提出何种诉讼的权力，因此他们有把控产品安全标准和起诉金融伦理案件的权力。保守派为何不认为把州政府的这些权力交给联邦政府是对州权利的侵犯？

以上这些案例中，自由派眼中不合逻辑的、神秘的或者是邪恶或腐败的，在保守派眼中都是自然、正直而道德的。然而，正如以下论述将会表明，如果你理解保守派的世界观，所有这些问题的答案都是显而易见的。

保守派的迷思

当然，绝大部分保守派对自由派同样也缺乏了解。对于他们来说，自由派的立场似乎极为不道德，甚至可以说是邪恶愚蠢的。这里列出了保守派对自由派立场感到费解的问题。

自由派支持儿童救助福利和教育法案，然而他们支持堕胎的立场却允许剥夺儿童的生命。这岂不是自相矛盾吗？

自由派怎么能在声称保护儿童权益的同时却捍卫罪犯的权益，比如儿童性骚扰？他们怎么能在声称同情受害者的同时为罪犯的权利辩护？

[27] 自由派怎么能支持建立艾滋病研究和治疗的联邦基金同时却准许有可能传播艾滋病的性行为？自由派为同性恋权益辩护，允许同性恋的性行为；他们支持在校园发放避孕套，允许青少年性行为；他们提倡清洁针头交换计划，允许使用毒品。他们声称想要阻止艾滋病的传播，却允许了会导致艾滋病的行为？

自由派怎么能自称为劳工的支持者，同时却支持限制发展、减少工作机会的环境保护制约？

自由派怎么能支持经济扩张的同时支持限制企业的政府监管，以及向投资收益征税？

自由派怎么能声称帮助公民实现美国梦的同时又加强征收所得税以惩罚人们经济上的成功？

自由派怎么能声称帮助有需要的人的同时又支持使人们依赖于政府、限制其创造性的社会福利项目？

自由派怎么能声称机会均等的同时通过支持平权法案，提倡种族、性别偏见？

对于保守派来说，自由派看上去要么是不道德、不通情达理、误入歧途、非理性，或者就是个十足的蠢货。然而，从自由派的世界观的角度看来，保守派认为矛盾、不道德或愚蠢之处却是自然、理性的，总之，是非常道德的。

认知科学的世界观问题

对于任何关心当代政治思想结构的人来说，以上这些迷思都构成了一种挑战。在认知科学家眼中，它们都是很重要的数据。在这里，认知科学家的工作就是尽可能准确地描述这些在〔28〕很大程度上无意识的自由派和保守派世界观，这样分析专家就可以看出为何令自由派感到困惑的地方对于保守派很自然，反之亦然。任何想要描述保守派和自由派世界观的认知科学家都至少受到两个充分条件的限制。

第一，这些世界观必须使双方的政治立场适用于两个自然的类别。比如，自由派世界观分析专家必须解释为何环保主义、女性主义、社会福利项目，以及累进税等适用于自由派，而保守派世界观分析专家必须解释为何与之相反的那些适用于保守派。

第二，对这两种世界观的所有充分描述都必须表明为何自由派的困惑之处对于保守派来说却并不困惑，反之亦然。诚如我们所见，这个问题很简单，在我看来，也不存在解决方案。

但是，要想描述保守派和自由派的世界观，还存在第三个——更加苛刻的——充分条件。这些世界观还必须能够解释话题的选择、词语的选择，以及保守派和自由派的话语形式。简言之，这些世界观必须解释保守派的思维形式为何对于他们来说是有意义的，反之对自由派同样也要能作出上述解释。此外，他们必须解释自由派和保守派为何选择讨论不同的话题，并且在讨论过程中使用他们各自的话语。此外，他们必须解释，为何有时同样的词在自由派和保守派那里会有非常不同的意义。拉什·林堡（Rush Limbaugh）常说"词语是有意义的"。但对于保守派和自由派来说，它们并不总是具有同样的意义，正是在这些意义出现差别的地方表明他们世界观的差异。

〔29〕

让我们举几个必须解释一下的例子。

保守派的语言

保守派喜欢取笑自由派，说自由派说的话和他们的驴唇不对马嘴。这一点，保守派又是正确的。保守派有自己的一套语言系统，不仅仅是词语不同。这些词语我们足够熟悉，但是它们的意义并不是其本义。比如，"大政府"（big government）并不是说政府的规模庞大或花销很大。当自由派想要与保守派理论，指出后者增加军事和监狱开支促进了"大政府"时，我们可以看到，自由派误解了。保守派笑了。自由派用错了概念。我曾经听到一个保守派谈论"自由"，一个自由派试图与之争论，指出否定女性的堕胎权限制了她选择的"自由"。自由派使用的这个词在保守派的词汇表中具有完全不同的意义。

单独的词语是没有意义的，它们根据概念系统得到定义。如果自由派想要理解保守派如何使用词汇，他们就必须要理解保守派的概念系统。当一位保守派立法委员想要取消有未自立儿童的家庭的援助（AFDC）时说："心软一点没关系，但是脊梁一定要硬"，我们必须弄清楚这句话在上下文中究竟是什么意思，为什么这句话构成了反对 AFDC 的论点之一，而这个论点究竟是什么。丹·奎尔（Dan Quayle）在 1992 年作为共和党总统候选人所做的提名演讲中，用反问的方式反对分级所得税（graduated income tax），"为什么最优秀的人要受到惩罚？"想要理解这句话，我们必须明白为什么富人是"最优秀的人"，〔30〕为什么分级所得税是一种"惩罚"。还有一些保守派的话语指责进步派的累进税是一种"偷窃"，"强取豪夺"。保守派并不认为累进税是"支付一个人该支付的份额"，或者是"公民责任"，甚至也不认为是"高尚的责任"。保守派这样看待税收政策原因难道不就是贪婪吗？

保守派一再使用的词语有：人格、美德、纪律、撑下去、强硬、严厉的爱、强壮、自立、个人责任、脊梁、标准、权威、遗产、竞争、赢得、艰难的工作、事业、财产权、奖励、自由、侵扰、干涉、管闲事、惩罚、人性、传统、常识、独立、放纵、精英、限额、崩溃、腐化、衰落、腐败、堕落、异常、生活方式。

保守派为什么要在政治政策的讨论中使用这样一组词语，他们又是怎样使用的呢？是什么使这样一组词语统一起来、使它们形成一个一致的集合？想要回答这样的世界观问题，就意味着要回答以上所有这些问题。它必须解释保守派为何选择谈论这些议题，为何选择使用这些词语，为何这些词语符合他们所想要表达的意义，他们的推理又是如何合理进行的。每一位保守派的发言、每一本书或每一篇文章，对于准保守派世界观的描述，都是一个挑战。

当然，对于自由派世界观来说也是这样。自由派在自己的演讲和写作中也会选择不同的议题，使用不同的词语，以及与保守派不同的指涉模式。自由派喜欢谈论的词语有：社会力量、社会责任、自由言论、人权、平等权利、关心、爱护、帮助、健康、安全、营养、基本人格尊严、压迫、多样性、贫困、异化、大企业、企业福利、生态、生态系统、生物多样性、污染等。保守派却不想理会这些议题，也不想在他们的政治话语中使用这些词语。对自由派和保守派世界观的描述必须要能够解释这种现象的原因。

〔31〕

正如我在上面提到的，保守主义和自由主义绝不是单一化的。不存在适合所有保守派或自由派的单一的世界观。保守主义和自由主义都是放射型类别。我相信，他们都有各自的核心模型和这些模型的变型。我的目标就是对其核心模型进行描述，同时对这些核心模型的一些主要变型进行描述。

目　标

本书最重要的目的就是详尽而准确地描述保守派和自由派的世界观，以回答上面所提出的问题。我发现，相对于自由派来说，保守派对于自己的世界观有更为深入的理解。保守派经常谈及道德和家庭在其政治中的核心作用，而自由派从来不说这些，直到保守派通过这种方式赢得选举。我的发现表明，家庭和道德都处于他们双方世界观的核心地位。但是，保守派相对来说更加能意识到他们的政治与家庭生活和道德观念之间的联系，而自由派对于组成其政治信仰的道德观和家庭观却比较茫然。对自己的政治世界观缺乏自觉意识这一点已然阻碍了自由派的成功。

　　当然，在这个意义上，一种合适的政治世界观理论必须尽可能准确地解释家庭观念和道德观念与公共政策之间的关系。〔32〕我将先集中讨论保守派的公共政策，然后再讨论自由派的公共政策。同时，我想尽可能弄明白道德与政治意识形态之间的关系。例如，我会试图回答这样的问题：为何保守派不爱使用社会力量和阶级这样的观念解释事务而自由派却经常使用；为何保守派倾向于尊崇自然而非人为培养，为何他们倾向于喜欢《钟形曲线》(*The Bell Curve*) 这样的书，而自由派则更喜欢将人为培养置于尊崇自然发展之上，并以此来解释他们的观点。

　　此外，我发现有关道德的本质以及它与政治的关系的公共话语非常贫瘠。我们务必要找到合适的方式去谈论非传统的道德系统，分析它们如何产生另类的政治形式。新闻记者——包括那些最有才智和洞察力的记者——在这方面也是一片茫然。他们不得不依赖公共话语的现存形式，然而因为现存的这些形式是不足以满足他们的需求的，所以，即使是最思维缜密、最客观诚实的记者都需要更为丰富的公共话语，这样媒体才能够更好地完成他们的工作。我认为本书扩展了有关道德、政治、家庭生活之间关系的公共话语，其中的一个重要部分就是将思维研究的重要观念带进公共话语。重要的是要让公众意识到，我们的思考其实是基于自己的意识无法直接感知到的概念系统，而概念隐喻是我们正常思维程序的一部分。

基本陈述

迄今为止，我只发现了一对模式可以符合保守派和自由派世界观的所有三个充分条件，这对模式解释了：（1）为何某些问题的立场能够相容（比如，枪支管制和社会福利、主张堕胎合法与环境保护）；（2）为何对自由派而言的谜题对保守派来说却很清楚，反之亦如此；（3）保守派和自由派话语中的话题选择、词语选择以及推理形式。这些世界观都以两个相反的家庭模式为中心。

[33]

保守派世界观的核心是严父模式。

这个模式假设了一个传统的核心家庭，父亲负有抚养和保护家庭的基本责任，同时享有决定全部政策的权威，为孩子们的行为规范制定严格的准则，并强制执行这些规则。母亲负责日常生活起居，照料，抚养孩子，支持父亲的权威。孩子们必须尊重并服从他们的家长；这样孩子才能树立自己自我约束、自力更生的形象。当然，爱和照料是家庭生活的关键部分，但是决不能超过家长的权威，家长的权威本身就是爱和照料的表现——严厉的爱。自我约束、自力更生以及对合法权威的尊重，是孩子们必须学习的关键。

一旦孩子们长大成人，他们就要依靠自己，并且必须依靠自己的自律去生存。他们的自力更生赋予他们决定自己命运的权力，家长不能再干涉他们的生活。

自由派世界观以一个非常不同的理想家庭生活为核心，即慈亲式家庭模式：

爱，同理心，抚养是最重要的，孩子们在家庭和社区中受到照料、尊重，并关怀他人，从而也变得负责任、自律和自主。

[34]

支持和保护是抚养的一部分，它们要求家长具有力量和勇气。孩子的服从来自他们对家长和社区的爱和尊重，而不是出于对惩罚的恐惧。良好的沟通很重要。要想他们的权威正当合理，家长必须解释为何他们的决定是为了更好地保护和抚养孩子。孩子对家长的质疑是被鼓励的，孩子们思维活跃时常有奇思妙想，所以孩子需要知道家长为什么这样做。最终，当然，有责任心的家长必须要做出决定，而且这些决定必须是清晰明确的。

抚养的首要核心目标是满足孩子，使他们快乐生活。富足的生活在很大程度上应该是慈爱的生活——对家庭和社区的责任。孩子们最需要学习的是同情他人、慈爱的能力，以及维系社会纽带，这些都需要照料的力量、尊重、自我约束和自力更生。慈爱孩子的同时也需要帮助他发展成就和快乐的潜力，这就需要尊重孩子自己的价值观，允许他们探索世界所赋予的想法和选择。

当孩子们生来就得到尊重、照料，拥有良好的沟通，他们就会逐渐形成一辈子都与家长互相尊重、交流和照料的习惯。

这两种家庭模式分别引出一系列道德倾向。正如我们将在后面所看到的，这些体系使用了同一种道德原则，但是优先性（priorities）却相反。用这种方式所引出的道德体系以不同的顺序将相同的元素放在一起，却造成了极为相反的结果。〔35〕

严父式道德将以下元素放在首要地位，如道德力量（自我控制和自我约束，以抵制外部和内心的邪恶）、尊重和服从权威、设定和遵守严格的指导方针与行为准则等。他们认为追求个人利益是道德的，因为如果每个人都自由地追求自我利益，就会达到整体利益最大化的效果。保守主义将追求自我利益视为通过自律达到自立的一种方式。

慈亲式家长的道德有一套完全不同的优先性。道德慈爱要求同情他人、帮助有需要的人们。为了帮助他人，人们必须首先照顾好自己、维系好社会纽带。必须获得自身的幸福和满足；否则人们就会缺乏对他人的同理心。而对个人利益的追求只有在这些优先权的范围内才是有意义的。

在这两种模式中，道德原则本身很类似，但其重要性和优先性不同。这种不同急剧地改变了这些原则的效果。举例来说，慈亲式家庭模式也有道德力量的元素，但它的作用不在于其本身，而是为了慈爱而服务。道德权威在慈亲式家庭模式里是作为慈爱的结果起作用。道德准则被定义为同理心和慈爱。同样地，严父式家庭模式也重视同理心和慈爱，但其重要性从来不会超越权威和道德力量，后两者被视为慈爱的一种表达。

我们在这里看到两种不同的基于家庭的道德形式。由于人们普遍将国理解为家，将政府理解为父母，这样的理解将它们与政治联系起来了。因此，自由派很自然地将政府的功能理解〔36〕为帮助需要帮助的人们，所以就应该支持社会福利项目；而保守派也很自然地认为政府的功能应该是要求公民自律、自立，从而自己帮助自己。

这仅仅是分析保守派和自由派世界观的一个线索。家庭模式和道德体系的细节问题其实远比这复杂精致，从而对其进行政治分析也就相应更加复杂。这里对这些问题的概述同样也过于简单，无法讨论保守主义和自由主义立场的各种变种。对其进行全面分析需要很长的篇幅，而且必须从详细解释我们的道德概念系统开始。

显与隐，描述性与规范性

在开始叙述之前，我们需要消除两种常见的误解。第一个误解是，很多人认为他们对自己的世界观有清醒的认识，想要知道人们对世界的看法，去问他们就好。但事实并非如此，这可能是认知科学最基本的结论。人们自己说出的世界观并不能真实地反映他们如何推理、如何归类、如何说话、如何行动。正因如此，研究政治观，就必须像我们所做的这样，做出恰当的分析。我们将会看到，保守派和自由派在陈述自己的政治观点时就并没有做到恰当。如果你问一个自由派他的政治世界观，他几乎肯定会谈论自由、平等，而不是慈亲式模式的家庭。但是，正如我们将要看到的，这些直接的政治观点并不恰当；他们无法解释为何各种不同的自由派立场都能相互配合，也无法回答或解释话题选择、语言选择，以及推理模式。既然通常情 〔37〕况下无法通过询问得知人们的世界观，那么就像我在这本书中的做法一样，认知科学家会转向建模，也就是试图通过建立无意识的政治世界观的模型，做出尽可能恰当的分析。

第二个常见的误解就是混淆描述与规范。我们所讨论的模型是描述性的，而非规范性的。它们的目的是对人们真实的无意识的世界观进行描述，而不是规定它们应该怎样。绝大部分有关自由主义和保守主义的理论都不关注描述性，而是关注其规范性。比如，广受好评的约翰·罗尔斯的自由主义理论就不是经验性、描述性的研究，而是试图给正义总结出一套规范性理论，以使自由主义有章可循。它不适合作为对自由派在各个问题上的政治立场的描述性阐释，这一点我们将会在后面看到。我的工作就是对人们如何理解政治进行描述，而非告诉人们应该怎样理解政治。

我对道德所做的解释也是同理。我对道德应当是怎样的不感兴趣，而是，有关什么是道德的观念如何被编织进我们的无意识概念体系。

第二部分
道德观念体系

第3章　体验式道德

我们需要仔细推敲道德观念中的一些细节问题，以便理解 〔41〕
我们的政治世界观如何受到道德世界观的影响。因为我的观点
是，政治观源自道德观念体系，那么，我们就必须思考这些观
念通常由什么组成，以及为什么我们会产生这些道德观念。

认知研究的一个重要结论是，道德思维是富有想象力的，
并且根本上依赖于隐喻性的理解（参见参考文献 A6；Johnson
1993）。在讨论道德的隐喻之前，应该指出显而易见的一点——
并非所有道德都是隐喻性的，而道德隐喻体系的基础正是其非
隐喻的一面。非隐喻的道德是一种关于幸福的体验。道德最基
本的形式是提升他人的幸福体验，规避和防止对他人的伤害和
对他人幸福的破坏。

"幸福"（well-being）指的是这样一些情况：其他方面都相
同的情况下，幸福就是健康而非生病，富有而非贫穷，强壮而 〔42〕
非羸弱，自由而非监禁，被爱护而非遭遗弃，高兴而非难过，
完整而非欠缺，洁净而非污秽，美丽而非丑陋；如果你所处的
环境是光明的而非黑暗的，如果你能够挺身直立而非跌跌撞撞，
如果你生活在有着紧密社会纽带的共同体中，而非充满敌意、
被孤立的环境中，你就是幸福的。这些都是幸福的一些基本体
验形式，其反面就是幸福的损害和匮乏：贫穷、疾病、悲伤、
羸弱、监禁，等等。非道德的行为就是对幸福造成伤害，使人
们缺乏幸福感，即剥夺人们的健康、财富、开心、力量、自由、

安全、美丽等中的一种或多种。对于年幼的孩童来说，父母的职责就是尽力保障他们的幸福。总体来说，由于父母通常都会无私地考虑孩子的利益，知道如何保护他们免于遭受侵害，也知道如何实施自己的合法权威，那么年幼的孩童最好服从，而非反对他们的父母。

当然，这些只是常规现象，其中"其他方面都相同"是非常必要的条件，因为我们也可以举出一些特例。富有的小孩有可能得不到父母的悉心关照；一些貌美的人有可能成为被嫉妒的对象；一般情况下黑暗有助于人们入眠，过度的自由可能也会有害，悲伤和痛苦可能让人们珍惜所拥有的快乐，过于紧密的社会纽带有可能成为负担，父母也有可能粗暴虐待、失责或者无知。但是，总体来说，上述内容确实就是体验性幸福的内涵。

以上这些条件构成了道德隐喻体系的基础。由于富有比贫穷好，道德便被理解为财富；由于强壮比羸弱好，人们便会希望将道德构想为力量；由于健康比疾病好，我们看到道德与健康和照料的观念相关联，比如清洁、纯净，也就不足为奇了；由于被爱护比遭遗弃好，道德便自然地被定义为养育的观念。通常来说，儿童最好服从而非反对父母，于是我们也希望道德被定义为顺从。

[43]

由此可见，隐喻性的道德是基于非隐喻性的道德的，即隐喻性的道德以幸福的形式得以表达，整体看来，道德的隐喻体系并非随意的。由于幸福的形式在世界上广为传播，估计各种文化中都会出现很多相同的道德隐喻——事实的确如此。比如，净化仪式，就是在展现纯净是一种道德。对黑暗的普遍恐惧，让人们普遍将邪恶对应黑暗而将善良对应光明。由于挺身直立

（stand　upright）比摔倒在地要好，人们普遍用正直
（uprightness）譬喻道德。简而言之，由于构成幸福的观念是普
遍共通的，因此，构成道德隐喻的词语也是普遍共享的。确实，
社会内部和社会之间所共享的道德隐喻的共性引发了一个深刻
的问题：道德体系之间有何差异？这些差异的源头是什么？我
们将会发现，这些差异的源头就是不同的家庭观念——至少在
美国文化中即是如此。

第4章 道德计算

〔44〕 用来讨论道德问题的隐喻不胜枚举。我们用这些隐喻来建构道德议题：用来阐释、理解和探索这些问题。我们将会看到，这些隐喻在我们判断何为好、何为坏，何为正确、何为错误中，起到了至关重要的作用。

然而，至少有这么一类道德隐喻，它们本身并不明确告诉你什么是道德的，什么是不道德的。从这个意义上来说，它们就是元道德（metamoral）。它们与其他隐喻结合起来，就会对各种行为进行道德判定。

元道德观念中最重要的就是怎么记道德账。我们正是通过这一隐喻来理解正义、公平、惩罚和复仇等重要观念。

道德计算的隐喻

我们都将幸福理解为财富。我们认为幸福的提升是一种"获得（gain）"，幸福的下降是一种"失去（lost）"或"损失〔45〕 （cost）"。当我们说起一场火灾或地震的"损失"，我们并不单单指金钱方面的损失，还包括人类幸福的"损失"——死亡、受伤、痛苦、创伤。当我们谈及某次经历的"受益（profiting）"，我们说的是从这次经历中可能"获得"的幸福——有可能是知识、喜悦、教养，或者自信。

幸福即财富的隐喻在我们的观念体系中是普遍且重要的。当我们说到某个行为是否"值得（worth it）"，而这里的"值得"又不是在真正谈论金钱概念时,我们就是在使用这一金融隐喻,将幸福或伤害视同金钱的得失,从而衡量这一行为是否有足够的"收益"(profitable)。这一经济隐喻允许我们用思考和谈论金钱的方式去思考和谈论幸福。最重要的是,它使我们用思考"量"(金钱)的思维方式去思考"质"(幸福)的东西,这反过来又促使我们将大量的定量论证施加到难以量化的幸福之上。

幸福即财富的隐喻还有可能与某种偶然行为的一般隐喻相结合,在这里,因果关系被视为一种对象的转移——即让(giving)某个受影响的对象产生某种效果,比如"噪声让(gave)我头疼"。幸福即财富的构想使我们将帮助看成一种获得,将损害看成失去。在通常情况下,道德行为被视为意图帮助的行为(使人们获得),而非道德的行为被视为意图损害的行为(使人们失去)。通过这一界定机制,人们就可以根据金融交易去界定道德行为,一旦一次道德间的相互影响在隐喻意义上等同于一项金融交易,那么我们的道德账本就恢复了收支平衡状态。对于经济运转来说,真正意义上的记账至关重要,同样地,记道德账对于社会运转也有非常重要的作用。正如金融账本需要保持收支平衡,同样地,道德账本也需要维持平衡。 〔46〕

当然,这一隐喻的根本,即金融交易领域本身也有一套自己的道德:还清债款是道德的,欠债不还是非道德的。当道德的行为在隐喻上被理解为金融交易时,金融道德也就被移植到普遍的道德准则之中:与偿还金融债务一样,偿还道德债务也是一项刻不容缓的道德义务。

道德计量体系

道德账的普遍隐喻体现在少数一些基本的道德体系中:回

报、惩罚、赔偿、报复、利他主义等。其中每一种道德体系都是通过使用道德账的隐喻来界定的，但是这些体系所应用隐喻的方式有所不同，也就是说，它们因其内在逻辑而有所不同。以下是这些基本的概念体系。

回报（Reciprocation）

如果你帮助了我，那么我就"欠"你，我是受惠于你。如果我也帮助了你，那么我就"还"了你的人情，然后我们就互不相欠。账本重获平衡。

从认知科学的角度看来，这里有很多值得解释的地方。为什么"欠"、"债"、"还"等金融词语会用在道德中？为什么收益与损失、欠债与偿还的逻辑会用在道德考量中？

这里给出的答案是，我们使用的是概念化的隐喻去思考讨论道德，而思考和谈论道德的普遍概念隐喻就是"幸福即财富"和"道德行为即金融交易"。但是，对这些概念隐喻的揭示（参见参考文献，A1，Taub，1990；Klingebiel，1990；A6，Johnson，1993）又提出了另一个问题。幸福为何被概念化为财富？上一章讨论过这个问题的答案。我们的道德隐喻依赖于我们对基本体验性幸福的理解。财富形成了隐喻的基础，而且，正如我们将要看到的，健康、力量，以及其他体验式的幸福也都引出了其他道德隐喻。

[47]

但是，我们还是回头来看看回报的道德体现，在这里，你帮助我将我置于"欠债"的位置，而我可以通过给你提供同等的帮助来"偿还"我所"欠"的人情。

即使是在这个简单的例子中也包含了两种道德行为的原则。正面行动原则：道德行为被记上正分；非道德行为被记负分。欠债还钱原则：偿还道德债务是一种道德上的强制行为；无法偿还道德欠债是不道德的。因此，当你帮助我，你就从事了正面行动，这是道德的。当我也帮助你时，我就同时将两者都实现了——既实施了正面行动，也实施了还债行动。这里，两个原则并行不悖。

惩罚（Retribution）

假设有人伤害了你，你会说："我会还你的——连本带利!"你就是在用惩罚进行威胁。但是，为何一个关于连本带利偿还的表述会成为用惩罚进行的威胁？为了找到原因，我们需要看看道德交易的负面价值。

负面行为的过程中，道德交易变得复杂。之所以复杂是因为道德计量是按道德的算法这一方式来记账，信用收益与借贷相当，而借贷也就会失去信用收益。 〔48〕

假设我伤害了你，那么，根据幸福即财富，我就造成了你的负面价值。你也就欠我同等的（负面）价值。根据道德算法，施加负面价值等同于索取正面价值。通过伤害你，我就从你这里得到了一些价值。你打算就这样"让我一走了之"？

通过伤害你，就道德计量的第一和第二原则而言，我就把你置于一个潜在的道德困境中。这个进退两难的困境在于：

第一，如果你也同样伤害我，你所做的事情有两种道德解释。根据正面行动原则，你的行为是非道德的，因为你对我造成了伤害。（"错错相加不等于正确"）根据欠债还钱原则，你的行为是道德的，因为你偿还了道德债务。

第二，如果你受到我的伤害而并不惩罚我，根据正面行动原则，你的行为是道德的，因为你避免了伤害。但是根据第二项原则，你是非道德的：你"让我一走了之"，你就没有行使你的道德责任，也就是"让我偿还"自己的行为所造成的伤害。这样你就违背了欠债还钱的原则。

无论你怎样选择，你都会违背其中一个原则。但是你必须做出选择。你必须赋予其中一个原则优先性。这样的选择给出了两种不同的道德计量："绝对善的道德"将第一个原则视为首要原则；"惩罚性道德"将第二个原则视为首要原则。我们应该能预料，对于这个两难之境，不同的人、不同的亚文化会有不同的解决方式，有些人会偏受惩罚，有些人则偏爱绝对善。

[49]

在有关死刑的争论中，自由派就将绝对善置于惩罚之上，而保守派则倾向于惩罚：一命还一命。

再次假设，如果你伤害了我，在隐喻意义上，你造成了我的负面价值。道德算法提供了另一个版本的惩罚。通过道德算法，你通过伤害我从我这里拿到了正面价值。如果我再从你那里将相等的正面价值取回，那同样是惩罚，是另一种平衡道德账的方式。

至此，我一直在极为宽泛的意义上使用"惩罚"这个词。事实上，"惩罚"仅限于合法权威用来平衡道德账的例子。当并非通过合法权威时，我们就应该用"报复"这个词。

因此，父亲因为孩子淘气而扇他耳光，这是惩罚而不是报复。法庭宣判罪犯入狱，这也是惩罚而不是报复。但是，当某人擅自执法——枪杀了杀死自己兄弟的凶手，这就是报复。

赔偿（Restitution）

如果我伤害了你，那么我就造成你的负面价值，根据道德算法，我就得到了某种正面价值。那么，我就亏欠你某种等价的正面价值。为此我可以选择赔偿——弥补我所做的——通过用同等的正面价值补偿你的损失。当然，在许多情况下，全部赔偿是不切实际的，但部分赔偿总是可以实现的。

赔偿的一个有趣的优势在于，根据正面行动和欠债还钱的原则，它不会将你置于道德困境。你既实施了正面行为，又偿 〔50〕还了债务。

利他主义 （Altruism）

如果我施恩惠于你，那么根据道德算法我就向你提供了某种正面的价值。那么你就欠了我的债。出于无私，我取消了这个债务，因为我不想要任何回报。我无疑树立了道德的"信用"。

道德信用的概念来自道德计量。在道德体系中，道德账必须要收支平衡。因此，如果你的账本里有以他人债务的形式存在的信贷，这个信贷不会因为你取消了债务就消失。相反，它成为道德信贷。因为如果一个人想做好人，他就必须有很多道德信贷。道德在很大程度上都与道德信贷的积累有关。

以德报怨 （Turning the other cheek）

如果我伤害了你，（根据幸福即财富）我就造成你的负面价值，（根据道德算法）我就拿走了你的某种正面价值。因此，我欠你某种正面价值。假如你拒绝赔偿或是报复，你还允许我进一步伤害你，或者，也许你甚至还想帮助我。根据道德账，进一步伤害你或者接受你的帮助都会导致我进一步的欠债：我打了你，你还把另一边脸伸过来，你就让我欠了你更多道德债。如果我还有良知，那么我就应该感到更加愧疚。把另一边脸伸过来表明你拒绝偿还和报复，并且接受了基本的善良——如果这起作用的话，那么也是通过这种道德账的机制起作用的。

因果报应：普遍的道德账　　　　　　　　　　　　〔51〕

佛教的因果报应理论在当代美国有一个对应的理论：善有

善报，恶有恶报。其中基本的观点就是你可以通过自己的行为影响自己遇到好事还是坏事的平衡标准：你会得到你应得的。你为他人做的好事越多，你就会遇到更多的好事。你做的坏事越多，你也就会遇到更多的坏事。

普遍道德平衡的另一个版本就是，你所遇到的好事和坏事是平衡的。因此，我们偶尔会发现人们说"已经倒霉很久了，一定会变好的"，或者"我遇到的好事太多了，我开始感到害怕了"。

奖惩机制

使用道德账隐喻的另一个基本策略就是奖惩机制。奖惩机制的基本前提是，其中一个人对另一个人具有权威性。奖励是从权威个体那里得到奖赏，而惩罚是从权威个体那里受到的惩处（retribution）。正如奖赏与惩处一样，给某人以益处被隐喻地概念化为施予正面价值，而损害某人被视为施予负面价值（或者剥夺其正面价值）。

因此，一位父亲可能因为孩子帮忙打扫车库而奖励他，但孩子不会因为爸爸帮他打扫房间而奖励爸爸。同样，爸爸可能因为孩子向路过的车辆扔李子而惩罚他，但是如果孩子因为不想早睡而用玩具打了爸爸，孩子的行为就不是惩罚（除非爸爸让出了他的权威）。

[52]　　　　奖惩均是道德行为；给予某人合适的褒奖或者惩罚，能够使道德账簿收支平衡。掌权者下命令就是一个重要的例子：命令要求人们服从，而服从命令的义务就是隐喻上的债务。你"欠"这个有权命令你的人一个"服从"。如果你服从了，你的债就还清了；如果你不服从，你就是在拒绝偿还债务——这是不道德的行为，在道德计量中就等同于偷盗，是一种犯罪。当

你违背了合法权威者的命令，接受惩罚就是道德的，你得到负面价值，或者被剥夺某种有正面价值的东西。当然，道德计量会要求惩罚必须与罪行相符。

但实际上"拒绝服从"包括了两种罪行。为何呢？要记得，在报答里，我们提到了两种道德行为，它们分别受到两种原则的规定：正面行动原则：道德行为记正分；不道德的行为记负分。欠债还钱原则：道德债务必须偿还是一种道德上的强制行为；无法偿还道德债务是不道德的。"拒绝服从"将两条原则都违反了。它既拒绝正面行动，也拒绝还债。前一个违反是具体明确的：你有义务做某事而你没有做。但是第二个违反却是违反了整体：这是对整个权威体系的侵犯，正是这个权威体系规定了顺从。

在一个权威性至关重要的体系中，还债原则就会比正面行动原则更加重要。想想这个例子：假如你在军队中是二等兵，你的中士把鞋扔到地上，命令你去捡。如果你拒绝把鞋捡起来，你就违反了两种义务——捡鞋的义务以及遵守命令的义务。不捡鞋本身是小事，但是不服从命令就是很大的冒犯——对整个基于权威系统的军队的冒犯。在军队中，中士因为这个二等兵对整个体系之基础的权威进行了挑战而重罚他，就是合乎道德的。确实，有些中士会将这种惩罚看作是他们的道德责任，是一种维护体系运转的最基本的原则的责任。〔53〕

对《旧约》有一种普遍的理解，认为上帝惩罚亚当和夏娃是因为他们偷食分辨善恶之树的禁果。这个惩罚就是将他们永远赶出伊甸园，他们和后代都失去永生；也就是说，这个惩罚是整个人类一代代永恒的死亡和苦难。现在看来，因为吃了两口水果就受到这样的惩罚太极端了。但问题不是吃水果本身，问题在于不服从——侵犯了所有权威所依赖的欠债还钱原则。吃水果不仅仅是吃水果，而是在隐喻的意义上失去了天真无邪，为了满足欲望而受到诱惑——易于受到肉体的诱惑。这表明，所有人都易受肉体的诱惑，容易失去天真无邪，从而也容易不服从，这就挑战了上帝的合法性权威的整个原则。

上帝终于答应，又重新赋予人们永生和免于痛苦的自由，不过不是对整个人类，而是一对一的。每个接受上帝合法权威的人，每一个能够成功自律、克服肉体的诱惑且余生服从上帝指令的人，会进天堂免于痛苦，得到永生。这就是上帝对顺服的奖励。一个人只要能够做到这些，就能得到这些奖励。简言之，对犹太 - 基督教传统的一个普遍解释就是基于这样道德计算的隐喻，也就是基于奖励和惩罚，基于正面行动和欠债还钱的两种原则。将权威置于一切之上的解释会认为欠债还钱原则比正面行动原则更重要。

[54]

当然，也有一些阐释更加重视上帝的仁慈而不是权威，也就是说，正面行动原则被置于服从——即欠债还钱的一种形式——之上（见第 14 章）。

工　作

工作通常有两个不同的隐喻，且都使用了道德计算。我们将之称为"工作交换"隐喻（Work Exchange metaphor）和"工作奖励"隐喻（Work Reward metaphor）。在"工作奖励"隐喻中，雇主对雇员拥有合法的权威，酬劳就是对工作的奖励。这个隐喻可以这样表述：

- 雇主是合法权威。
- 雇员服从于这一权威。
- 工作就是服从于雇主的指令。

- 酬劳是对雇员服从雇主的奖励。

这一隐喻使得这一道德秩序——合法权威的等级链——得以运行。工作这一概念表明：

- 雇主有权命令雇员，并惩罚那些不服从命令的雇员。
- 服从是被雇用的条件。
- 雇主与雇员的社会关系是上级和下级的关系。
- 雇主总是对的。
- 雇员服从雇主就是道德的。
- 雇主对服从命令的雇员给予适当奖励是道德的。

"工作交换"隐喻中，工作被视为有价值的物品。工作者 〔55〕自愿用劳动交换金钱。这个隐喻可以这样表述：

- 工作是有价值的物品。
- 工人指的是从事劳作的人。
- 雇主是金钱的所有人。
- 雇用活动就是工人劳作与雇主金钱的自愿交换。

在工会和合同的语境中，工作的性质和价值是在合同中双方约定的。酬劳是双方认可的交换，而非奖励。工作是一种交易，而非服从。权威的性质和限制都在合同中得到明确说明。

工作的这两种概念都依赖道德计算——第一种情况下需要界定合适的奖励，第二种情况就需要为工作定一个合适的价格。尽管如果所涉及的每个人都同意遵守其中某一种概念，这两个概念也可以看作是直白的，但实际上这两个概念都是隐喻性的。这些隐喻表明的是，工作的概念不是绝对的；根据隐喻的不同而具有不同的含义。它们也表明工作是道德概念系统中的一部分，包括道德计算。

一些基本的道德概念

通过道德计算，我们能更好地将一些基本的道德观念

（moral notions）概念化。这样的一些概念与道德计算有关，诸如信任、信誉、正义、权利、责任以及自义。

信誉与信任：道德资本

[56] 根据道德计算，道德行为是交换的一部分。如果你施恩惠于他人，你就给予了别人正面的价值，你所交换得到的就是"信用"。道德行为所得到的信用是可以累加的。这种形式类似于资本。

在金钱上信任一个人表明什么？它表明你把钱给这个人的时候相信他会在你需要的时候，或者在约定的时间把钱还你。从道德上说，给予某人信任，就是提前给予他道德信用，尽管这种信用他还没有获得，但是你认为他会用道德行为来偿还。如果你所信任的人的行为非常有损道德，那么你对他就"失去信任"，也就是说，你失去了为了他的道德行为而提前支付的道德信用。他"失去信用"，且"道德破产"。"信任"（trust）就是为未来的道德行为所提前支付的道德信用。但是一般来说，人们不会轻易信任某人。为了获得信任，人们必须"建立信任"，建立一个人值得信任的历史，也就是建立道德信用等级。

正　义

在道德计算隐喻中，正义是计算的调节机制，其结果就是道德账簿的收支平衡。当人们得到自己所"应得的"，正义就得以实现，道德债务和信用就互相抵消。

权利与义务

马丁·路德·金的经典演讲《我有一个梦想》，清楚地体现了权利在道德计算中的隐喻概念。这段演讲中涉及权利的金融化表达用黑体标出：

就某种意义而言，今天我们是为了要求**兑现支票**（cash a check）而汇集到我们国家的首都来的。我们共和国的缔造者草拟《宪法》和《独立宣言》的气壮山河的词句时，曾向每一个美国人签署了**汇票**（promissory note），他们承诺给予所有的人——没错，不仅是白人，还包括我们黑人——以生存、自由和追求幸福的不可剥夺的权利。〔57〕

显而易见就有色公民而论，如今美国并没有**兑现**这张**汇票**。美国没有履行这项神圣的义务，只是给黑人开了一张**空头支票**，支票上盖上"资金不足"的戳子后便退了回来。但是我们不相信，在这个国家巨大的机会之库里已没有足够的储备。因此今天我们要求将**支票兑现**——这张**支票**将给予我们宝贵的自由和正义保障。

权利，在金融领域中，就是对财产的拥有权。如果把钱存在银行，你就有权去银行把钱取出来。如果别人向你借了钱，你就有权问别人索回。"幸福即财富"的隐喻在应用于个人财富权力的这个金融理解范围时，就将这一理解延伸到更广泛的权利的理解上，即健康的权利——还有一些权利，比如生存、自由和追求幸福的权利。简言之，健康的权利在总体上被理解为拥有财富的权利这一隐喻。这就是为何马丁·路德·金会将保障权利的《宪法》和《独立宣言》比作"汇票"。如果你拥有某个机会的权利，那么你来华盛顿要求这个机会就可以被看作"支票兑现"。

对权利的这种理解并不仅仅是修辞技巧。这是我们对权利的两种理解中的一种。如果权利一般来说理解为拥有财产的权利，那么就有两种特殊情况：如果这个财产是土地，这种权利〔58〕

在某种意义上就是进入你所拥有的财产的权利。如果这个财产是金钱，那么这个权利就是得到这笔金钱。

那么，将权利比喻为拥有金钱的权利这种隐喻概念的背后是什么？如果这就是权利的定义，那么什么是义务？义务就是一个隐喻的债务，是欠（due to）别人的东西，是你必须付出的东西。义务要么是正面的，要么是负面的；要么是你必须做的事情，要么是你必须克制欲望而不去做某事。履行你的义务，无论是通过实施行动还是克制行动，都是可以算成是支付道德债务的一种道德形式。无法履行某人的义务，将像无法偿还债务，根据道德算术的隐喻就等同于偷盗。一般来说，权利，比如拥有财产的权利，要么可以自己挣得，要么可以通过继承而获得。

权利和义务相辅相成：无论何时，有人拥有权利，就有人拥有义务，反之亦然。如果你有受教育的权利，就有人有提供教育服务的义务。如果你有言论自由的权利，就有人有保护你的言论自由不受干涉的义务。如果没有人有义务保证空气不受到污染，你就无法拥有呼吸到清洁空气的权利。在很多情况下，都是政府在履行义务来保障权利得以落实。当保障权利的义务落到政府身上时，这些权利就需要通过税收"购买"。低税收就可能意味着较少的权利。如果你想要权利，那么就有人需要为之埋单或提供服务。权利和义务不会凭空产生。它们需要社会、文化、政治机构的支持，至少需要隐喻的经济，更加需要实际经济的支持。

因为权利和义务是通过道德计算而相互定义的，这就意味〔59〕着人们拥有更多的权利，就要履行更多的义务。义务通常就是实际的债务，同时也包括隐喻的债务，即用来购买那些权利的税收。

但是，当某些人得到更多的权利时，这些人也就要承担更多的义务，然而这一点并不总是很清楚。这就导致了对权利的所谓共产主义批判。这一批判同样基于道德计算。它声称（在最广义上）团体赋予你权利也赋予你对它的义务。如果权利是道德信用，而义务是道德债务，那么信用和债务就应该平衡。

自义 （Self-Righteousness）[①]

一个自义的人会详细记录自己的道德分类账本，保证根据他自己的道德计算系统他是没有背负债务的，在他自己的计算系统里，他的信用总是超出债务的。一个彻头彻尾的自义者不知羞耻也不知感激，因为根据他自己的道德计算方式，他没有道德债务。

他是自义而不是真的正义，原因有三：第一，除了认可自己的道德价值，他不承认任何道德价值；第二，他只顾自己给自己记账没有他人审核；第三，他必须把自己的道德立场介绍给与他谈话的人。

自义之人话语体系的基础是他道德信用上的优越感。他将自己的道德价值和正义作为交谈的条件。这样做的效果就是，任何人与自义之人交谈时，要么完全认同他的道德价值并且也做自义之人，要么在其话语中被置于道德劣势的处境。这就是为什么与自义之人的交谈总是令人愤怒的原因。

公平 （Fairness）

〔60〕

孩子很小就清楚地知道什么是公平，什么是不公平。公平

---

① 自义（也称为伪善）指一种感觉自鸣得意的道德优越感，源于某种信念、行为或隶属关系，自己觉得比一般人的德行更好。自义的人往往不能容忍别人的观点和行为。"自义"这个词通常被认为是贬义的，尤其在基督教文化中，人类是不完美的、有罪的，因此不能自称"义人"。

就是曲奇饼干平均分；就是每个人都可以参与游戏；就是当大
家都遵守游戏规则时，每个人获胜的概率相等；就是人人各司
其职；就是人人都种瓜得瓜，种豆得豆。不公平就是你分得的
曲奇饼干没有你兄弟分得的多；就是游戏没有你的份儿；通过
作弊或者破坏游戏规则来增加获胜的概率；自己不干份内的工
作却指使他人帮自己干；或是得不到应得的部分。

简言之，公平就是根据一些公认的标准对有价值对象进行
平等分配（无论是正面价值还是负面价值）。分配的对象有可
能是物质的——比如曲奇饼干或金钱，也可能是隐喻的物体，
比如参与的机会、机遇，需要完成的任务，惩罚或者奖励，或
者发言权。

公平有很多种模式：

- 分配平等（每个孩子一块曲奇饼干）
- 机会平等（一人一张彩票）
- 程序分配（按规则出牌）
- 基于权利的平等（按照自己的权利得到应得的）
- 基于需要的平等（需要者更有权利获得）
- 等级分配（工作越多，获得越多）
- 合同分配（根据约定获得）
- 责任的平等分配（责任共担）
- 责任的等级分配（能力越高，责任越大）
- 权利的平等分配（一人一票）

〔61〕

在这里，程序公平就是对参与、演说、陈述自己的观点等
进行基于规则的机会均等分配。

道德最基本的概念之一就是，我们将道德行为概念化为分
配公平，将不道德行为概念化为分配的不公平。然而，对公平

的不同定义会造成对道德即公平的不同理解。分配平等与机会平等也是非常不同的。基于规则的公平需要讨论规则本身的公正程度。基于权利的公平根据对权利的不同理解也有差异。共产主义口号"各尽所能，按需分配"就是两种结构的结合：责任的等级分配和根据需要的等级分配。因此，它面临着两种挑战：基于需要的分配符合道德吗？责任的等级分配符合道德吗？简言之，道德即分配公平带来了一系列棘手的问题。

公平的另一个问题就是，在平等分配的决策过程中，什么可以算为一次分配。是给个体的分配还是根据种族、民族或性别给群体进行分配？这个分配是一次性的行为还是多次行为？这个分配是永久的还是在一个历史阶段中的？有关某个平权法案是否公正（即是否道德）的争论一般就是对这些问题的争论。平权法案的双方虽然都承认道德行为即公平分配，但是在以上问题上有分歧。总体来说，保守派和自由派都同意道德行为就是公平分配，但是他们在什么是公平分配这个问题上的分歧很大，原因在下文会得到阐明。

〔62〕

公正必然涉及道德计算的形式，尽管它所登记的道德账簿完全不同。分配的对象是具有正面价值的东西，有可能是实际的财富（比如税务）或者是能增加幸福的某物，因此根据幸福即财富的隐喻，等同于财富。为了保障公平，人们必须记录谁得到了什么。

道德行为即公平分配还有一些与之相配套的语言。对不道德决策的最常见的指责就是，"那不公平！""你没有按规则出牌"，或者"你作弊了"，这也是对不公平，从而不道德的行为的常见指责。同样，"她没有得到她应得的权利"或者"他得到太多"，也是如此。出现这些表达时，道德都被概念化为公平分配，但是公平分配的类型却各不相同。

总 结

在很多情况下，道德的背后存在基本的经济隐喻，幸福即财富的概念无所不在，它把量化的推理带入了质化的道德领域。这个隐喻过于基本，以至于都没人注意到它是个隐喻。从语言学的角度来看，这个隐喻在道德领域中使用了经济词汇，如欠、债、还而得到表达。在逻辑上，这个隐喻在道德领域将量化形式作为道德算法，这一算法来自计算。

幸福即财富这种隐喻有两种不同的用法，一个是其相互作用的结果，一个是分配的结果。前者是道德计算隐喻，比如互换、报答、赔偿、奖励和惩罚。后者道德即分配公平，它包括很多种分配公平的模式。

[63]

这样的道德设定通常不被认为是隐喻性的，因为幸福即财富这个隐喻在日常生活中太常见了。这些道德设定的隐喻本质在从量化的金融领域转化到质性的道德领域时才显现出来。这些隐喻性思维和语言所采用的形式既很传统，也很常见。在道德理性和话语中使用隐喻性思维和语言，从来都不怀疑其中隐喻性的道德设定。然而，它确实也会提醒我们，这些只是人类所产生的庸见，而不是建立宇宙的客观结构的原则。

这个例子应该可以引出概念化隐喻的观点，它已经被用在当代认知语言学上了。概念化隐喻就是跨概念领域中概念之间的对应，它使得某一领域（在此就是经济领域）中的推理方式和词语形式能够用在另一领域（在此就是道德领域）当中。这些隐喻通常能够在我们的概念体系中固定下来，成千上万这样的隐喻构成了我们的日常思维模式。我们会无意识地大量使用它们。然而，我们将看到，这些隐喻在塑造我们的世界观当中起了巨大的作用。

在接下来的两章中，我们将考察两种基于家庭的道德体系：严父式道德和慈亲式道德。这两章的重点就是列出这两种家庭模式如何按照优先次序排列各自的道德隐喻集合。这些隐喻是通过观察两种证据而形成：（1）非道德领域的语言（比如，金融领域）如何在道德领域中得到使用；（2）非道德领域的思考形式（比如，健康和力量）如何在道德领域中得到使用。　〔64〕

这两种家庭模式在我们的文化中非常典型，应该很容易对号入座。这两章内容提出：我们所引用的道德隐喻在美国人的概念体系当中确实存在。我们所描述的这两种家庭模式是家庭生活的常见模式。这两种模式的家庭都将某些道德隐喻置于首位，并作为自己的动力，结果就是两种截然不同的家庭道德体系。各体系中不同的道德隐喻产生不同的道德思考形式。

至此，本书并未提及这些家庭道德模式与政治生活之间的任何关联。在本书靠后章节中我会提出，这些家庭模式所匹配的道德隐喻确实是保守党和自由党各自的世界观概念的核心。讨论这个问题的基础，就是其结果要满足我们在第 2 章中所设定的这些条件。但是现在我们还是先概述一下两种道德优先的组织形式。

第5章　严父式道德

　　在本章及接下来的一章中，我们将看到两种不同的理想家庭生活的模式及相应的隐喻的优先层级，它们各自组成了截然不同的道德体系。让我们先从接下来这个美国人应该很熟悉的理想家庭模式谈起。每个人心中理想的家庭模式可能不尽相同，但是其概要是美国社会文化的重要组成部分。本章的结尾会讨论一些这种模式的变体。

严父式家庭

　　严父式家庭模式认为生活艰难、世道艰辛。正如奥利弗·诺斯（Oliver North）在国会的听证会所做的证词中反复所言："世界是危险的"。生存是首要的，处处都潜藏着危险和邪恶，尤其是人类的灵魂。这个模式是这样的：

　　　　在传统的核心家庭中，父亲主要负责生计和保护家人，
　有权制定家庭的总体规则。他通过为孩子们的行为制定严格的规则和惩罚机制来教育孩子。惩罚通常是温和、适度的，但是会让孩子感受到疼痛。通常都是体罚——比如用皮带抽或者棍棒打。当孩子遵守规则时，他也会通过表达慈爱和鼓励让孩子配合。但是孩子们不能被娇惯，否则他们就会被宠坏；被宠坏的孩子会有生活依赖性，无法习得正当的道德。

母亲负责家庭的日常生活和起居照料，抚养孩子，支持父亲的权威。孩子为了自己的安全、为了形成自律和自立的个性，必须尊敬和服从父母。爱和养育是家庭生活的重要内容，但是绝不会比父母权威更加重要，因为权威本身就是爱和养育的表现——严厉的爱。自律、自立、尊敬合法权威是孩子必须学会的最关键的东西。成熟的成人需要通过自律地追求自己的利益而获得自立。孩子只能学会自律，才能在今后的生活中自立。生存就是竞争，只有通过自律，孩子才能够学会在竞争中获胜。

严父式家庭的孩子成败全靠自己。他们只能靠自己，并且需要证明他们的责任感和自立能力。他们通过自律获得别人的认可。他们必须且完全有能力自己做决定。他们必须保护自己和家人。他们比疏远自己的父母更加知道什么是对自己好的。父母不应该干涉成年孩子的生活，任何干预都会被厌恶。〔67〕

尽管我用"严父"去命名这个模式，但是我应该在开始就说明这个模式有各种变型，也可以用"严母"去命名。有很多母亲起着严父的作用，尤其是坚强的单身母亲。但是这个模式是理想化的，而且在此只想描述这种理想化的情况。我认为这是认知上的理想型，也就是美国人自小就知道的模式。我在下面会讨论它的一些变体。

严父式家庭模式预设了一种有关人性的民间理论，我称之为"民间行为主义"（folk behaviorism）：

人，不加干涉，只倾向于满足自己的欲望。但是为了获得奖励，人们会做自己并不想做的事情；为了免于受罚，他们也就不会去做自己想做的事情。

严父式家庭模式中应用这一假设：违反严格的道德律条就受到惩罚、遵守律条就有奖励，这会让孩子学会遵守规则。严父式家庭模式就是基于权威即道德的进一步假设，即奖励顺从者、惩罚违背者是道德的。我将这种最基本的假设称为"奖惩道德"。

奖励和惩罚是道德的并非因其自身本就是道德的，而是有进一步的目的。严父式家庭模式认为生活就是为生存而斗争。想要在这个世界生存，就得在竞争中获胜。为此，孩子必须学〔68〕会自律，养成个性。人们为了变得自律而被管教（惩罚）。学会自律、养成个性的方式就是顺从。成人意味着你已经足够自律，能成为自己的权威。因此顺从权威并没有消失。自律就是顺从你自己的权威，即执行自己制定的计划，完成你自己的任务。这就是你需要成为的那种人，严父式家庭模式的存在就是为了让孩子成为这样的人。

塑造这样的人也有实用主义的原因。由于世道艰辛，人们为了在这个艰难的世界中生存，必须自律。因此，父母的奖励和惩罚是合乎道德的，因为它们帮助孩子今后能够自己生存下去。奖励和惩罚都是为了孩子，这就是为什么不听话要受罚被理解为爱的一种形式。

根据这个模式，如果你听话，你就会变得自律，只有变得自律你才能成功。因此，成功就是听话和自律的标志。成功是符合这个道德体系中的奖励。这也就使得成功符合道德。

在这个道德体系中，竞争是一个关键元素。只有通过竞争，我们才可以发现谁是道德的，也就是说，谁足够自律就应该获得成功，他们才能够在艰难时世中挣扎着生存下来。

因此，不通过竞争就获得奖励是不道德的。它们违反了整个体系。它们取消了使人们变得自律的激励机制，也取消了服从权威的必要性。

但是，为了让孩子在艰难时世中生存下来只是这个模式的部分目的。这个模式实际上强调人应该怎样——足够自律、能够自己制定计划、履行自己的职责并实践自己的计划。　　〔69〕

但是，如果一个人要成长为这样，这个世界也必须要有一定的模式：它必须是，并且一直是一个竞争的场所。没有竞争，就没有对于自律的奖励，就没有成为合乎道德的人的动力。如果取消了竞争，自律就会停止了，人们也就不会发展和利用他们的才能。个人对自己的权威也会弱化。人们不再会制定计划，履行承诺，完成任务。

因此，竞争是道德的；它是合乎道德的人得到发展和支持的条件。相应地，限制竞争就是不道德的；因为它抑制了合乎道德的人的发展。

即使生存本身不再是问题，即使世界可以变得更好，即使这个世界已经存有大量资源足以支持每个人的生存，为每个人分派合理的份额也不会让这个世界和人们变得更好。因为这样做就没有什么能够再激励人们变得并且保持自律。没有奖励和惩罚机制的激励，自律就会消失，人们也就不再能够制订计划，履行承诺，完成任务。整个社会生活就会停滞不前。为了避免这种情况的发生，无论我们所生产的物质资源多么丰富，竞争和权威都必须要保留。

如果竞争是道德世界的必要状态——为了产生合乎道德的

人而必要，那么，什么样的世界是道德的世界？这个世界中，有一部分人比其他人生活得更好是必然的，并且他们值得生活得更好。这是精英体制。这是等级制，而且等级在这里是合乎道德的。在这个等级中，一部分人对另一部分人拥有权威，并且，这个权威是合法的。

〔70〕 此外，合法权威意味着责任。正如严父有责任养活和保护他的家庭，那些上层社会的人就有责任为那些受他们的权威管制的人的利益而推行他们的合法权威，这意味着：

1. 维持秩序，即维持和保护权威体系本身；

2. 使用权威保护治下的人们；

3. 为受权威管制的人们的利益而工作，尤其是要通过适当的管制帮助他们变成合乎道德的人；

4. 运用权威，来塑造更加自律的人，即合乎道德的人。这既是为了自身的利益，也是为了他人的利益，因为这才是正确的事情。

简言之，合乎道德的人是怎样的、什么样的世界才会产生和支持这样的人，随着这些观念的产生，这种严父型的家庭模式便也产生了。

这一家庭模式并不是独立出现的，它与人们的概念体系相联系。接受这种家庭模式就表明同样接受它所确立的道德优先排序，它们大多在本质上都是隐喻性的。这些道德优先性直接体现在我们阐述概念体系中不同隐喻的优先性时。这套道德排序与上述的人应该成为什么样的人，以及世界该是什么样的世界的观点就构成了我所谓的"严父式道德"。

接下来我将要进行的隐喻分析是，基于当代认知语言学，或广义上的认知科学的隐喻理论。在这里有必要再次说明，对概念的隐喻分析本身不需要肯定或否定其有效性。它只是对概念的本质，以及它们在概念体系中的功能的技术上的认知。以下是在严父式道德中具有最高优先性的隐喻： 〔71〕

道德力量

严父式道德的核心隐喻就是道德力量。道德力量是一个复杂的隐喻，它是由以下几部分组成，其中首要的是：

- 正直（挺身直立 – Upright）是好的。
- 低贱（Low）是坏的。

参见以下例句：

他是一个正直（upstanding）的公民。他一直在上进（up and up）。

那件事情很低贱（low）。他阴险狡诈（underhanded）。他像草丛中的蛇一样居心叵测（a snake in the grass）。

从而，作恶就是从道德中较高的位置（uprightness）下降到较低的位置（being low）。因此，

- 行恶就是堕落（Falling）。

最著名的例子当然就是《圣经》中的堕落，失去上帝的恩宠（从恩泽中跌落，the fall from grace）。

道德力量隐喻的主要内容与不道德——或者邪恶——的概念有关。邪恶被具体化为一种或内在或外在的势力，它可以使你堕落，让你行不道德之事。

- 邪恶是一种势力（Force，分为外在的和内在的）。

因此，为了保持正直，"抵抗邪恶"（stand up to evil），人们就必须足够坚强，从而就有了道德即力量的隐喻，即抵抗邪恶的道德意志或骨气。

● 道德是一种力量（Strength）。

但是人们并不是生来就强壮。道德力量需要锻炼。正如锻

〔72〕 炼身体力量一样，自律和自我否定（"没有痛苦就没有收获"）
都很关键，因此，道德力量也是通过自律和自我否定得到锻炼
的，有两种方式：

1. 通过足够的自律而承担责任、面对困难；

2. 积极地自我否定，进一步锻炼自律的能力。

总之，道德力量的隐喻是一套道德领域和身体领域之间的
对应：

● 正直是好的。

● 低贱是坏的。

● 行恶就是堕落。

● 邪恶是一种势力。

● 道德是一种力量。

这一隐喻推导出的结论就是，惩罚对人们有好处，因为经
历困难可以锻炼道德力量。因此就有了"棍棒出孝子"的说
法。根据这个隐喻的逻辑，道德脆弱本身就是不道德的一种形
式。理由是这样的：道德感弱的人就有可能堕落，容易向邪恶
势力屈服，或者行恶，从而成为邪恶势力的一部分。因此，道
德脆弱就是不道德的初期状态，一定会发展为不道德。

根据人们所要面对的邪恶势力是来自于内在还是外在，道
德力量被分为两种形式。当人们面对外在的邪恶势力时，通过
克服自己的恐惧和困难所产生的力量，就是勇气。

道德力量的隐喻常常指的是对自身内在的邪恶的自我控制。
这种时候，人们需要加强自己的意志力。为了控制自己的身
体——激情和欲望的源泉，人们必须要加强意志力。欲望——

比如，对金钱、性、食物、舒适、荣誉以及对其他人所拥有的东西的渴望——在这个隐喻中就是"诱惑"，是威胁到人的自我控制力的邪恶势力。另一种需要克服的内在邪恶是愤怒，因为它也威胁到人的自我控制。"自我控制"的反面是"自我放纵"，只有人们接受了道德力量的隐喻，"自我放纵"这个概念才有意义。这个隐喻将自我放纵视为恶习，而节俭和自我否定都是美德。七宗罪所列举的都是人们需要克服的内在邪恶：贪婪、欲望、暴食、懒惰、骄傲、嫉妒和愤怒。正是道德力量的隐喻让它们成为"罪"。如果我们没有道德即力量的隐喻，这些也就不会成为罪了。七宗罪所对应的美德是慈善、贞洁、节制、勤劳、谦虚、知足、平静。正是道德力量的隐喻使得这些成为"美德"。〔73〕

这个隐喻有一套重要的含义：

- 这个世界分为善与恶两部分。
- 想要在面对邪恶势力时勇于抵抗，保持善良，就必须在道德上坚强。
- 人们通过自律和自我否认从而在道德上变得更为强大。
- 道德脆弱的人无法抵抗邪恶势力，因而最终会行恶。
- 因此，道德脆弱是一种不道德的形式。
- 自我放纵（拒绝自我否认）、缺乏自我控制（缺乏自律）因此都是不道德的形式。

因此，道德力量有着截然不同的两个方面。首先，如果要抵抗外在的邪恶势力，道德力量是必要的。其二，它本身也定义了一种邪恶的形式，即缺乏自律和拒绝自我否认。也就是说，道德力量的隐喻同时也定义了内在的邪恶势力。

当然，那些对道德力量高度重视的人将之视为理想主义的一种形式。道德力量的隐喻将这个世界看成是善良对抗邪恶势〔74〕

力的一场无情的战争。因此，以善良的名义所进行的无情之举被视为是正当的。而且，这个隐喻意味着人们不能尊重敌人的观点：邪恶不值得尊重，它应当受到攻击！

因此，道德力量的隐喻具有一种严格的非此即彼的道德二分法。它将邪恶表述为需要道德力量去征服的势力。邪恶势力必须被打败。你不能同情邪恶，也不要为它找理由。你只需要打败它。

重要的是，道德力量还具有一种禁欲主义的形式。人们想要在道德上坚强，就必须自律和自我否认，否则就是自我放纵。而这种道德上的脆弱无能最终会帮助邪恶势力。

在严父式道德中，道德力量的隐喻具有最高优先性。严父想要支撑、保护和带领整个家庭，就必须具有道德力量。而且，为了让子女自律、自力更生，他必须将这种道德力量传授给自己的子女。

道德力量的隐喻提供了一种推理方式。任何导致道德脆弱的事情都是不道德的。如果人们认为福利使人们丧失了工作的动力，从而促进怠惰，那么根据道德力量的隐喻，福利就是不道德的。那么，为了降低青少年意外怀孕率而向高中生提供避孕套，或者，为了阻止艾滋病的传播而给吸毒者提供清洁的针头呢？道德力量的隐喻告诉我们，青少年性行为和吸毒都是由于道德脆弱——缺乏自我控制——造成的，因此是不道德的。给他们提供避孕套和清洁针头等于接受了这种不道德，那么根据道德力量的隐喻，这些行为也是邪恶的一部分。一个道德坚强的人应该能够对性和毒品说"不"。任何做不到这一点的人都是道德脆弱的，也就是不道德的。不道德的人应当受到惩罚。如果你不自觉地根据道德力量的隐喻来理解，那么这些都只是

〔75〕

常识般正常的推理。

将道德力量的隐喻优先性置于最高地位的重要后果就是，它无视社会力量或社会阶层等方面影响的任何解释。假设道德人士总是足够自律，他们能够做到对毒品或性坚决说不，而且总能够在机遇之地自力更生，那么倘若做不到这一点，就是道德脆弱的，从而也就是不道德的。如果道德力量的隐喻优先于所有其他形式的解释，那么，贫穷、吸毒，或者未婚生子等行为都只能被解释为道德脆弱，并且任何关于其他社会因素的讨论都是无关紧要的。

从以上讨论中应该能清楚看到，为什么道德力量是隐喻性思维的一个例子。善良不等于直立（upright）。不道德也不等于堕落（falling）。邪恶不是一个可以使直立的人堕倒的势力。道德根本上不是一种抵抗某一势力的物理上的力。这个隐喻从身体领域中将直立、堕落、骨干、抵抗等词语从物理概念中选取出来，通过道德力量的隐喻应用于道德。

道德即力量的隐喻是人类思想的产物。但它不是随机产生的，而是建立在健康的经验之上，即坚强比脆弱要好。这使得力量成为道德的天然隐喻，但是，即使道德力量这个隐喻是自然而然的，但这并不意味着它是真实的。

当然，道德力量的隐喻本质并不会使这个隐喻失效。但是它是人类思想的产物这一事实更值得我们认真审视。对于像道德这样重要的命题来说，任何普遍的隐喻我们都应该认真审视。

道德力量隐喻最引人注目的因素是：道德力量需要锻炼，需要人们积极地通过自律和自我否认来实现。你不可能天天游手好闲就能获得道德上的坚强。既然你必须得先培养道德力量，那么这就意味着你还不具备它。所以，人们在小时候道德上都 〔76〕

是脆弱的，也就是说，我们极有可能做不道德的事情。除非有父母的引导和干预，否则我们自然而然地就会变得不道德。

这一点几乎就像是原罪的一个例子，尽管有些不同。然而，它确实表明孩子不会天生就是善良的，相反，他们天生倾向于邪恶，除非采取强有力的纠正措施。有关孩子的这种观点与道德的另一重要隐喻——道德权威——相契合，"道德权威"的隐喻也被严父式家庭模式赋予了高度的优先权。

道德权威

道德权威与父母权威相匹配，所以我们可以从家庭开始分析。父母权力的合法性来自（1）孩子不知道什么是符合自己和家庭的最大利益的，也无法据此而行事，（2）父母知道什么是孩子和家庭的最大利益，也知道如何据此行事，（3）家长知道什么是对孩子最有利的，以及（4）社会认可父母对孩子以及家庭的幸福负责。

在严父式家庭模式中，父母（通常是父亲）设定行为准则。如果孩子的行为不符合准则，就惩罚孩子。孩子顺从父母的权威就是道德的。但同样重要的是，父母行使权力是道德的，反之，如果父母没有行使他们的权力，则是不道德的，也就是说，如果他们没能制定行为准则并通过惩罚强制执行，那么他们就是不道德的。这样做的理由就是，人们相信惩罚不听话的孩子会阻止他们的不服从，也就是会让孩子的行为符合道德。

[77]

总之，好的父母会制定准则，好孩子会服从他们的父母，不听话的孩子是坏孩子，好的父母会惩罚不听话的孩子，惩罚使得不听话的坏孩子成为听话的好孩子，不惩罚坏孩子的父母是不好的父母，因为他们不惩罚不听话的孩子，从而纵容了坏孩子。

　　总而言之，社会中的道德权威概念与家庭中的父母权威是相符合的。这些隐喻如下：

- 社区是一个大家庭。
- 道德权威就是父母的权威。
- 权威人物就是父母。
- 服从道德权威的人是孩子。
- 服从道德权威的人的道德行为是服从。
- 权威人士的道德行为是制定准则并强制执行。

　　这个隐喻将父母权威的特例应用于普遍适用的所有的道德权威。这种将特殊案例普遍化为一般情况的隐喻称为"一般即特殊"（Generic-Is-Specific）。（参见参考文献，AI：Lakoff and Turner，1989）

　　如上所述，家庭的严父模式与父母权威相伴而生。道德权威的隐喻将这种模式概括为可以普遍应用于所有的道德权威。如果将这个隐喻应用于父母权威的合法性条件，我们将得到各种形式的道德权威的合法性条件：

　　　　道德权威的合法性来自（1）需要服从道德权威人士的人们不知道自己和社会的最大利益是什么，也无从根据最大利益行事；（2）权威人士关心社会最大利益和服从权威者的最大利益，并会根据最大利益行事；（3）权威人士知道什么是最符合社会和服从权威者的最大利益；（4）社会认同权威人士对社会和服从权威者的幸福负责。　[78]

　　由于严父式家庭模式提出了一个特定的父母权威的模式，它通过这个隐喻引出了相应的道德权威模式：

权威人士设定行为准则，如果服从权威者的行为不符合准则，则会受到惩罚。服从权威者的道德行为就是服从权威人物。但同样重要的是，权威人士运用自己的权力才是道德的行为，权威人士无法行使权力，也就是说，没有制定行为准则和通过惩罚执行权力是不道德的。

这是道德权威的严父版本，人们可以看到这个模式适用于生活中很多领域的道德权威问题，以及按照道德权威概念所组建的机构中的道德权威问题：运动队、军队、司法、商业、宗教，等等。我们将看到，道德权威还存在着一个非常不同的慈亲式版本。

对"不合法的"道德权威的憎恨

在严父式道德中，父母权力合法性的条件发挥着重要作用，

〔79〕 因为道德权威的隐喻是父母成为合法的道德权威的条件。关键的条件是：（1）父母必须知道孩子和家庭的最大利益是什么。（2）父母必须按照最佳利益行事。随着孩子成人，这些条件就不复存在了。孩子长大以后，他就应该能自己做决定且根据自己的最大利益行事。当孩子们能够主宰自己的生活时，他们的生活就脱离了与其父母的关系；如果父母这时还将自己的权威强加于孩子，就是过度干涉。在严父式家庭模式中，父亲必须知道他的权力何时结束，在此之后他的不具备合法性的干涉都会受到憎恨。

这些合法性条件在道德权威隐喻下从父母转移到一般权威人士时，非法的道德权威创造了条件，同时也产生了对它的不满：这种情况发生在（1）当受管制者比权威人士更加知道共同体的最大利益是什么，并有能力为这些利益而行事时；

（2）当权威人士不按照受其管制的人和共同体的最佳利益行事时。

严父式道德的倡导者表现出对非法权威的怨恨，不仅仅是针对干涉儿女的父母，同时也针对那些看起来非法干扰他们生活的任何道德权威。联邦政府是他们共同的目标。我们经常听到这样的观点：联邦政府并不了解什么是对人民最有利的，反而是人们自己知道什么是对自己最有利的；而且政府并不为了普通人的利益行事。因此，联邦权力应该转交到地方政府或完全取消其权威。

重点是要明白，在严父式道德中，对那些被认为是非法权威的怨恨并不会与合法道德权威的核心地位相抵触。相反，这是父母的合法性权威以及一般道德权威的条件的特点。〔80〕

这些关于道德权威合法性的条件在一定程度上来自美国严父式家庭模式的某些特征。其他文化中也有各自不同类型的严父式家庭，并非在所有情况下，当孩子长大成人时父亲的合法权威就会终止。中国就是这样的例子。在许多文化中，孩子们并不被期待在长大之后完全离开家庭、自力更生。比如说意大利、法国、西班牙、以色列以及中国。相应地，这些文化的严父式家庭中，人们对过度干涉孩子的父母并不会像美国人这样怨恨。正如我们将在下面看到的，他们对政府权威也不像美国人那样的愤慨。

严父式道德对于"非法"权威人物的干涉和侵犯感到不满，但这并非西方文化的传统，更像是美国自己的创新——这是美国版"严父式家庭"的特质之一。严父式道德有时被误称为"传统道德"，但是要明白，严父式道德根本不是传统的而是新产生的，特别是长大成人的孩子要完全自主、而父母都不会干预的想法。

惩　罚

严父式道德会在道德计算隐喻的独特模式中作出选择。对于伤害别人或违反道德权威的情形，严父式道德选择严惩而不归咎。人们会认为那些具有严父式道德的人支持死刑。他们认为维持道德账簿的收支平衡（一命偿一命）比维护生命本身更重要。人们认为倡导严父式道德的人们支持更加严厉的刑罚，以及更为艰苦的监狱生活。人们也认为他们会相信，根据道德权威，对犯罪分子的严厉惩罚会阻止犯罪。

〔81〕

道德秩序（Moral Order）

道德秩序的隐喻自然地符合道德权威的隐喻，同样地，也自然地符合处于严父式家庭核心地位的父母权威。这一比喻基于自然秩序的民间哲学（folk theory）：自然秩序是世界的统治秩序。自然秩序的例子如下：

上帝天生比人更强大。

人类天生比动物、植物和自然物体更强大。

成年人天生比孩子更强大。

男人天生比女人更强大。

道德秩序的比喻将这种自然的权力等级看作是道德的。这一比喻可以简单地表述为：

● 道德秩序就是自然秩序。

这个隐喻将"自然"权力关系中的民间层级转化为道德权威的层级：

上帝对人有道德权威。

人类对自然（动物、植物和自然物）有道德权威。

成年人对儿童有道德权威。

男人对女人有道德权威。

但这不仅仅使权力关系合法化，因为那些处于道德权威地位的人也对他们权力所及之人的幸福有道德上的责任。因此，　〔82〕我们得出了这样的结论：

上帝对人类的幸福有道德上的责任。

人类对动物、植物和其他自然的幸福负责。

成年人对儿童的幸福负责。

男人对女人的幸福负有责任。

严父式家庭模式在一定程度上反映了这个隐喻所定义的道德秩序。父亲有道德责任供养他的妻子和孩子，并规范他们的行为。

道德秩序隐喻在解释犹太教—基督教的宗教传统中起着至关重要的作用。这个隐喻的含义是，上帝关心人类的方式与父母关心孩子，牧羊人关心羊群，或农民关心他们的作物一样。逻辑上，高级物种毕竟没有理由去关心比他们低级的物种。但是，如果统治秩序是一种道德秩序，那么上帝就要关心人类；制定规则并执行这些规则是他表达关心的方式，为了报答他的关心，我们应该顺服他。

道德秩序隐喻的影响是巨大的，甚至在宗教问题之外也是这样的。它们使某些现有权力关系合法化，使它们具有天然合法性，因此是道德的，从而使诸如女性主义等社会运动变得不自然，从而违背了道德秩序。它将某些关于自然的观点合法化，例如，将自然作为人类的资源，将人作为管理自然的主宰者。相应地，它取消了某些有关自然的观点的合法性（例如，自然界具有固有价值的观点）。此外，它将注意力集中在天然优越性的问题上，从而激发了人们对《钟形曲线》（*The Bell Curve*）这

〔83〕 样的书籍的兴趣。《钟形曲线》所探讨的问题并不仅仅是教育有色人种是否是在浪费时间和金钱。真正的问题实际上是不可言明的：白人是否天生优于有色人种，因此，根据这个比喻，相较有色人种，白人是否具有道德优越性。

道德秩序的比喻在西方文化中具有悠久的历史——从当代美国自由主义价值观的角度来看，这个历史并不是很漂亮。它在"存在巨链"（The Great Chain of Being）（参见参考文献，E，Lovejoy，1936；A1，Lakoff and Turner，1989，chap. 4）中有更为清晰的阐释。在更早的版本中，道德秩序包括贵族对平民享有道德权威。尼采的道德理论依赖于道德秩序隐喻，特别是贵族的道德权威部分。在纳粹的道德中，雅利安人在道德秩序中高于犹太人和吉卜赛人。对于白人极端主义者来说，白人在道德秩序中高于非白人。对于极端爱国者来说，美国在道德秩序中比历史上任何其他国家都高。还有人（通常是富人）认为富人在道德上优于穷人。事实上，这种想法在加尔文主义的形式中是不言自明的，他们认为世俗的善良就是正义的反应。

富人对穷人有道德权威的观念，非常适合美国的严父式道德。从美国梦开始，美国是一个充满机会的国度的刻板印象就已经存在。任何有自律和有才能的人都可以通过努力工作登上成功的高峰。因此，任何在美国生活的时间足够长却并不成功的人，要么是没有努力工作要么是没有足够的才能。如果他没有努力工作，那么他是懒惰的，道德脆弱。如果他没有才华，那么在自然秩序上就低于别人，因此在道德秩序上也低于别人。富人（有纪律、有才能，努力工作从而成为富人）理应得到财〔84〕 富，穷人（或者缺乏勤奋，或者缺乏才能）理应贫穷。因此，富人就不仅比穷人更强大，而且对穷人有道德权威，也有道德义务去告诉穷人该如何生活：如何变得自律，努力工作，飞黄腾达，自力更生。

道德边界（Moral Boundaries）

严父式道德有其严格的善恶划分，以及制定严格的行为标准的需要，所以自然会把道德边界的比喻放在首位。

我们通常将人的行动视为由自我推动的一种运动形式，将目的视为我们想要达到的目的地。道德行为被视为一种有边界的运动，要在规定的范围内和路径中运动。鉴于此，不道德行为被视为规定范围以外的运动，偏离规定的路径或违反规定的边界。符合道德的行为的特点就是设定一个可以自由移动的路径和区域。不道德行为的特点就是不限制自己的行动范围。在这个比喻中，不道德的行为是"偏离"的行为，是一种进入未经批准的区域、沿着未经批准的路径行动，以及到达未经批准的目的地的隐喻运动。

由于人的目的根据目标而被概念化，所以这个隐喻有着重要的意义。在这个隐喻中，行动是由自我推动的运动，而这种运动总是运动者自己控制，从而任何目的地都是其自由选择的，人们可以拒绝他人选择的目的地。偏离规定路径、跨越规定区域的行为不仅仅是不道德的。人们所拒绝的是目的，目标，以及他所处的社会的生活方式。他这样做的同时质疑了大多数人 〔85〕 日常生活的目的。这种与社会规范的"偏离"的行为不仅仅是不道德的。在隐喻的意义上被视为"偏离"的行为会威胁到正常人的身份，质疑了最常见的，因而也是最神圣的价值观。

但是，"偏离"的行为比这更具威胁性。这个隐喻的逻辑部分与偏离行为对他人的影响有关。从隐喻意义上来说，偏离实践过的正确道路的人开辟出了一条新的道路，让走这条新路的其他人也感到安全。因此，跨越边界或偏离规定道路的人可能会"带领其他迷惑的人"走向新的方向，开辟新的道路。

因此，道德边界的隐喻与我们的概念系统中最重要的隐喻之一有力地相互作用：生命是一场旅程。选择一条特定的路径，选择你的生活"方向"，可以影响你的整个生活。想象一下，一位家长说："我们的儿子离开了教堂，我不明白为什么他会违背我们的生活道路。"你选择的路径是人生的道路，如果道德被视为沿着一条特定的道路走下去，那么偏离这条道路就可以被看作是一种不道德的生活方式。正是由于这个原因，"偏离"的想法本身就具有强大的力量。在开辟新路径时，"偏离"可以使这些路径对他人来说感到安全，从而引导他们改变自己的生活。

因此，"偏离"的人的影响远远超出了自身。他们的行为挑战了传统道德价值观念和传统道德生活方式，"偏离"的方式可能看起来安全、正常、有吸引力。如果有人抽大麻，没有产生任何不良影响，而且还能让生活更快乐、更轻松，那么他就开辟了一条让认识他的人感到安全的道路。如果一个年轻女子非婚生子，没有产生任何不良影响，继续幸福地生活，那么知道她的人就可能会没有负担地走上这条路。

〔86〕

"偏离"已有的真正道路的人们激起了巨大的愤怒，因为他们威胁了遵循传统的"笔直而狭窄"的道德路线的人的身份，也因为他们被视为是社会的威胁。为了保护社区，他们就需要被孤立和遗弃。

限制自由

由于行为自由被隐喻地理解为行动的自由，道德边界可以而且经常被视为对自由的限制。因此，想把自己的道德观念强加给别人的人就会被视为限制他人的自由。

作为路径的权利（Rights as Paths）

道德边界的隐喻也是定义我们所说的权利的核心。"权利"不仅是一种如前文所述的隐喻信贷；在隐喻意义上它也是一条清晰的路径，人们可以沿着它不受阻碍地自由运动。因此，在隐喻意义上，行动是一种运动，权利是某种可供运动的路径，一个可以不受限制地自由行动的区域。道德限制会开放一些可以自由行动的区域，同时也会关闭一些区域，它们定义了不受干涉地自由行动的权利。

这些权利带有要求不限制行动自由的相应义务，如果尊重这项权利，需要政府采取一些行动。例如，房地产开发商等无限产权的支持者将环境法规视为对自由处置财产的限制，因此，他们想要取消政府对他们权利的限制。另一方面，那些认为人类有权享有清洁、健康、物种丰富的生存环境的人会将不受限制的开发视为"侵犯"了他们的权利。因此，道德和法律的边界可以从两个方面来看：一个人对自由行动的限制就是另一个人为了权利不受侵犯而做的保护。这就是为什么道德和法律的边界会产生权利冲突。 〔87〕

道德本质（Moral Essence）

严父式道德的核心概念是"人格"（character），它被认为是童年时期产生的一种本质（essence），然后维持一生。人格在严父式道德中的中心地位将一般意义上的道德本质置于最高优先地位，并据其定义了人格的概念。

物理上的物体是由实际物质构成的，它们的特性取决于它们是由什么制成的。木头能燃烧而石头不能。因此，用木头制成的物体能够燃烧，而石头制成的物体不会。

我们通常以隐喻的方式理解人类，就好像人也是由物质构成的物体，这些物质决定了他们的行为。因此，人们常常认为人的行为是由一个本质或一系列本质所决定的。这可以被称为本质的隐喻：

- 人是一个物体。
- 其本质是构成这个物体的物质。

想象一下，评判某人天生是固执的或可靠的，这种做法就指定了那个人所固有的特性，一种决定他在某些情况下如何行事的基本特质。如果这个特质是一种道德特质，那么我们就得

〔88〕 到一个特定的隐喻——道德本质的隐喻。其专业名称在社会心理学领域，称为"人格特质理论"。我们在这里讨论的是这个专业术语的通俗版本。

根据道德本质的比喻，人们与生俱来，或是从早期生活中产生一些品质，这些品质伴随他们的一生。如果这些品质是道德的，就被称为"美德"（virtue），如果是不道德的，则被称为"恶习"（vice）。人的美德和恶习被统称为这个人的"人格"。当人们说，"她有一颗金子一般的心"，或者"他骨子里就不刻薄"，或者"他烂透了"时，他们正在使用道德本质的比喻。也就是说，他们认为这个人所具有的特定道德品质决定了某些道德或不道德的行为。

声称某人具有某种道德本质，就是对这个人做出整体的道德判断，而不仅仅是对其某个单一行为的判断。有时，这些判断是绝对的，比如我们认为某人本质上就是善的或是恶的。但这种情况很少见。更加常见的是，我们认为他人具有某种美德，并且通常用复杂的美德来定义一个人的人格。

如前文所述，这些道德美德本身就是与特定的道德方案相

关的。道德力量的隐喻定义了自律、勇气、节制、清醒、贞节、勤奋和毅力等美德；以及诸如自我放纵、懦弱、欲望、醉酒、懒惰和怯懦等恶习。美德和恶习并不是客观存在的。将什么归为美德或恶习，取决于人们所选择的道德方案将哪些置于优先地位。正如我们将要看到的，当我们讨论慈亲式家长的道德观念时，这个道德体系把重点放在照顾、同情、善良、社会责任、智慧、开放心态、好奇心、灵活性，他们也有不同的恶习，诸如自私、麻木、吝啬、没有社会责任感、无情、内心封闭、不灵活等。〔89〕

道德本质的比喻有三个重要的条件：

- 如果你知道一个人的行为，你就会了解他的人格。
- 如果你了解一个人的人格，你会知道他会如何行事。
- 一个人的基本人格是在成年时期（或者更早）形成的。

这些必要条件构成了目前处于争议中的社会政策的基础。

例如，"三振出局"的规则在美国越来越受到认可。其前提预设就是，一个人在过去的生活中反复违法意味着有人格缺陷，其违法倾向将导致未来的犯罪行为。由于重罪犯的基本人格是在成年期形成的，所以他"坏透了"，无可救药。因此，如果给他自由，他将继续犯同样的罪。为了保护公众免受他未来的犯罪行为，他必须被判终身监禁——或至少监禁很长一段时间。

另一个例子是将非婚生子的孩子从贫困的未成年母亲身边带走，将他们安置在孤儿院或寄养家庭。这种做法的设想是，非婚妈妈是不道德的，因为她的人格已经形成，无法改变了。如果孩子与这个母亲共同生活，也会发展出不道德的品格。但是，如果孩子在人格成形之前就被从母亲身边带走，孩子的人格就会向着更好的方向发展。

道德本质的隐喻是道德库的重要组成部分。它深入我们的概念系统，被用于定义各种各样的美德和邪恶。它在我们的政[90]治生活中起重要作用，也被自由主义者和保守党所使用。但是，由于严父模式的家庭高度重视纪律对人格发展的重要性，严父式道德将道德本质置于非常高的地位。

道德完整性（Moral Wholeness）

在严父式家庭模式中，父亲是家长权威，他设定严格的对错规则。相应地，道德力量的隐喻将邪恶视为世界的一种力量，因此认为善与恶之间有着严格的界限。道德边界隐喻严格地对边界空间上的道德和不道德行为概念化，并明确描绘其行为路径。那些有着异常行为、偏离这些路径的人，由于他们模糊了道德和不道德之间的界限，所以对社会来说是一种威胁。严父式道德认为，要想社会正常运转，人们就要遵循一套自然、严格、统一、不变的行为标准。

道德完整性这个隐喻是又一个对行为统一标准进行概念化的方法。完整性需要同质性——由完全不同的物质组成的东西可能无法形成一个整体。完整性还需要一个整体统一的形式，使一个实体能够强大、抵抗压力。形式的同质性和统一性也使得实体的运作稳定，可以被预测。他们相信具有物理完整性的物体可以发挥其应有的作用。完整性也蕴含自然性——即其本身就应该具有的本质。当完整的物体开始破碎、撕裂或腐烂时，它有可能无法维持在一起，因此无法运转。

严父式道德的倡导者常常讲"堕落"的人，道德的"衰落"，道德标准的"侵蚀"，道德结构的"破裂"或"撕裂"，[91]道德基础的"瓦解"和"崩溃"。所有这些都是因为道德被视为一个整体，而不道德就是从那个整体状态脱离的碎片。这里的完整性是抽象的，可以适用于任何类型的实体：建筑物可以崩溃，山坡可能被侵蚀，有机体可能衰变，织物可能撕裂，石头可以被击碎，等等。在这个比喻中，完整性是问题所在，这个实体是建筑物还是山坡或有机体无所谓。完整性与实体无关。建筑物和山坡只是可能完整或不完整的实体的特殊情况。

正直（Integrity）

道德完整将道德本质与正直的美德结合起来——道德上的完整的美德。有诚信的人有道德的完整，道德上等同于物理的完整。一个诚信的人有一贯的道德原则，在道德上等同于物质的同质性和完整性。道德原则的统一性使得正直的人不会轻易受到社会或政治压力以及潮流的左右。一个正直的人会按照预期行事，会符合他的道德原则，并且人们相信他会以道义的行为方式行事。一个正直的人会按照自己的本质行事；他没有什么可伪装或谋划的。

结　果

道德完整的隐喻可以简单地表述为：

● 道德是完整。

● 不道德是退化。

这种隐喻思维方式的含义是相当庞大的：随着时间、社会状况或种族而变化的道德标准对社会来说是危险的。这样道德上无进步可言；什么是道德的、什么是不道德的是永恒不变的，任何以道德进步为名义改变标准，都是邪恶的，是对道德基础的破坏，对道德结构的撕裂，等等。最重要的是要不断地注意道德堕落和侵蚀的迹象，并立即制止，因为一旦道德基础开始

〔92〕

腐烂或者崩溃，是不可能得到彻底修补的，不道德的行为会变得猖獗，社会道德将会无法自然而然地发挥作用。因此，道德堕落是非常危险的，人们必须持续关注、尽快阻止，否则将会走得太远，不可逆转。

道德纯洁（Moral Purity）

正直以及道德完整性的隐喻与道德纯洁的隐喻相辅相成。正如同质性的道德标准会受到缺乏同质性的威胁，道德标准的纯度也会受到杂质的威胁。一颗老鼠屎坏了一锅粥。

因此，道德被概念化为纯洁，不道德被概念化为杂质、恶心或肮脏的东西。语言学上的例子清晰地解释了这一点：这是一件令人**恶心**的事情。他是一个**肮脏**的老人。我们必须保护我们的孩子免受这种污染。她像雪花一样纯洁。我们要清理这个小镇。

这个隐喻可以简单地表述为：

- 道德是纯洁。

- 不道德是杂质。

这个隐喻的含义是深刻的：正如物理杂质可以破坏物质一样，道德上的杂质会毁坏一个人或一个社会。就像物质一样，〔93〕为了不变质，必须清除杂质，社会也是如此，为了社会的声称，必须清除腐败的个人或行为。不道德的行为可以毁灭一个社会，所以不能容忍。

道德纯洁通常与道德本质搭配使用。已经被"破坏"的东西是不纯的，因此不可用，例如被污染的血液样本或被损坏的数据库。在隐喻意义上，"腐败"的人的本质是不纯洁的，其道德纯洁和道德本质决定了他天生就不道德。这些人必须被孤立起来，必须从社会中驱逐，以此来消除他的腐败的影响。

道德健康

在这种文化中，杂质被认为是病因。杂质与健康之间的联系使道德被概念化为健康，不道德被概念化为疾病。

● 道德是健康。

● 不道德是疾病。

这导致我们称不道德的人为"生病的"或"思想患病的"。并且，它导致人们将不道德行为的传播称为"道德传染"，大规模地突发意外的不道德行为是不道德的"爆发"。

该隐喻的逻辑非常重要：既然疾病可以通过接触传播，那么不道德也可以通过接触传播。因此，道德的人必须远离不道德的人，以免变得不道德。这就是求生之路、隔离社区背后的逻辑，甚至对非暴力破坏者也是强有力的引导。连带犯罪的背后也是同样的逻辑：如果你正在与不道德的人接触，那么你也会变得不道德。 〔94〕

道德自利

严父式家庭模式中，人们通过自律追求自身利益而得以自力更生。追求自利是道德的，当然，前提是其他"道德权威和道德力量"这样的"更高"的原则不被侵犯。的确，若自利与道德无关，那么，自律和自力更生就不会有道德联系。

将道德自利用在严父式家庭模式中，是经济思想的隐喻表现。它是基于亚当·斯密经济学的通俗版：如果每个人都寻求自己财富的最大化，那么通过一个看不见的手，所有的财富终将最大化。将幸福即财富的通俗隐喻应用于自由市场经济学的通俗解释中，我们得出：如果每个人试图将自己的幸福（或个人利益）最大化，那么所有人的福祉终将最大化。因此，寻求自己的利益实际上是一种积极的道德行为，对所有人的福祉有益。

相应地，在这个隐喻中，干涉追求自身利益的行为是不道德的，因为它不允许最大限度地追求所有人的福祉。另外，它干扰严父式家庭模式的运作，而严父式模式依赖自律会促进自力更生的假设，没有这个假设，父亲给孩子的教育最终不会帮助孩子谋生或满足他的长远目标。但是，如果孩子没有从父亲所传授的自律中获益，父权的合法性就被质疑了。因此，父权 [95] 的合法性取决于外部条件，这是一条从自律，勤奋到自力更生的道路。

由于严父式家庭模式将严父式道德融合在一起，所以干涉追求自身利益的行为威胁着整个严父式道德框架的基础——从道德力量的有效性到道德秩序的有效性。

道德自利和自由市场经济之间的联系当然不会在严父式道德的倡导者这里消失。对于被操控的市场经济体，无论是社会主义者还是共产主义者，都阻碍了追求自身利益。为此，倡导严父式道德者会认为社会主义和共产主义是不道德的。不仅不切实际，而且不道德！

因此，倡导严父式道德的人普遍认为公共福利提案干涉了对经济利益的追求，是不道德的。"社会改良者"被视为限制自由，对道德秩序构成威胁。而事实上，这确实是严父式道德的逻辑。

但是，严父式道德并不将追求自身利益放在所有其他事务之上。道德自利受制于该系统的其他部分。例如，对于好的严父式家长来说，他们通常并不会追求薪水丰厚的职位，以便可以花更多的时间与家人在一起，确保自己的孩子长大成人，能

够自律、顺从、有良好的品格、遵循道德规范、尊重合法权威，
不被宠坏。此外，严父式道德规定，追求自利的许多形式是不
道德的：比如贩毒、引诱女孩卖淫、盗窃，等等。

　　尽管美国的严父式道德倾向于支持自由放任的资本主义，
但美国确实存在着限制资本主义运行的悠久历史。涉及贩毒、
卖淫、盗窃等行为的商业并不被直接或公然地认为不道德。企 〔96〕
业应该表现出同情心，例如参与当地的慈善事业，援助救灾等。
企业应该促进有益健康的社区活动，赞助球队、保龄球俱乐部
等。企业应该通过更好的管理机构和专业协会来参与治理公共
事业。简而言之，在美国，严父式道德的资本主义在道德约束
上有着悠久的历史。这些限制可能有一个合法性的问题，但它
们是传统的，并且长期以来一直是美国企业的标志。因为它们
符合严父式道德，这些约束在公共利益方面发挥作用，从来没
有被攻击为对自由市场资本主义的不道德制约。

严父式系统中的慈爱

　　正如我们将在下面详细介绍的那样，帮助弱势群体的道德
行动被理解为对幼儿的慈爱。在严父式家庭中，孩子们当然会
得到慈爱。但是，慈爱的形式与其他家庭有所不同。首先家长
权益必须被维护，因为它被认为是尊重一切形式的合法权威的
基础，也是学习使用权威的基础，从而在以后的生活中能够自
给自足。如果家长权威和慈爱之间可以选择，则通过惩罚来维
持家长的权威。但这不意味着选择权威而非慈爱。相反，惩罚
本身就是一种慈爱的形式，因为在人们眼中，惩罚教导孩子自
力更生、尊重合法权威。这是"艰难的爱"，惩罚孩子的不服 〔97〕
从表明你爱他们。

　　在一个正常运作的严父式家庭中，孩子们应该学会尊重家

长的权威，从出生开始就学习自律。在这样的家庭中，自律应该得到适当发展，家长的权威很少甚至不会受到挑战。严父式家庭正常运作时，孩子应该会得到足够的慈爱，很少受到惩罚。

慈爱的道德隐喻将以家庭为基础的慈爱的逻辑扩展到一般意义上的对社会上其他人的帮助。严父式道德的追随者非常愿意尽力帮助受到灾害或灾难侵袭的地区：比如火灾、地震、爆炸、流行病等地区。但他们并不乐意帮助那些不负责任的人，即那些要对自己的不幸负责的人，抑或是那些，如果足够自律就应该能够帮助自己的人。在这种情况下，严父式道德可能会认为有一部分人不应该得到帮助，原因如下：人们应该接受自己的不负责任或缺乏自律的后果，因为，如果他们不去面对这些后果，他们就永远不会做到负责和自律。在这种情况下，帮助他们是不道德的，因为它会助长道德上的脆弱。例外是，如果一个人通过别人的帮助，可以使自己的生活得到整顿，变得足够负责和自律。这样的人是值得我们帮助的。

自我防卫

正如我们所看到的，严父式道德中有严格的善恶、对错的二元对立的观点。严父式道德体系本身是正确和善良的；它不可能是错误的，而且仍然作为一个有着严格对错二分法的道德体系被运用。因此，反对道德体系本身的人是错误的；如果他们试图推翻道德体系，那么他们的行为就是不道德的。最重要的是必须要先保护道德体系本身。

〔98〕

让我们将此称为自我防卫原则：捍卫严父式道德是严父式道德所有追随者的首要道德责任。

在严父式道德的情况下，不乏制度的反对者——反对对错的绝对标准，反对等级化的道德秩序，反对自由市场经济学，反对道德力量的优先性，等等。其中许多反对者出现在学术界，特别是在人文和艺术界。按照自我防卫原则，严父式道德将他们划定为不道德的，对国家艺术与人文基金会的敌意是这一原则的自然结果。

自我防卫原则的另一个自然后果是严父式道德对同性恋和女权主义的反感。同性恋破坏了严父式家庭模式，一个家庭需要父亲和母亲，父亲对母亲有道德权威，这一道德秩序的合法性来自道德秩序是自然秩序的隐喻。同性恋和女权主义都被视为对自然秩序的威胁，从而导致对道德秩序的威胁，并成为道德体系本身的威胁。同理，认为同性恋是符合自然的，以及倡导女权主义的艺术和学术传统也被视为对道德体系的威胁。

体系的结构

严父式道德是围绕家庭的严父模式建构的。有一组道德隐喻与这一模式自然适应，并且被优先考虑。那些道德隐喻所具有的含义远远超出了严父式家庭模式。当它们结合在一起时，〔99〕这些隐喻就定义了一个组织有序的、深远的道德体系。

以下是我们所讨论的隐喻列表以及它们在系统中相协调的方式。以"核心模式"为例，我所指的当然是上述严父模式。

道德力量：这说明了家庭模式中自律的关键概念，它是家庭模式的特点，并被延伸应用到整个道德中。

道德权威：这建立在核心模式中的父母权威之上，并被延伸到整体道德中。在此过程中，它对合法和非法道德权威进行了描述。

道德秩序：它使严父权威在家庭模式中合法化，并且在一般地界定"自然"因而是合法的权威当中有重要作用。

道德边界：允许我们将空间推理应用于道德结构。

道德本质：这说明了家庭模式中的一个重要部分，即"人格"。

道德完整：这为核心模式所假定的道德统一性、稳定性和同质性的重要性提供一种概念化。

道德纯净：这为我们提供了一种将家庭模式中所描述的不道德行为进行概念化的方式。

道德健康：这使我们能够将家庭模式中所描绘的不道德的影响概念化。

道德自利：这提供了家庭模式中自律和自力更生之间的关键环节。

作为慈爱的道德：这将家庭模式中的慈爱与社会中一般意义上的帮助他人联系起来。

[100]　　这些隐喻中的每一个都独立于严父式家庭而存在。正如第3章所描述的那样，它们中的大多数都是由经验道德推动产生的。世界各地的不同文化中都有这样的人。但在美国文化中，特别是美国版的"严父"家庭模式中，以其他文化中不太可能存在的方式将这些隐喻组织起来。

明确严父式道德的逻辑部分是严父式家庭模式逻辑的结果，但更多是上面列出的隐喻的产物这一点至关重要，这些隐喻将家庭模式变成一个普遍的道德体系。这是这个系统中隐喻的清单，以及他们对严父式道德的贡献。

道德力量：它贡献很大——善恶之间的严格二分法，内部的邪恶、自我的堕落和道德上的弱点。

道德权威： 它提供了道德权威的合法性和非法性的概念，将对干预过多的父母的憎恶延伸到对其他权威人士的干预的憎恶。

道德秩序： 它使某些传统的等级权力关系合法化，并且与道德力量一起，认为富人在道德上或本性上优于穷人似乎是合理的。

道德边界： 它提供了偏离的危险的空间逻辑。

道德本质： 它提供了被称为"性格"的本质，可以通过过去的重要行为来确定，并且是未来行为的可靠指标。

道德完整： 它使得道德上的团结和一致被视为一种美德，并表明道德不统一、不均匀的任何迹象都是危险的信号。

道德纯净： 它将我们身体内在对恶心的反应以及我们对纯净物质腐败的逻辑与道德统一和一致的观念联系起来。 〔101〕

道德健康： 它将疾病的逻辑应用到不道德的逻辑之上，并提出了与不道德的人接触是危险的观念，因为不道德的行为可能像流行病一样快速、无法控制地传播。

道德自利： 它认为寻求自身利益是道德的活动，干涉寻求自身利益的想法是不道德的。这个隐喻的实际应用受到其在系统中的作用的限制。

作为慈爱的道德： 这个隐喻在系统中的作用是确定什么时候帮助人是道德的。如果干涉自律和责任的培养，从而导致道义上的弱点，这种帮助从来都不是道德的。由于奖惩有利于促进学习，以规训和惩罚的名义，将给予慈爱作为奖励、剥夺慈爱作为惩罚，可以用于培养自律和责任的道德目的。

道德优先

我们刚才讨论的一系列隐喻在严父式道德体系中有一个层次结构。在这个隐喻层次中，我们可以清楚地看到严父式道德的道德重点。具有最高优先级的隐喻形成了一个集合：道德力量、道德权威、道德秩序、道德边界、道德本质、道德整体、道德纯洁和道德健康。我们称之为力量集团。

〔102〕 力量集团具有最高优先级。道德自利将自律与自力更生联系在一起，是下一个重中之重。道德慈爱是最后一级，因为它在力量集团和道德自利的服务中起作用。也就是说，这种模式中的慈爱功能是为了提升力量；提供慈爱是对服从的奖励，剥夺慈爱是对不服从的惩罚。慈爱本身不是最终目的，而是实现目的的手段。这使它成为最低的优先级。优先级列表是：

1. 力量集团

2. 道德自利

3. 道德慈爱

我们将在下一节中看到，严父式道德和慈亲式道德都使用了相同的隐喻，但这隐喻在这两个系统中优先级相反，这一点我们需要牢记于心。正如我们下一章中将要看到的，还有其他与道德慈爱一样的隐喻，但这些在严父式道德中也都处于最低优先级。

事实上，这些隐喻不是任意的，而是建立在日常幸福和体验式道德的基础之上，这使得这些隐喻看起来只是常识——自然而然、不可避免且具有普遍性。这就是为什么将这些隐喻隔离开来单独进行分析十分重要，为了彻底了解它们，并了解每个隐喻对整体道德体系的贡献。

严父式道德是一个高度精细、统一的道德体系，围绕特定的家庭生活概念而构建，通过隐喻的道德延伸到所有的道德中。道德的隐喻在很大程度上独立于这个系统，这在其他文化中是常见的，同时也发生在其他道德体系中。正是它们在这个系统中的组织方式赋了它们整体逻辑和情感影响。

变量参数 [103]

上述以家庭为基础的道德模式是家庭模式和对应道德体系的辐射状类别的核心种类。迄今为止，我已经确定了决定该模式变化的四个参数：

1. 线性尺度
2. 务实的理想维度
3. 道德秩序中是否有特定的"条款"
4. 道德重点

让我们对其分别进行讨论。

线性尺度

违反规则可能存在一个程度问题。你的青春期孩子晚回家了十五分钟还是两个小时？你八岁的孩子在地板上留下几个玩具，还是把整个房间弄得乱七八糟？有一些违反规则的行为是次要的，有些是主要的，还有一些介于两者之间。相应地，惩罚总体来说可以比较苛刻又或者很轻。你是不允许八岁的孩子看她最喜爱的电视节目，或者不让她吃晚饭直接去睡觉，还是扒下她的裤子用腰带鞭打她，直到她不再反抗，抑或只是轻拍一下？

这种线性尺度差异通常不是简单定量的，而是定性的。宽容的家长、中等严格的家长、虐待型的家长和犯罪分子之间的区别可能与违规行为的严重程度和处罚程度有关。程度差异可能导致种类的差异。

理想与务实

上述模式是一个理想型模式，目的是促进自律和自力更生。

〔104〕 追求自利被认为是自律者实现自力更生的手段。然而，手段和目的可以转变。在模式的实际变型中，目标是追求自利，而追求自利的手段是自律和自力更生。

因此，一方面，一个务实又严格的家长可能不会在意自律和自力更生本身，但可能希望他的孩子有能力尽可能地追求自己的利益。那么他可能觉得自律和自力更生是实现这个目的的最佳手段。另一方面，一个理想主义的严格的家长可能将自律和自力更生视为他孩子的道德目标——生命中真正重要的事情。追求自身利益可能只是自律者自力更生的最佳手段。

道德秩序

道德秩序的隐喻将主导地位与道德权威挂钩。这个隐喻根据其包含的"条约"有一些变型。这个隐喻的范畴是世俗权力的范畴。在此范畴内，社会中可能会出现各种形式的统治地位。在一般的例子中，统治地位都是由"A 统治了 B"这种形式的"条约"所代表的。道德秩序隐喻将统治层次投射到道德领域，创造出一种相应的合法道德权威层级。这个特定形式的隐喻将一组特定的统治条约投射到"A 对 B 拥有道德权威"这种形式的表达上。

在上述核心模式中，一套统治条约就是，

〔105〕 上帝统治人类。

人类统治自然（动物、植物和自然万物）。

成年人统治儿童。

男人统治女人。

映射到相应的道德权威条约，即为，

> 上帝对人类有道德权威。
>
> 人类对自然（动物、植物和自然万物）有道德权威。
>
> 成年人对儿童有道德权威。
>
> 男人对妇女有道德权威。

这种模式的一种变形是将世界大国的统治领域的主导条款映射到道德领域。

例如，假设主导条约"男人统治女人"不再映射为"男人对妇女有道德权威"，那么，人们所得到的就是女性主义的严父式道德。在这种严父式家庭模式中，父亲的权力不再高于母亲，父母双方平等地制定并执行规则，平等地做出决定。

再举个例子，假设将世界大国统治领域主导条款中的"白人统治非白人"映射到"白人对非白人拥有道德权威"，这将产生一种种族主义的严父式道德。这可能不适用于白人家庭，但将作为"道德"原则，适用于一般社会。

重要的是要注意，这个变化参数是高度受限制的。在我们的世界大国统治领域的通俗模式中，并非所有统治条款都被认为是真实的。想想这个有点愚蠢的例子，有没有什么条款是无法映射到道德领域的。没有一种文化模式会认为不喜欢肉桂的人统治喜欢肉桂的人。因此，道德秩序隐喻的变型不会产生"不喜欢肉桂的人对喜欢肉桂的人有道德权威"。肉桂不会成为我们文化中的文化统治，所以不能成为道德权威的明确决定因素。然而，种族、性别和宗教却与文化统治紧密相关，所以它们会成为影响道德秩序的因素。我们将在第 17 章讨论这些情况。〔106〕

道德重点

有的人可能会觉得家庭模式或家庭道德体系中的某些方面格外重要，所以将这些作为家庭模式或道德体系的优先考虑对象。这在我们的术语中称为"道德重点"。

例如，某些严父可能更关心和维护自己的权力，而不是孩子的自律和自力更生。在这种情况下，我们会说，他把自己的主要道德重点放在维护权威上。因此，他可能会制定与发展孩子的自律和自力更生毫无关联的规则，只是为了显示谁是老大。

另一个例子是，有的严父可能把主要的道德重点放在自己的自力更生上，而较少考虑保护他的家人。这样的家长在家人需要帮助的时候可能无法向朋友寻求帮助。

[107] 如上述道德秩序的例子所示，道德重点使用的可能性局限于该模式中的各个方面。道德重点的变型不可能是巧克力冰激凌，因为它不在这个模式之中。人们只能关注——并优先考虑——模式所包含或暗示的内容。

正如我们将在政治领域看到的那样，这四个变量的变体产生了多种多样的保守主义——它们不是随机产生，而是系统地产生的，因为它们是由模式本身的结构所定义的。

第6章　慈亲式道德

现在，让我们来看看依照一个理想家庭模式而建立的另一 种道德体系：慈亲式的家庭。虽然这个家庭模式似乎以女性的模式为开端，但现在它已经在美国广泛传播。

慈亲式家长的模式：家里最好父母双全，但也有可能是单亲家庭。如果是前者，那么父母二人则应分担家庭责任。

这种模式背后的主要体验是关心和慈爱，有爱的互动的愿望，尽可能快乐地生活，从互动和慈爱中获得意义。

对孩子来说，最好的成长方式是与他人进行正面互动、对社区有所贡献，以及实现自己的潜力和追寻生活的幸福。孩子通过被照顾和被尊重以及关爱别人而变得有责任感、自律、自力更生。支持和保护是慈爱的一部分，他们需要来自家长的力量和勇气。孩子的顺服来自他们对家长的爱和尊重，而不是由 于害怕受到惩罚。

开放的、双向的、相互尊重的沟通至关重要。家长想要获得权威的合法性，就必须告诉孩子为什么他们的决定是为了更好地保护和慈爱。孩子对家长的质疑是被认可的，因为孩子需要了解他们的家长为什么要这样做，因为孩子也经常有好的想法，应该被认真对待，而且所有的家庭成员都应该参与重要的决定。当然，负责任的家长们做出最终明确的决定。

保护是关心的一种形式，保护孩子不受来自外部的伤害是家长的重要责任。世界充满了可能伤害到孩子的罪恶，家长有责任将危险阻挡在外。犯罪和毒品当然是最危险的，但也包括那些次要的危险：香烟、上车不系安全带、危险的玩具、易燃服装、污染、石棉、铅漆、食品中的农药、疾病、不道德的商人，等等。保护无辜且无助的孩子远离这些危险和罪恶，是慈亲式家长的主要职责。

慈爱的主要目的是让孩子们在生活中得到满足和幸福，长大后自己也成为慈爱者。在这里，幸福的生活很大程度上就是致力于家庭和社区责任的慈爱生活。自我实现与关爱他人是不可分割的。孩子最需要学习的是同情他人、关爱他人的能力，合作和维护社会关系的能力，这些能力只能通过从慈爱中获得的力量、尊重、自律和自力更生培养出来。抚养一个孩子并使之幸福，需要帮助孩子发展自己的潜力，获得成就和愉悦。这需要尊重孩子自己的价值观，并允许孩子去探索一系列想法和世界所提供的各种选择。

[110]

当孩子从出生时就受到尊重、慈爱，进行良好的沟通，就会逐渐与家长相互尊重、沟通和相互关爱。

虽然这个模式与"严父"模式有很大的不同，但他们在一个很重要的方面有共同性。他们都认为孩子们将会复制自己的养育方式。在严父模式中，自律被纳入孩子的养育方式中，以期待他成年后也有自律和约束他人的能力。在慈亲式家长模式中，慈爱是重要的养育方式，也期待孩子最终拥有自我关爱（照顾自己的能力）和关爱他人的能力。

但是，这两种模式的完成机制是完全不一样的，因为这两种模式对于儿童的本质和人的本质有着全然不同的假设。慈亲式家长模式并不认为孩子主要通过奖惩来学习，成人的行为也并非都是为了奖励和惩罚而调整。

相反，他们认为孩子通过与家长的情感而学习——理想的情感是安全和爱。他们学着家长对待他们的方式对待他人和自己，并通过双向的交往方式而学习：第一，他们遵循家长的行为模式。第二，通过与家长的安全情感，孩子希望达到和满足家长的期望。如果家长足够用心，对孩子提出能够实现又具有一定挑战性的期望——而非过度或过于简单——孩子就能够达到并掌握。 〔111〕

理想的慈亲式家长必须就是或成为他们想要孩子成为的那种人：幸福、快乐、富有同理心、能够照顾自己、有责任心、有创造性、善于沟通、行事公允。一个有安全感、受到爱护的孩子主动让家长开心、继承家长的特质。家长通过同理心，根据孩子在各成长阶段的能力，循序渐进地鼓励孩子为自己和家庭做事情。孩子们不必害怕受到惩罚，也不必服从权威，而是出于自己的需求尽情在家长面前展现他的能力，并由此得到尊重。孩子逐渐发展出自我意识，也就是意识到他们的行为是否能够赢得家长的尊重。家长必须对孩子能力的进步表现出热情。家长因尊重子女而受到尊重。孩子们通过这种机制来尊重自己和他人。

孩子要成为慈爱者，就要发展自己的社会良知。要做到这一点，他们必须学会自觉，学会诚实的探询和真诚的探索，了解自己和家长的哪些方面不够好，以获得提高。对于他们是谁、他们的家长是什么样的，要有一个现实的了解。因此，慈亲式家长鼓励提问、自我检讨，鼓励开放的心态。这些都被认为是发展自我意识和社会意识的必要条件。

在这些方面，孩子们成为他们家长想要他们成为的人。他们学会照顾自己、有责任心、享受生活、发展潜力，满足他们所爱和所尊重的人的需求和期望，并且成为拥有独立思想的人。 〔112〕

他们还学会同情他人，擅于社交，对社会负责，善于沟通，尊重他人，行事公允，从而成为关爱自我、关爱他人的人。简而言之，他们会成为正确的人——这样的人你就会想与之为伴，共同生活在这个世界上。

这样的人在社会中会发挥自己的才能，照顾好自己，尊重他人，并与他们保持密切的联系。他有内心强大，这是自然而然地在自己和他人相互关爱的过程中发展起来的。最重要的是，他了解相互依存的本质。他明白，建立情感纽带、赢得相互尊重比统治的关系更加强大。

如果这样的人能够发展壮大，我们的世界将会如何？它一定会尽可能地展现关爱和积极回应慈爱。这个世界一定会鼓励人们发展自己的潜力，在必要时提供帮助。相应地，在这里，接受帮助的人会感到有责任帮助他人。这个世界一定是尽可能通过同理心来管理，强者会同情需要帮助的弱者。这个世界一定会通过情感、尊重和相互依存关系得到管理。最后，在这个世界，我们得到慈爱的同时，自然环境也会得到维护、赞赏和回馈。简而言之，自然世界必须持续下去，我们必须竭尽全力维护自然世界。

因此，慈亲式家长模式定义了一种对世界的道德态度。其基础是对人性、孩子们学习的方式以及正确的人是什么样的假设。如果我们希望世界适合这样的人发展，那么我们的社会责任就是促进这样一个世界的建成。

〔113〕 社会责任始于抚养子女。它包括避免对孩子的伤害。儿童不应在奖惩性的制度中长大，特别是不应受到痛苦的体罚。对一个孩子来说，体罚是暴力的一种形式，暴力产生暴力。如果孩子知道虐待、惩罚和暴力是施加权力和获得尊重的方式，他

们就会模仿这种行为，结果将导致暴力社会。忽视、剥夺孩子所需的慈爱，具有类似虐待的效果；一个不被照顾和尊重的孩子也不会尊重和照顾别人。应该强调合作而不是竞争。激烈的竞争导致攻击性的行为，然后在未来的生活中重复。竞争的非攻击性的一面是掌握，会通过慈爱和鼓励自然而然地发展出来。合作会发展出相互依存感。要培育幸福感和审美意识，才能培养幸福的能力，有能力给他人带来自己的幸福能力。应该避免禁欲主义。自我否认使得人更可能否认和不赞成别人的幸福。

相互依靠是一种非等级的关系。为了最大限度地发挥相互依靠和合作的益处，应该尽量减少等级关系。合法权威应该从慈爱中产生——通过智慧、判断力、同理心等能力获得；权威不应该通过统治来获得。这些与"严父"模式的养育方式完全相反。慈亲式家长所寻求的世界具有完全相反的特征。

慈亲式家长的道德隐喻体系

慈亲式家长模式的家庭观念、养育方式、对正确的人的定义，以及对世界应该是什么样的定义，这些都使他们将与严父模式非常不同的一套道德隐喻置于优先地位。严父模式强调纪律、权威、秩序、边界、同质性、纯洁和自我利益的重要性，慈亲式模式强调同理心、慈爱、自我发展、社会关系、公平和幸福。这些都是这个与前述严父模式相当不同的道德体系的优先因素，其道德观念在这个家庭模式中强调的是同理心、慈爱等。因此，在这个模式中，居于首要地位的是诸如作为同理心的道德和作为慈爱的道德等隐喻。让我们从作为同理心的道德开始。

〔114〕

作为同理心的道德

在隐喻的意义上，同理心就是将你的意识投射到他人身上，以便感受到他人的感受的能力。我们可以运用同理心看到这一点："我知道穿你的鞋子的感受。"我知道你的感受。我同情你。现在我们不可能真的将自己的意识投射到别人的心灵和身体里面，这就是为什么这种同理心理念是隐喻性的。但是，只要我们努力想象自己是别人，这种同理心的感受也是可能实现的。如果我们想关爱别人，这是我们必须尽我们所能做到的。同理心是道德观念的基础。

● 道德是同理心。

同理心的逻辑是：如果你真的感觉到另一个人的感觉，那么如果你想感受到幸福，你会希望那个人也体验到幸福感。因此，你将采取行动，以促进那个人的幸福感。将道德行为概念化为同理心的行为不仅仅要遵循黄金法则（己所不欲勿施于人），而且要像别人对你一样对待别人。黄金法则不考虑他人可能拥有与你不同的价值观。作为同理心的道德要求你的行为是基于别人的价值观，而不是你自己的价值观。这需要一个更强大的黄金法则：像别人希望的那样对待别人。

然而，强大的黄金法则并不总是适用。假如你是一个自由主义者，试图用同理心理解一个保守主义者，他们的严父观点与你正在尝试使用的那种同理心相矛盾。接受他的价值观，则会破坏你实现你的价值观的可能性。当整个价值体系受到威胁时，强大的黄金法则就会产生悖论。要么服从，要么违背。当讨论部分价值观时，强大的黄金法则不会遇到这样的悖论。

较弱的黄金法则的存在表明，同理心思想的形式有强有弱。

〔115〕

绝对的同理心（Absolute empathy）只是简单地感受到别人的感受，并没有情感牵连。但是通常情况下是有情感牵连的。原因在于，我们不仅可以将自己的感受能力投射到他人身上，还可以将我们的价值观投射到他人身上。很多人只有在把自己的价值观投射到他人身上时，才能把感受能力投射到他人身上。我们称之为以自我为中心的同理心（egocentric empathy）。在以自我为中心的同理心中，你只能在保持自己的价值观的同时将自己的感受能力投射到另一个人身上。这就产生了一种薄弱的黄金法则，可以叫作黄铜法则：向你希望别人对你那样对待别人——前提是只要他们同意你的价值观！

将自我中心的同理心与结合道德指导的绝对的同理心区分开来是极为重要的。假如你有一个孩子，你想把你的价值观教给孩子。假设孩子拒绝这些价值观中的部分或全部，但是你认为仍然有必要尝试教他。在以自我为中心的同理心下，除非他采纳你的价值观，否则你不会对孩子产生同理心。在绝对同理心道德的观念下，尽管有不同的价值观——你也会对他有同理心——尽可能地了解他的价值观，同时仍然试图让他接受你的价值观。这两种情况都在全国各地的家庭生活中上演，这些差异是非常重要的。〔116〕

同理心的另一种类型是有余力的同理心（affordable empathy）。相对来说，较富裕的人们能够对相对没那么幸运的人有同理心。有余力的同理心的逻辑是木头法则：像你希望别人所做的那样对待别人——只要你能轻易负担得起！

慈善，在这个国家经常出现，常常结合了道德计算与有余力的同理心。这是一种通过给予正面价值的东西（通常是钱）来实现道德信用的方法——在你能轻易负担得起的时候给予那些相对不那么富裕的人。在这方面，慈善捐款的所得税减免很有意思；它们允许你累积实际的金融信贷，而不仅仅是道德信用。

作为慈爱的道德

慈爱需要具有同理心。孩子是无助的，他无法照顾自己，需要大人的照顾。想要充分地照顾孩子，必须关心他。必须能够将你自己的感受能力投射到孩子身上，感受到孩子的需求。这不仅需要同理心，而且需要持续不断的同理心。它还要求在很大程度上将孩子的需求放在自己的需求之上，为孩子做出牺牲——当然是恰当的范围内，而不是溺爱。

〔117〕 我们刚刚看到，有许多形式的同理心——绝对的，自我中心的，有余力的。其中任何一种同理心都可能是单一的，也可能是混合的，包含有不同程度的各种形式。同理心很简单，或者很直接，或者很纯粹。由于同理心在慈爱中发挥作用，各种形式的同理心中的每一种都有其相应形式的育儿方式。因此，慈爱的复杂性反映了同理心的复杂性。

慈爱也涉及权利和义务；它在本质上还涉及道德。孩子有被爱的权利，家长有责任提供爱。因此，不够慈爱孩子的家长在隐喻意义上剥夺孩子有权享有的东西。不慈爱孩子的家长是不道德的。

在将道德设想为慈爱的过程中，这种以家庭为基础的道德观念被投射到社会。

作为慈爱的道德概念可以被描述为以下概念隐喻：

- 社区是一个家庭。
- 慈亲式的家长是道德楷模。
- 需要帮助的人就是需要慈爱的孩子。

- 道德行为是慈爱。

基于人们对于孩子的慈爱，这个隐喻有以下意义：

- 为了慈爱孩子，必须有绝对和持续的同理心。
- 对于生存需要帮助的人，必须有绝对和持续的同理心。
- 慈爱孩子可能需要作出牺牲来照顾他们。
- 道德行为可能需要作出牺牲才能帮助真正有需要的人。〔118〕

如果社区进一步被概念化为家庭，那么这个比喻就有了进一步的含义：

- 家庭成员有责任看到家中的孩子得到慈爱。
- 社区成员有责任看到社区需要帮助的人得到帮助。

这些含义广泛地存在于美国社会当中。在灾难发生的时候，社区总是会出现很多需要帮助的人。其局限性是人们所拥有的同理心的形式，以及社区成员包括哪些人的问题。拥有以自我为中心的同理心的人只会帮助那些具有共同价值观的人。将需要帮助的人归为隐喻意义上的家庭以外的人，即社区以外的人，就不会感到帮助他们是自己的责任。因此，很多美国人认为遭受灾害的邻居（与他们有共同的价值观，显然是社区成员之一）和流浪汉（被认为与他们的价值观不同，大多数不被视为社区成员）之间，有巨大的差异。

同　情

顺便提一句，根据道德同理心和道德慈爱而定义的"同情"这个术语有两个密切相关的意义。"感觉到同情"就是体验到同理心。要"表现出同情"，就是在同情的感觉的基础上进行慈爱。当然，由于同理心和慈爱的局限性，同情也有其有限性，就像你将同情限于与你具有同样价值观念的人，以及你认为是同一社区成员的人一样。〔119〕

道德自我关爱

如果你都照顾不好自己，你就无法好好照顾别人。慈爱道德的重要组成部分就是要自我关爱，就是照顾自己的基本需要：保持健康、谋生、维护人际关系等。慈爱和自我关爱的道德有时可能处于一种不稳定的平衡之中，比如当关爱他人所需的牺牲与照顾自己冲突时。

区分自我关爱和自私自利很重要。任何完善的道德运转都需要人们关爱自己，而追求自我利益则是进一步满足自己的欲望，通常是金钱和权力的欲望。这是完全不同的概念。自私的人会将自己的利益放在他有责任关爱或分享的人的需要之上。但是，只照顾自己最基本的需求，将自我关爱作为关爱他人的前提条件，就不是自私。把关爱他人不仅放在自己的利益之上，而且在自我关爱之前，就是无私。

无私并不总是表面的。虽然我们被教导无私是圣人的行为，但现实情况可能会很不同。首先，通过道德计算，无私的人给他人的照顾就是给他人施加道义上的债务。其次，无私的人，把自己的关爱放在自我关爱之上，可能会使自己的健康或其他能力受损，因为他的无私，最终会需要他人照顾自己。这可能给他人造成相当大的负担，特别是他以前照顾过的人。因此，〔120〕无私可能会给无私的人带来巨大的代价。

由于以上原因，道德慈爱隐喻意味着自我关爱具有道德必要性。

作为社会慈爱的道德

道德慈爱有两种类型，一种是个人之间的，另一种是社会关系。当产生争议，或者当一个人的行为不公平，或伤害了他人时，社会关系就会受到破坏。如果社区成员能够相互有同理心并相互激励，这些社会关系就一定会得到不断的修补和维护。慈爱的联系与社会关系的维系可以如下陈述：

- 慈亲式的家长是道德行动者。
- 需要照顾的孩子是社会关系。
- 对社会关系的维系就是道德的行为。

我们所了解的对孩子的慈爱大部分都可以通过这个隐喻适用于社会关系，使我们对社会关系的态度符合我们对慈爱的认识：

- 为了符合道德地行事，人们必须不断地维护社会关系。
- 为了维护社会关系，人们可能需要做出牺牲。
- 有能力维护和修复社会关系的人有责任这样做。
- 不维护和修复社会关系的行为是错误的。

社会慈爱的道德绝不只是妇女的专利。凡是注重"维护关系"的人，认为道德需要不断的妥协和维护社区的人，都是按照这个隐喻来生活的。〔121〕

重要的是，要知道社会慈爱隐喻和道德慈爱隐喻即使天然契合，有时可能也会相互矛盾。当你必须与社区中不相信道德慈爱隐喻的人维持社会关系时，就会出现这种情况。为了维护社会关系，可能需要向这些人妥协。

道德即快乐

慈爱通常需要牺牲。所以，伴随着道德慈爱的是使自己快乐的观念，这看上去似乎有点奇怪。然而，这样的道德体系正是道德慈爱的结果。推理如下：

不快乐的人没有快乐的人有同情心（同理心和慈爱），

因为他们不太可能希望别人比他们更快乐。因此，为了促进自己的同情心（同理心和慈爱），人们应该尽可能快乐——只要追求快乐的过程不会伤害任何人。

这种道德快乐的道德观在许多慈亲式家长道德体系中能够得到直观的理解和普及。顺便说一下，这是佛教传统中长期存在的思想。这就是为什么，佛陀总是在微笑。

〔122〕 道德快乐远不是一种自私或粗暴的自利形式，因为首要的同情心——帮助别人，而不是伤害别人——的规则已经限定了这些。在致力于同理心和慈爱的背景下，让自己尽可能地快乐绝不是享乐主义，因为它促进了同理心和慈爱，且同理心和慈爱是最深刻的道德行为形式。

有些美国人采取了一种变态的道德慈爱观，认为为了别人需要自我牺牲，追求自身幸福快乐的人不能被认为具有充分的慈爱能力。对于那些认为道德意味着自我牺牲的人来说，道德快乐的观点很陌生。但是，有趣的是，许多美国人确实有一种直观的感受，在同理心和慈爱优先的情况下，自己的快乐是为了道德上的目的。孩子想要快乐的愿望与你想让他们具有同理心、关爱他人、具有社会责任感的愿望并不互相矛盾——至少在慈亲式家长的道德这里不矛盾。

然而，这样的想法确实与道德力量相矛盾。在道德力量的隐喻中，自我否认在此是为了服务为更高的道德权威而塑造力量的目的。对于以严父道德行事的人来说，道德快乐的观点几乎就是自我放纵。在严父式道德体系中，快乐被认为是自律和勤奋的回报；在这个语境中，它可以服务于道德目的。但是，在慈亲式家长道德中，追求自己的快乐本身就服务于道德目的。

作为自我发展的道德

慈亲式家长希望看到孩子发展自己的能力——不是发展非慈爱的能力，例如折磨人或欺骗人，或利用他人的能力，而是发展关爱他人的能力。因此，作为慈爱的道德意味着作为自我发展的道德。自我发展是由道德体系的其他部分决定的；在培 〔123〕养同理心、帮助别人、培育社会关系、让人幸福或促进他人幸福的能力的过程中，就是自我发展。因此，适当的自我发展的形式可能是教育、艺术技能的发展、社区服务、接近大自然的经验、与其他文化接触、冥想、敏感性训练，等等。

慈爱意味着同理心、自我关爱、维系社会关系、培养快乐和自我发展。当人们以隐喻的方式理解慈爱的道德时，涉及一大堆其他的隐喻：作为同理心的道德、自我关爱的道德、作为社会关系的培养的道德、作为幸福的道德、作为自我发展的道德。慈亲式家长的家庭模式将这一整套道德体系列为最高优先级别。

作为公平分配的道德

慈亲式家长模式要求平等地培养孩子，配偶要平等地承担为人父母的责任。这将作为公平分配的道德的隐喻置于优先位置。但这本身并没有说明在特定情况下，哪种主要的公平分配模式会被选择。让我们回顾一下公平分配模式：

- 分配平等（每个孩子一个饼干）
- 机会均等（每人一张抽奖券）
- 分配程序（按照分配的规则执行）
- 基于权利的公平（你有权利得到该得到的部分）

[124]
- 基于需求的公平（需要得越多，就有权利得到越多）

- 按劳分配（你工作得越多，得到的越多）

- 契约分配（你得到你同意的部分）

- 责任平等分配（责任均担）

- 责任标量分配（能力越大，责任越大）

- 权力平等分配（一人一票）

慈亲式家长的家庭模式中包括其中的一些。基于需求的平等适用于对儿童的慈爱：年幼的孩子可能需要更多的关注，青少年则需要更多的钱。还有一些情况需要公平分配：每个孩子一个饼干。结合年龄较大和年龄较小的孩子，有一个标量的责任分配：年龄较大的孩子应承担更多的责任。然而，父母要平等地分担责任和权力。孩子之间的游戏施行程序公平。

在慈亲式家庭中，家庭生活条件决定了公平分配的形式。一旦将公平分配的道德隐喻从家庭延伸到一般生活，公平的性质可能会变得不那么明显，或者可能由其他原则决定（我们将在下面看到）。尽管如此，作为公平分配的道德是慈亲式道德的基石。

道德成长

对孩子的慈爱是为了他的成长。孩子们的身体确实会长高。鉴于道德是根据垂直性进行概念化的——正直、高度的道德标准，等等——我们应该有道德"成长"的隐喻概念，变得更加
[125] 道德被视为"成长"，这一点并不奇怪。孩子受到慈爱和锻炼，就会成长。在"道德慈爱"的隐喻中，慈爱孩子隐喻表明帮助需要帮助的人。这个隐喻的自然延伸是道德成长的隐喻，成年人应该有能力通过帮助（对应于慈爱）或工作（成人对应于锻炼）在道德上获得成长。道德成长的隐喻可以陈述如下：

- 道德水平是身高。

- 道德成长是身体增长。
- 人的道德标准是身高的标准。

因此，"道德侏儒（moral midget）"是道德品格低下的人。我们说"道德发展（moral development）"时，指的是一个孩子在成长过程中经历的道德感的各个阶段。我们说一个人的道德成长"迟缓"，我们知道这是什么意思，即她或者他的道德没有得到正常发展，只到了早期的发展阶段。"启智计划（Project Head Start）"包含促进道德发展这一部分，其计划是促使年轻的孩子在道德发展中成长，也是一个人人生之旅的"启智"。

道德成长是宗教与法治的核心思想。悔改的观念预示着道德成长的可能性。在法律上，"表示悔悟"是道德成长的表现，也是减刑的理由。相比自由主义来说，道德成长的思想更多地与保守主义政治相联系。这在监狱的政治中显而易见。康复的概念也是基于道德成长的概念的。它指的是，如果因犯受到人道待遇，教他们有用的技能，鼓励他们受教育，允许他们赚钱，并在释放后给他们提供工作，他们将有机会在道德上获得成长，成为有用的公民。虽然并不能保证这一定有效，但是，如果因犯能够在道德上成长，那么就没有理由把他们关进监狱。　〔126〕

慈爱的道德力量

慈亲式家长必须坚强——坚强到足以支持和保护孩子，坚强到能够慈爱，他们不是弱势群体。慈爱下一代在身体、精神和情感上都是非常耗费精力的。对于慈亲式的家长来说，力量是服务于慈爱的。

因此，道德慈爱的隐喻要求与之相适应的道德力量，即道德力量服务于道德慈爱，道德慈爱是最高优先项，道德力量服务于它。但这意味着，在慈亲式家长道德的体系中，道德力量的隐喻不能以它在严父式道德体系中的形式出现，在严父式道德体系中，它具有最高优先的地位。在慈亲式家长的道德体系中，道德力量隐喻不能与同理心、慈爱和快乐的隐喻相矛盾。道德力量可以出现在这个系统中，但前提是它与道德同理心、慈爱和快乐相一致。让我们思考一下这是什么意思。

在严父式体系中，道德力量的概念隐喻是这样被描述的：

● 善良正直是好的。

● 坏人等于道德低下。

● 邪恶是一种力量（来自外部或内部）。

● 道德是一种力量。

[127] 但是，当在慈亲式家长的道德体系中，为了服从并与道德慈爱的隐喻保持一致，道德力量隐喻伴随着所有这一切而变得极为不同。

作为同理心的道德和道德慈爱需要人们同情和慈爱与自己的价值观不同的人，包括道德价值观不同的人。这意味着人们不能保持严格的善恶二分法。为了能够通过别人的价值观看世界，并且真正地感受他们，就意味着你不可能将道德价值观不同的人妖魔化为敌人。

外在的邪恶、危险和苦难是存在的，我们必须坚强地面对它们，保护自己和家庭。力量不是来源于自我否认和为了纪律的纪律，而是通过日常的慈爱而积蓄起来，从而培养实力。

此外，内心的邪恶概念也有根本的不同。在这里，具有破坏性、必须面对的内心的邪恶包括：妨碍同理心、慈爱、自我关爱、社会关系的维系、自己潜力的实现等的因素。这些内心的邪恶或道德上的弱点，包括缺乏社会责任感、自私自利、自义、狭隘、无法体验快乐、无审美感、缺乏好奇心、不信任、不诚实、缺乏情感上的敏感性、不信任、不合作、自我中心、缺乏自尊。在慈亲式家长道德中，人们需要培养的美德——道德力量——是与内心邪恶完全相对立的：社会责任、慷慨、尊重他人的价值观、开放的思想、幸福的能力、审美敏感性、好奇心、沟通能力、诚实、敏感、感性、合理性、合作性、善良、社区意识和自尊。具有优秀人格的人就是具有这些美德的人。

　　在严父式道德环境中长大的人可能难以理解这些道德弱点 〔128〕
和道德力量为什么是这样的，而道德缺陷和道德美德是那样的。但从慈亲式环境长大的人的角度来看，这些却是清楚明白的。缺乏社会责任感、自私、对感情不敏感、不信任、吝啬和不诚实，就会使道德慈爱的隐喻难以实现。缺乏好奇心会导致缺乏知识，而且由于很好地慈爱他人需要知识，因此，缺乏好奇心也限制了关爱的能力。自义和自我为中心使得道德同理心的隐喻难以实现。根据作为快乐的道德隐喻背后的逻辑，无法体验幸福和缺乏审美力是一种道德缺陷，因为它们限制了体验快乐的能力，从而限制了同理心的投射和使他人喜悦的能力。无法沟通和无法合作大大限制了人们维系社会关系的能力。缺乏自尊，使得人们难以发挥自己的全部潜能，这到头来可能会限制个人的充分发展。

　　求知欲和诚实都体现了对真理和知识的热爱——哪怕关于我们自己和社会的真相和知识可能会令人不愉快。想要很好地关爱他人，我们必须认识并理解我们自己和我们所处的社会——特别是其中黑暗的一面——尽可能深刻和真实地了解。艺术是美的一部分——它创造美、探索美，它与试图理解我们的灵魂和我们的社会——理解其中的黑暗和光明——是同等重要的。从慈爱的角度看来，正因如此，艺术与对知识的追求和理解是最高等级的道德活动。从慈爱的角度来看，善、真、美自古以来就具有平等的地位意义深远。

[129]   许多严父式道德的罪恶——道德上的弱点，并不存在于慈亲式家长的道德中。鉴于快乐即道德的观点，身体的快乐就具有积极的道德价值，只要它不妨碍慈爱、自我关爱和发展自己的潜力。敏感是一种美德，正如对审美的敏感一样。它们在严父式道德那里都不是美德。性教育在慈亲式家长的道德里是重要的，不仅是为了防止意外怀孕或性疾病的传播，而且还传播了基于爱的性知识，以及如何最大限度地给予和享受性愉悦。无婚姻的性行为本身并不是不道德的；只有对自己或他人造成伤害才是不道德的。

道德自利

道德自利的隐喻在慈亲式家长道德中起着重要的作用，但它受道德系统中的其他隐喻的限制，并为它们服务。此外，道德自利的应用经常被误解。第一，道德自利常常与道德自我关爱相混淆，道德自我关爱需要照顾自己，以便照顾他人。第二，它通常与作为快乐的道德相混淆。尽可能地快乐，从而能够对他人有同理心、很好地关爱他人，但这与寻求自我利益是截然不同的，特别是与寻求自己的财富和权力不同。第三，为了更好地关爱他人而最大限度地发展自己的潜力，与寻求自我利益也是截然不同的。

我们可以在这个例子中看出其中的差异：成为一名医生，是为了更好地为社区服务，而不只是为了过上富裕的生活。为
[130]   社区服务的医生可能会很富有，富有的医生可能会为她的社区服务，但是个人与社区的关系和自己的道德感的差异是非常重要的。

对于不了解慈亲式家长道德的人来说，道德与自我关爱，快乐和自我发展可能与道德自利混淆。确实，自由主义理论家往往会混淆，因为他们知道自我保护、快乐和自我发展的需要都不受国家的干扰。他们无法正确地推断的是，自我关爱、幸福和自我发展等关系到个人的独立性和自主性，而错误地将它们归入自利。但是，这些概念所涉及的是相互依存的关系，而不是独立的。在社区中，道德慈爱需要社区成员之间的相互依存关系。同样，所有支持慈亲式的道德形式都是为了相互依存，包括自我关爱、快乐和自我发展。自由主义理论家认为这些是道德自利的形式，因此是自主的、独立的，这在慈亲式家长的道德体系中是不正确的。

在慈亲式家长道德中，虽然存在着制约道德自利的因素，但它仍然有很大的应用空间。如果出于慈爱的目的，寻求自己的利益也是允许的。

慈爱与商业活动

慈爱与道德自利之间的关系可以从商业活动的慈爱模式中得到最清楚的体现。它涉及员工的人道待遇，创造安全人道的工作场所，社会和生态责任，雇佣和晋升公平，建立工作社区，促成员工与管理层以及公司与客户之间良好的沟通关系，员工 〔131〕 自我发展的机会，在更大的社区中发挥积极作用，谨慎诚实，尊重客户和为公众服务，以及优质的客户服务。诸如此类的政策提高了众多企业的生产率和成功率。他们是慈亲式家长道德发挥作用的模式，帮助企业取得成功，并允许企业主、投资者和员工在这个道德体系中寻求自己的利益。

道德自利在慈亲式家长道德中起到了作用，但它具有非常不同的意义，所有形式的慈爱结合起来形成自利，特别是在商业的环境中。

慈爱与工作

我们最好从一开始就明白，慈爱是一项工作，一项困难的工作，即关爱家庭中的孩子。在商业和谋生的背景下，工作在慈亲式道德与严父式道德这里有很大的区别，在严父式道德中，工作是为了自立而应用自律。在这种道德中，无论工作如何，它本身都是道德的；如果工作困难重重，那么这些困难对你来说是有好处的，因为它们帮助你塑造了你的人格。

但是，慈亲式家长道德也定义了在一个慈亲式的社会里，工作应该是什么样的，工作的种类应该是什么样的。第一，自我关爱的道德认为，在不安全或不健康的工作环境中工作是不道德的。因此，工作应尽可能安全、健康，工人的安全应当是重中之重。第二，道德自我发展认为，工作应该促进而不是妨[132]碍个人的发展；因此，雇主在可能的情况下应该提供培训方案，或者其他的个人发展计划，或者应该尽量安排员工参加这些计划。第三，道德作为慈爱意味着工作应最大限度地促进家庭生活和社区的稳定，比如设定产假政策、日托中心、灵活的工作时间，而不是强迫员工一次又一次地搬家。这也意味着工作应该最大限度地保护和改善环境。污染河流、破坏雨林、耗尽海洋渔业的工作，都是不道德的工作。第四，道德即快乐意味着工作不应该是异化的、无聊的，或者使人类灵魂和审美意识麻木。工作本身应该是尽可能愉快和有益的。此外，工作场所应该将审美考虑进来。第五，道德作为同理心认为，工作应尽可能促进与其他人的具有同理心的交往，它不应该只是一整天在机器上工作。第六，道德即公平意味着人们应该根据工作按一定的比例公平地支付酬劳。

总而言之，慈亲式家长的道德有一整套有关工作在社会中应该如何的定义，以及有关工作的尊严的定义。仅仅给人们提供工作是不够的。慈亲式社会关心他们的工作种类以及他们有什么后果——而不仅仅是他们得到什么样的酬劳！但是，它也非常关心如何平等地按劳分配。

慈爱的道德边界

我们刚刚看到，道德力量和道德自利的隐喻在慈亲式家长的道德体系中处于从属地位，它们产生了与严父式道德体系中非常不同的结果。其他在严父式道德体系中被高度重视的隐喻也是如此。以道德边界的隐喻为例，它将行动概念化为运动，〔133〕某些偏离特定路径的运动受到禁止。隐喻的作用就是说某些特定类型的行为是被禁止的或是被要求的，违反这些禁令或要求会对社会构成危险，因为它们逐渐地将普遍的习俗朝着不道德的方向改变。

毫无疑问，慈亲式家长道德中也有道德边界隐喻。这一隐喻的陈述与严父式模式完全相同。但是，它的作用是为了服务于道德的同理心、慈爱和其他隐喻，其适用方式也有相应的改变。慈亲式家长模式不仅仅是禁止或要求特定类型的行为，而是禁止采取会导致反慈爱的后果的行为。例如，有可能导致人身健康受损的行为，在慈亲式家长的道德体系中是不道德的。这些行为显而易见就是违法的，例如，将有毒化学物质倾倒在公共用水中，或诱导青少年吸烟，从而导致肺癌或烟草成瘾。这些就是僭越道德的。这些行为都违反了道德的底线。

补偿和惩罚

在慈亲式家长模式的家庭中，处理儿童轻度违反禁令的公正方法是补偿，而不是惩罚——让孩子帮助做一些有益的或其他慈爱行为。但慈亲式家长也负责保护子女，并且拼命地保护孩子。他们要惩罚那些伤害孩子的人——反对污染者、毒贩、不安全产品的制造商，等等。因此，在对儿童造成伤害的情况下，他们主张报复，但在儿童做了不被允许的情况下，他们赞成补偿。因此，他们也使用道德计算来描述正义，但细节是不同的。

〔134〕

慈爱的道德权威

慈亲式家庭里的家长也有家长的权威。慈爱是权威的先决条件，同时也被认为是权威的真正产物：完全付出慈爱的家长值得被倾听。同理，领导者如果充分履行自己慈爱的责任——具有同理心，能够成功地帮助他人，行事公平，有效沟通，以及成功地关怀社会关系，这样的领导者理应具有道德权威。但是，在慈亲式道德上，道德权威不是具备制定规则和设定责任的能力。相反，它与信任有关，领导者能够有信心进行良好的沟通，合理安排人们的适当参与，诚实，有信心用智慧、经验和实力来帮助人们。

慈爱与进化

有时候，进化被误解为优胜劣汰。这样的观点就忽视了慈爱。如果年幼者得不到慈爱和保护，任何物种都不可能生存下来。我们可以从慈爱的角度思考进化——适应的物种得以生存，以便继续慈亲式养育。这个想法可能不会改变进化论本身，但改变了它在隐喻上的适用性。

我之所以特意提到这一点，是因为进化论有时充满了严父道德：适者生存——最适合和最强大的、最能成功追求自身利益的物种才会生存下来。这种从严父角度对进化论的解释可以被隐喻地转化为社会达尔文主义（Social Darwinism），社会中适〔135〕者生存；然后，通过道德秩序就是自然秩序的比喻，优胜劣汰的社会生存法则可以被看作是道德的。但是，从慈爱的角度对进化论进行解释，这些都毫无意义。如果进化是以被慈爱者得以生存来理解，那么依据社会的进化隐喻加上道德秩序的隐喻，认为社会中适者生存的法则是道德的这种想法就很荒唐。

模式的结构

像严父式道德一样，慈亲式家长的道德是一个精心设计的重要的道德体系，它围绕着一个核心的、理想化的慈亲式家庭模式。这个道德体系的核心是"道德慈爱"的隐喻，它将家庭生活的道德延伸到一般意义上的道德。这种隐喻通过与慈爱密切相关的概念构建道德，如同理心、自我关爱、社会关系的维系、自我发展、幸福和公平，等等。这些隐喻在这个体系中具有最高的优先级。

作为慈爱的道德：这是慈爱伦理最直接的表达。

作为同理心的道德：同理心作为慈爱的前提条件是非常重要的。

自我关爱的道德：自我关爱是慈爱的必要条件。

作为维护社会关系的道德：这是让慈爱在社区中广泛传播的必要条件。

作为自我发展的道德：由于发展孩子的潜力是慈爱的主要目标，自我发展是培养慈爱道德的重要方面。

作为快乐的道德：由于不快乐的人不太可能有同理心，培〔136〕养自己的快乐对于培养同理心至关重要。

作为公平分配的道德：正如慈爱需要在子女之间公平分配，所以道德慈爱需要这个隐喻。

道德成长：由于字面意义上慈爱的目标是身体成长，道德慈爱的目标也是道德成长。

道德力量：力量对慈爱至关重要。在育儿方面，力量服务于慈爱；在道德上，道德力量是为作为慈爱的道德观服务的。道德力量在这一体系中的从属作用大大影响了其意义。

补偿和惩罚：慈爱需要保护，拼命慈爱孩子的家长会惩罚那些会伤害孩子的人。但是，当儿童犯了过错时，慈爱要求孩子进行补偿，而不是惩罚。

道德边界：慈爱道德产生出不同形式的越界。

道德权威：它产生于慈爱者的实践。

这种结构化的道德隐喻共同体现了道德思想的主要模式。以下是每个隐喻的贡献。

作为慈爱的道德：据此，帮助需要帮助的人是道德的。

作为同理心的道德：同理心是你对别人的感受的投射。因此，一个具有同理心的人不会希望别人体验到不幸。一个真正有同理心的人能够感受到另一个人的价值观，以及从他们的角度看待的世界是什么样的。根据这个隐喻，这是一种道德活动，应该会使一个人得到慈爱。

〔137〕

自我关爱的道德：这表明自己照顾自己是道德的，否则就无法关爱别人，反而会对他人带来负担。

作为自我发展的道德：这使人类发展自己和他人的潜能被视为是一种道德呼唤。

作为快乐的道德：这创造了一种反禁欲主义的道德，并将美学感受力转化为美德。由于与自然界的交流是一种主要的审美体验，所以这种对自然的关爱是一种道德的形式。

作为公平分配的道德：这将平等和公平的问题带入道德体系。

道德成长：慈爱促进道德成长，缺乏道德的人并非总是能获得道德成长，尽管如此，在大部分情况下是可能的。

道德力量：这一点强调保护，在这个体系中创造了许多美德和道德上的失败。道德上的失败包括：缺乏社会责任感、自私、自义、狭隘的心态、无法体验幸福、无审美感受力、缺乏好奇心、不信任、不诚实、对感情不敏感、不体谅他人、不合作、偏执、以自我为中心、缺乏自尊。美德则是相反的一些特质：社会责任心、慷慨、尊重别人的价值观、思想开放、幸福的能力、审美敏感、好奇心、沟通能力、诚实、感觉敏感、体谅他人、合作、善良、社区意识和自尊。一个善良的人是拥有这些美德的人。

道德边界：这些是依据产生非慈爱效应的行为定义的。　〔138〕

道德自利：这是通过其在该系统中的从属性功能重新定义的。违反慈爱伦理的行为不符合任何人在该制度中的自身利益。自我关爱的道德、道德快乐与自我发展的道德优先于道德自利。道德自利，受到慈爱道德的约束，其特征体现在企业的道德上。

道德权威：道德权威凭借成功的慈爱的美德和慈爱责任而产生。道德权威不是制定和执行规则的能力；道德权威是赢得别人的信任。

我们在严父模式中看到的优先等级在这里被翻转了。假设我们用"慈爱小组"来称呼道德慈爱、道德同理心、社会关系维系、道德自我发展、道德幸福和道德即公平分配，那么，慈亲式道德的道德价值观等级可以表示为：

道德慈爱

道德自利

力量集团

这只是我们在严父式模式中发现的优先级的逆转。然而，在有一种情况下，存在的不仅仅是优先级的逆转。道德即公平属于慈爱小组，道德秩序属于力量小组。优先考虑公平完全压倒了道德秩序。实际上，除了在宗教领域上帝对人类有道德权威，这一点没有任何地方可以应用。它在人类领域中已经消失了。

变量参数

由于道德秩序的缺乏，只有三个变量可以适用于慈亲式家长模式：

1. 线性尺度

2. 道德重点

3. 务实的理想维度

然而，他们仍然有很多变型。

线性尺度

这个模式中的几乎所有事情都是一个程度问题：同理心、慈爱、自我关爱、保护、发展自己的潜力，等等。因此，这些模式中的某些方面由于过度或不足而产生了变型。慈爱太多是溺爱，太少就是疏于照顾。自我关爱太少是自我牺牲，会给他人造成负担；关爱太多可能需要占用本该关爱别人的时间和精力。

道德重点

道德重点与线性尺度相互作用。因此，如果家长的道德重点是保护，那么他们将把更多的精力投入保护，而不是其他的

事务。这可能导致过度保护。家长如果把自己的道德重心放在
发展自己的潜力上，那么他可能会把大量精力投入其中，而忽
视其他方面，这就变成了以自我为中心，不负责任和疏于照顾。
如果家长的道德重点是快乐，可能他的大部分精力都放在营造
快乐上，从而变得自我放纵、不负责任和疏于照顾。

但道德重点并不会总是导致这种"病态"的变型。将保护 〔140〕
作为道德重点而不是过度保护，或者将自我发展作为道德重点
而不是疏于照顾，都是有可能的。由于这些原因，保持适当的
"平衡"是慈亲式家长需要不断关注的问题。也许最普遍的隐
喻是将保持这种平衡的慈亲式家长喻为"杂耍者"，试图让多
个球都同时停留在空中。

务实的理想维度

在上述讨论的中心模式中，慈爱优先于追求自身利益。也
就是说，慈爱是终极目的，而追求自身利益是实现适当慈爱这
个目的的一种手段。这是这个模式的理想主义形式。家长可以
寻求金钱和权力，以便更好地照顾自己的家庭。抚养子女也是
如此：培养孩子的关爱能力，他们也得学会追求自身利益，使
他们能够成为更好的慈爱者，也就是能够支撑自己的家庭、发
展自己的潜力、帮助孩子发展自己的潜力、照顾自己，等等。

务实的版本则扭转了目的和意义。在务实的版本中，追求
自身利益是终极目的，慈爱只是手段。如果你有同理心、照顾
别人、照顾自己、发展自己的潜力、保护他人、公平对待他人，
你就可以更好地追求自己的利益。在慈亲式家长模式的务实版
本中，你慈爱孩子是为了让他们能追求自己的利益。

当我们将这些模式应用于政治时，我们将看到所有这些变
型都具有政治意义。

第三部分
从家庭到政治

第7章 我们为何需要重新理解美国政治

自由派无法理解保守主义 〔143〕

至此，距离我们的结论只有几步之遥。我们已经详细介绍了对家庭式道德体系的分析为何有助于揭示我们开始提出的难题的答案，它也有助于揭示为何保守派和自由派会产生他们各自的政治政策。但首先得说明为什么我们需要这样的解释。到目前为止，自由派想要理解保守派政治的尝试都以失败告终。我们将分析自由派的三个失败的案例，从而展开我们的讨论：

1. 保守主义的精神是"自私"。

2. 保守派只相信小政府。

3. 保守主义是一个阴谋，他们保护自己的金钱和权力是为了使自己更加富有和强大。

自私假设

我们先来看一下 *Tikkun* 杂志的迈克尔·莱纳（Michael Lerner）犯了什么错，他提出的"意义政治"得到了希拉里·克林顿的支持。莱纳（*Tikkun*，1994 年 11 月/12 月，第 12，18 〔144〕页）的一些说法是正确的：他正确地将进步自由派政治的核心视为慈爱和社区，他称之为"关爱"。但是，当他把保守派政治的精神仅仅视为"自私"时，他错了。他忽视了保守派的道德观念，也忽视了美国选民对这一道德观的回应。

如果莱纳是正确的，那么保守派应该务实地呼吁自身利益。

但他们从不这样。如果他是正确的，加州的保守派将赞同"单一医保支付方案"（Single-Payer Initiative），因为这样可以替他们省钱。如果他是正确的，保守派不会支持用孤儿院替代福利救济金（AFDC），因为孤儿院的花费高于AFDC。如果他是正确的，保守派就不会赞成"三振出局"立法，也不会把所有的钱都花在监狱的建设上。简单地向保守派指出这些政策并不能服务于他们的自私自利，就可以结束讨论。这些问题尽管被提出了，但是并没有什么影响。

莱纳的"自私精神"假说无法解释为何保守派在1995年初接管国会时对道德问题是那样热情高涨，也无法解释他们对家庭价值的关注，甚至无法解释为什么保守派主张死刑，或者他们为什么要废除国家教育协会（NEA），又或者他们为什么要反对堕胎。自私的假设根本无法解释保守派的政策。

小政府假说

为什么保守派政治是这样的呢？保守派为什么要提出孤儿院计划，为什么要废除环保局、废除人文方面的资助？这仅仅是因为大家一再重复的，保守派想要小政府，而自由派想要大政府吗？

〔145〕

事实并非如此。保守派绝不是想要小政府这么简单，他们希望增加军队开支——甚至发起星球大战——而不是减少军队开支。他们想建立更多的监狱。他们没有取消毒品执法机构，也没有取消联邦调查局，或者情报机构；没有人呼吁停止对大型企业的救助，比如洛克希德公司，或者停止核能开发，停止计算机研究的资助；没有人试图向航空公司收取空军培训飞行员的费用，或是向汽车公司收取高速公路建设费。如果保守派只是想减少政府支出，或者想要政府自力更生，他们大可以提出大量的削减其他支出和改革的措施。其实，小政府这个假说是虚假的。它无法解释保守派会做什么，无法解释他们不想在哪方面花钱。保守派想要把钱花在特定的方面，而不是其他方面。那么是什么决定了这些特定的方面？

自由派的愤青反应

安东尼·刘易斯（Anthony Lewis）（《纽约时报》专栏版1995 年 2 月 27 日）列出了以下保守派预算削减：废除"全国学校午餐法案"；停止 WIC（妇女、婴儿和儿童）项目，这一项目通过向贫困母亲和儿童提供营养而减少死亡率；立法使投资者在证券欺诈案件中起诉更加困难。他评论道：

> 看看他们的这些行动和计划，真是让人难以忽视。这一个又一个方案的目的就是要使我们这个社会中的有钱有权的人更有钱，减少这个国家对穷人和弱者本来就已经少 [146] 得可怜的帮助。制造商和制药公司将会获益。生病的孩子和可怜的母亲会进一步受损失。

这就是自由派对保守主义政府的愤青反应。

自由派的愤青反应就是认为保守派政客全都是巨型跨国公司和富人所掌控的工具。在里根和布什政府中，曾经有大量的财富通过再分配流向了巨富阶层，使得最富有的 10% 的家庭掌控了 70% 的国家财富。里根政府还发放了 3 万亿美元的国债，将之分配到了巨富阶层，让国家其他阶层为之偿还利息，形成了每年 28% 的联邦预算。

自由派的愤青反应就是认为保守派想要继续加强（1）社会控制手段，如军队、警察、情报部门和监狱，以及继续资助

（2）使富人更富有的政府，比如资助计算机研究或核电，或者服务于航空公司的飞行员空军训练，或者援助大型企业。

自由派的愤青反应就是认为巨富阶层想要控制国家的智识生活，以确保他们的统治。其中一招就是向右翼智囊团提供资金。取消国家人文基金将消除对非右翼研究的主要资金来源。取消公共广播公司将限制公共话语从而有助于思想控制。控制公立大学的钱包是思想控制的又一举措，紧接着就是制定一套道德教育议程。

有关自由派的愤青反应还有很多需要补充说明。其中大部
[147] 分想法是对的，但仍存在巨人缺陷，而且过于片面，远远没有看到其全貌。第一，这是对保守主义的妖魔化。它假定保守派要么是富有的、邪恶的、自私自利的权力贩子，或是权力贩子的有偿代理人，要么就是骗子。保守派的队伍中可能确实不乏这些人物，然而，大多数保守派并不富有，并且认为自己是为了国家利益而努力，而不是为了自己的利益。有太多理想主义的保守派，他们有着良好的意愿和合理的方式使得这些魔鬼化的理论成为现实。

第二，阴谋论将太多东西归于资产和集中控制。美国的政治生活并非一个平稳运行的机器。其中有很多混乱的因素。美国政治并不容易被理性控制。一个资金充足、运转顺畅的机器可以在政治组织和宣传方面做很多工作，但不可能在数以千万计的头脑中植入完全不同的世界观。它必须挪用文化中已经存在和受到尊重的观念。

第三，阴谋论无法解释为何以前没有给保守派投票的人后来会觉得他们的说辞是有道理的。也无法解释为什么这些人在听到保守派的宣传时根本没感受到认知的冲突和怀疑。自由

派的愤青反应是奥威尔式的，即大的谎言重复无数次就会变成
真理。但是，这假设了人类仍然具有旧式的刺激 - 反应式思想，
它既忽略了我们已知的大脑，又忽视了文化的影响。我们都沉
浸在美国文化中。我们的文化知识在大脑的突触中被物理地编
码。人们不会一夜之间就获得新的世界观。新的观念也从来不
是全新的。他们必须使用文化中已经存在的观念。对巨富阶层
的阴谋论解释无法说明为什么人们认为保守派的想法有道理，
以及有道理在哪儿。

　　第四，阴谋论无法解释保守政治立场的细节。为什么死刑
符合巨富阶层的利益？为何"三振出局法"能使富人更加富 〔148〕
有，但这需要加大政府在监狱上的支出？设立孤儿院为何符合
巨富的利益？为什么巨富阶层想取消国家艺术基金会呢？阴谋
论根本无法解释保守派很多重要的政策。

　　而且，即使巨富阶层受益于保守派政策，我们也需要更为
深入的解释。保守主义道德为什么要服务于巨富阶层的利益呢？
保守派的家庭价值观与巨富阶层的利益之间有什么联系？简单
地假设一个巨富阴谋论并无法回答这些问题。

　　简而言之，自由派愤青将保守派的具体政治政策都归咎于
一个自私自利的巨富阶层的阴谋，这一点我不认同，尽管巨富
阶层的利益和财富肯定深度参与其中。事实上，我没有听到过
任何自由派能够有效地解释保守主义政策、保守主义世界观或
保守主义话语。我认为更深层次的解释，来自严父模式的文化
功能，及符合该模式的道德方案。

保守派所不了解的保守主义

　　保守派理论家的观点同样无法帮助我们说明什么是保守主

义。保守主义有三个主要的描述。

1. 保守主义反对大政府。

2. 保守主义维护传统价值观。

3. 保守主义就是《圣经》所教导我们的。

〔149〕　　　我们已经看到第一个是假的。至于第二个，我们看看重要的保守派知识分子威廉·贝内特怎么说：

> 据我所知，保守主义……致力于维护我们过去的最好的元素。它理解传统、制度、习惯和权威在我们的社会生活中所发挥的重要作用，并认为我们的国家机构是经过时间的沉淀，通过习俗、经验教训和共识所发展出来的一套原则的产物……同样，保守主义的基本信念就是相信社会秩序依赖于道德基础。（参考文献，Cl：Bennett，1992，p. 35）

贝内特的解释对我们理解保守主义并没有什么帮助。他没有说明过去的"最好的"元素是什么，以及这些元素为什么是过去最好的元素。种族主义、殖民主义、火祭女巫、童工，甚至贩卖儿童去当契约仆役，当然不是美国传统的"最好的"元素。但仍然不清楚什么是"最好的"标准。贝内特提到了传统机构，但政府和公立学校并不是保守派所认为的传统机构。他提到了协商一致的共识，但是保守派支持的观点并不是共识——比如反堕胎立法、废除社会福利项目等。他提到了"道德基础"，但没有说明为什么保守派的道德观被认为是"道德的"，而自由主义的道德观则不被视为是"道德的"。

声称保守主义只是遵循《圣经》的右翼宗教团体也存在同

样的问题。不经过大量的选择和解释，《圣经》不可能直接运用于政治和其他许多社会问题。全国教会理事会也敦促人们遵循《圣经》，但给予人们自由解释的权力。自由阵营也遵循《圣经》，但通常给予革命性的解释。那么，保守派对《圣经》〔150〕的解释的特点究竟是什么？在这个问题得到充分的回答之前，很难理解哪些基督徒认为他们的宗教是符合保守派政治的，以及其背后的原因。我们将在第 14 章讨论这个问题。

以上陈述表明保守派本身并不善于总结是什么使他们的政治哲学统一起来。并且，自由派看上去也不善于总结自己的政治自由主义。自由主义理论家们把自己的工作看成是规范性的，而非描述性的，总是在说自由主义应该怎样，而非描述它实际是怎样的。毫不奇怪，自由主义的规范性理论特征并没有得到很好地描述。小托马斯·斯普拉根（Thomas Spragens, Jr.）的观点就很典型：

> 自由主义作为一种规范性原则，其本质就是把保护权利作为政治社会的核心（也可能是唯一）目的。作为一种社会理论，自由主义的本质就是把自主和独立的个人作为社会的总和和社会的实质。因此，一个有着良好秩序的社会以这些个人之间的契约关系为中心。（参考文献，C4：Spragens，1995）

这并不意味着可以在当代自由派和保守派之间作出区分。关键的问题是"保护什么权利？"保守派要的是保护自己所得的权利，持枪权，未出生的婴孩的生存权，使用自己财产的权利，拥有私人武装民兵的权利，等等。如果说自由派担心国家的强制力量，为什么保守派试图摧毁联邦政权的权力，而自由派却在努力维护它呢？不明确保护的是什么权利，或者政府的哪项权力是坏的，那么经典自由主义理论就无法将政治自由主义与保守主义区分开来。

〔151〕 　　另一些经典自由主义的理论则集中在自由和平等上。例如，罗尔斯就在自由之上加上了平等的说法，任何不平等现象都需要使最弱势的社会成员受益。这没有告诉我们为什么政治自由派关注生态环境，为什么他们不反对堕胎，为什么要主张为艺术发展提供资金，等等。从自由和平等的抽象领域来看待这些，你就无法深入到政治立场的根本问题。

　　整体而言，共产主义的批评并不比经典自由主义的观点更深入。但是他们正确地指出，一部分自主的个人遵守社会契约，而另一部分自主个人并不遵守，这种经典自由主义神话并没有什么意义。个人从来不是自主自治的。我们是社会人，社会生活必然有责任和权利的需求。但是要求哪些责任？为什么是这些责任？保守派也强调责任。它们之间有什么不同？

　　另一个常见的主张是自由派和保守派关于人性本质的不同观点：保守派认为人性在根本上是堕落的，必须受到权威和纪律的束缚；而自由派认为人们在根本上是好的，可以决定自己要做什么。这个理论根本就不符合当代的自由主义和保守派政治的观点。自由派不认为最大限度地追求利益的人们会遵守正义——不污染环境，消除不安全的工作条件，停止制造不安全的产品，或者不歧视任何人。其实，自由派在许多问题上都怀疑人性，而保守派相信人性。

　　如上所述，迈克尔·莱纳在谈到"关爱的精神"是自由主义的核心时，他是正确的。但他并没有说明这种精神的细节是什么，以及为什么它会导致自由派倾向于拥有特定的立场。此外，保守派也"关爱"许多事情——孩子的道德，未出生的婴儿的权利，学校该教什么，罪行的受害者，社会对性、毒品和暴力的影响。保守派的关爱对象与自由派的有何不同？并不是"关爱"本身造成了不同。〔152〕

我相信答案至少在很大程度上与严父式道德和慈亲式家长的道德有关。我认为，这些相反的道德观是保守主义和自由派世界观差异背后的原因。我也认为，这些道德体系的变化可以解释每个阵营中各种各样的立场。

论证还有待进一步的探讨：家庭和基于家庭的道德与政治有何联系？

第8章 模式的本质

家国隐喻

无论我们是自由派，保守派，亦或两者都不是，我们的概念系统中都有一个常见的"国家即家庭"的隐喻概念，政府或代表政府的首脑被视为一个年长的男性权威人物，通常也就是父亲。当我们谈论美国的创始人时，乔治·华盛顿被称为"国父"，部分是因为他是隐喻意义上的"祖先"，促成了这个国家的诞生，部分是因为他被视为终极合法的国家元首，根据这个隐喻，他是家中的首脑，是父亲。美国政府长期以来一直被称为"山姆大叔"。乔治·奥威尔（George Orwell）的代表作《1984》中可怕的国家元首被称为"老大哥"。保守派用"大政府"有意地回应了这一点。当国家陷入战乱时，它将自己的儿子们（现在还有女儿们）送上战场。爱国者（patriot 词源为拉丁语"pater"，意即父亲）热爱祖国。我们祈祷时会吟唱"用兄弟情义加冕你的美好（即国家的利益）"。隐喻甚至还出现在
法律论证中。参议员罗伯特·多尔（Robert Dole）在论证平衡预算修正案时，责备自由派的口号"华盛顿最了解"是基于"父亲最了解"的口号，这也是一个流行电视节目的标题。

事实上，人们支持平衡预算修正案的论据是国家就像家庭一样，需要预算平衡。无论是自由派还是保守派的经济学家都知道，家庭与国家之间存在很多关键的差异，这种经济上的类

比实际上无比荒谬：家庭无法启动经济刺激计划，增发新货币，或者提高税率。然而，尽管如此，在我们的概念系统中，有意无意的家国之喻使这个逻辑似乎对大多数人来说都是常识。

我认为，家国的隐喻确实存在于我们的标准概念库当中。我相信它在概念上的作用不仅仅是让我们理解"山姆大叔"或"老大哥"这些表达方式，或者让平衡预算修正案的倡导者轻易地将国家比喻为家庭。我认为，家国的隐喻将保守派和自由派的世界观与我们一直在讨论的基于家庭的道德联系起来。我相信，这个隐喻将严父式和慈亲式道德体系投射到政治领域，形成了保守派和自由派各自的政治世界观。

更精确一点

现在，需要更为精确地描绘这个模型。首先，家国这个隐喻可以做出如下说明（在这里，为了简单起见，我们将家庭中较年长的权威人士限定为家长）：

- 国家是一个家庭。
- 政府是家长。
- 公民是孩子。

这个隐喻使我们能够根据对家庭的了解来推理国家的事务。〔155〕例如，正如家长的职责就是保护他或她的孩子，政府的职能是保护其公民。重要的是，通常在概念隐喻当中，有一些说法需要被推翻。例如，公民大多数是成人，所以不能被像孩子一样对待。政府不会哄你睡觉，给你讲睡前故事，等等。这一点在所谓恒定原则（Invariance Principle）（参考文献，A1，Lakoff，1993）当中有所预见。但是，政府确实像家长一样，对公民负有一定的责任，也对他们具有一定的权威。

请注意，这个隐喻并没有明确指出国家是什么模式的家庭。

这就是需要严父模式和慈亲式家长模式去补充的地方；他们来填补这些信息。对于保守派来说，国家被概念化（隐含地和无意识地）为一个严父式家庭，而对于自由派来说，这个家庭是一个慈亲式的家庭。道德与政治之间的联系是这样出现的：家庭的严父模式和慈亲式家长模式引出了第 5 章和第 6 章讨论的两种道德体系。家国的隐喻适用于家庭模式的同时也适用于基于家庭的道德体系，产生保守派和自由派的政治世界观。

从根本上说，对保守派和自由派世界观的分析看上去可能很详细，但从概念系统结构的角度来看，它其实很简单。分析中的每个元素都独立存在：

1. 家庭的两个模式，这是传统男女模式的文化修饰和变型。这些都根植于长时间的文化体验。

[156] 2. 道德有各种各样的隐喻，其中，道德被概念化为力量、养育、权威、健康等。这些都是以日常体验的福祉为基础：坚强要比软弱好，关心要比得不到照顾好，可控要比失控好，健康要比生病好，等等。

3. 家国的隐喻。

这些元素都是独立存在的，它们可以以某种方式自然地相协调。这两种家庭模式都提供了一套自然组织起来的道德隐喻，如第 5 章和第 6 章所述。结果形成了两个截然相反的道德体系。家国的隐喻将这两个道德体系投射到政治领域，产生了保守派和自由派的世界观。简而言之，鉴于两个家庭模式的独立存在，道德的隐喻和家国的隐喻是使得这两种政治世界观得以使用这些概念元素从而影响政治的最便捷的方法。保守派和自由派的世界观最大程度上利用了现有概念的资源来理解政治。正如我们将在下面看到的，自由派和保守派世界观的变型就是对这些模式稍加改变。但是，如果先不考虑那些变型，这两种世界观都是非常简单的。每一种都是将三种独立存在的元素绑定在一起。从人脑的角度来看，这真是非常简单的。

解释和证据

我所介绍的这种分析叫作认知模型（cognitive modeling）。这应该是认知科学中最常见的分析形式，其核心是构建一个关于思维的模型，分析思维如何利用自然的认知工具（如概念隐喻和径向类别）去理解更为广泛的现象，特别是令人困惑的现象。

合理的模型具有该模型所应该具有的特性。最合理的模型，〔157〕其构成元素均具有独立的动机，并且只需要极少额外的认知辅助。模型的合理性也取决于其他要素的合理性。第一，我们所提出的理想化家庭模型是真正的认知原型。第二，基于之前的推论和语言等方面的证据，我们对道德隐喻的分析是合理的。因此，我们是否真的将道德理解为纯洁、力量或者养育？我们又如何知道我们的理解是否正确？在上述对这些隐喻的讨论中已经涉及这些推理和语言学的部分证据。第 3 章介绍了这些隐喻合理的经验基础。第三，我们的概念系统中存在一个将国家概念化为家庭的隐喻，这个隐喻是否合理？本部分开头的讨论似乎证明了这一结论。在我们这个学科的概念分析中，这一分析具有很强的初始合理性。也就是说，这个模型正是认知语言学家所期望找到的模型。

下一个问题是模型是否可以解释现象，也就是我们在第 1 章和第 2 章中讨论过的现象。它们有三种。第一，这一模型必须解释为什么保守派和自由派的政治立场能够使各自团结一致。例如，反对社会福利项目，反对环保主义，反女权主义，对罪犯的严厉处罚，支持拥有枪械的权利。为什么这些主张能够融洽地组合在一起？第二，这一模型必须解释自由派和保守派对彼此的疑惑，必须解释为什么在一方看来是矛盾的观点，在另一方看来则是显而易见的真理。第三，它必须说明自由派和保守派话语的细节。它必须说明这些话语如何融合在一起，并且产生想要表达的含义；必须说明在这些话语中隐喻是如何使用的。此外，模型必须是可预测的。它必须说明新的语境下——

[158] 尚未产生的话语中的推理方法和隐喻语言的模式。它必须说明保守派和自由派在新出现的问题上会如何阐明各自的立场和态度。它必须解释新出现的问题。想通过一个认知模型去解释这一切问题，是很难实现的。

很多不熟悉认知科学的人不习惯于从人的思维的角度去思考社会和政治问题。人们常常从经济学、社会学、政治哲学、法律或使用调查数据的统计学等角度去思考社会政治问题。到目前为止，据我所知，这些解释尚没有能够完全理解这里所思考的三种现象。据我所知，我们所提出的这个假设是唯一真正想要将这些现象放在一起去解释的尝试。

由于这个假设是新的，所以不具备成熟理论的受认可程度。目前，它仅仅只能以建模为基础，即模型是否合理，是否可以解释我们所讨论的三种类型的数据。但这个模型应该极为适合，而且至今看来也是具有预测性的。事实上，自从建立这个模型以来，我看到的所有电视谈话节目和政治言论都证实了这个模式的预测。这对于一个认知建模者来说是非常强大的实证性确认。但是，只要有可能，人们都希望能够得到进一步的确认，尤其是来自心理语言学实验和调查数据的确认。我希望今后会出现相关的研究，但应该不会很容易实现，也不太可能直接证实。心理语言学实验已经开始能够辨别认知模型中概念隐喻的存在，但是现在没有测试这个假设所需的复杂性的实验范例

（参见参考文献，A1，Gibbs，1994）。调查研究还没有开发出适当的方法来测试这些复杂的隐喻认知模型的存在。

现在，让我们从认知模型、证据、解释和预测的分析讨论转向对人们的看法。分析表明，我们使用无意识的认知模型来理解政治，正如我们用它们来理解生活中其他所有领域一样。每当我们听政治演讲时，我们都通过这些认知模型去填补演讲中没有明确说明的内容。这一分析认为，保守派和自由派世界观之间的区别来源于不同的政治认知模式。分析认为，最根本的区别来自于他们各自理想化、类型化的家庭模式，所有其他区别均产生于此。保守派模式使用严父式家庭模式，而自由派模式则使用慈亲式家庭的模式。然后，保守派模式和自由派模式以自己的方式组织共同的概念隐喻，将它们排序，以适应各自的家庭模式。由此产生的基于家庭的道德通过家国的隐喻与政治联系起来，结果产生了两种截然不同的政治世界观。〔159〕

重要的是，要注意这一分析所没有声明的东西。分析并没有声明每个人只有一个理想化的家庭模式。我们大多数人可能会同时认同这两个模型，但以不同的方式使用它们。我们可能相信其中一种，但嘲笑另一种（要嘲笑它首先我们必须认识它）。另一种可能性是，我们有两种模式，并以不同的方式使用它们，将一种模式应用于家庭生活，另一种模式用于政治。

可以想象，很多人会将严父式模式应用于父亲的行为方式，将慈亲式应用于母亲应该如何行事。然后，他们可能就拥有一个严父慈母兼而有之的家庭模式，他们各有分工，分担不同的职责。当这两种模式不可避免地在家庭生活中产生矛盾，会有很多解决方案供选择。有可能父亲模式优先，也有可能是母亲的模式优先，还有可能是根据情况来定，或者是取决于当时比〔160〕

较有能量的那个人。这样的家庭中，不同的人使用两种完全不同的理想家庭模式，就不能形成具有一致性的政治基础。要通过家国的比喻来达成一致的政治世界观，就必须按照我们的分析所指出的方式选择其中一种家庭模式。

当然，正如我在第1章所提到的，人们并不一定有一个基于单一模型、连贯一致的世界观。例如，从1968年到1992年（卡特总统除外），选民们选出了相当保守的总统和相当自由的国会，创造了一个由严父亲型执行官和慈母型国会组成的政府，从而在政府中再现了一种经典家庭模式，顶层的严厉加上管理层的关爱。

因此，我们的分析并不认为家庭模型和政治世界观之间总是存在着简单的一对一的关系。但是，我认为这种一一对应性确实存在。家庭与政治之间如此一一对应的概念体系，比在不同时候、不同问题上使用不同模式的系统更简单、更统一、更稳定（或更加僵化），并产生较少的认知失调。保守派对家庭价值的关注可以从这个角度看出来，是为了家庭生活中统一使用严父式家庭模式，以其作为保守政治的基础。从认知科学的角度来看，这是一个非常复杂和强大的政治策略。

现在让我们从总体概述转向具体情况分析。无论我们的提议可能具有或缺乏什么样的技术或科学价值，对公民来说，其最终价值在于它是否能让我们真正了解政治，这是下一章将要讨论的内容。在第9章中，我将首先说明这两个道德体系如何创造不同类型的道德行为、模范公民和恶魔。然后，我将继续在第10章中回答我们在开头所提出的问题。

[161]

第9章 政治中的道德类别

道德行动的类别 〔162〕

道德体系定义了人们如何看待世界，如何理解每天发生的大大小小、成百上千的事件。道德体系描述世界观的一个主要方式就是通过分类。每个道德体系都会为道德行为创造一些固定的主要类别。我们会根据这些主要类别将行动分为道德的和不道德的，而且极少进行反思。在有些情况下，我们可能无法将一个行为或事件归为一个类别，但是大多数情况下，我们几乎注意不到我们在进行分类。有时候，我们可以有意识地反思这些分类，当我们进行有意识地推理时，分类就有可能会改变。但总的来说，我们的第一反应是无反思分类。

保守派的道德类别

保守派（严父）和自由派（慈亲）的道德创造了两个不同的道德行为分类体系。让我们依次看一下。这是保守派的分类 〔163〕体系：

保守主义道德行为的类别：

1. 总体上促进严父式道德。

2. 促进自律、担当和自力更生。

3. 坚持赏罚分明的道德

    a. 不得干涉自律、自力更生的人追求自己的利益。

    b. 以惩罚为手段维护权力。

c. 确保缺乏自律会受到惩罚。

4. 保护遵守道德的人免受外界的伤害。

5. 维护道德秩序。

我列出了五个主要种类。可能会有更多，但这些都被广泛使用，足以满足我们的目的。让我们来看看每个类别，看看它产生于道德体系中的哪些方面。

1. 促进严父式道德

有几个隐喻意味着要对善恶进行严格的区分，特别是道德力量、道德边界和道德权威这几个隐喻。道德力量将邪恶视为世界的一股力量，将其与善区分开来。道德边界在是非对错之间严格清晰地画出界线。道德权威设定需要被遵守的规则，规定什么是正确的，并将其与错误区分开来。道德体系本身当然是正确的——它定义了什么是正确的。捍卫这一定义正确和错误的制度是最主要的道德义务。因此，促进或保护道德体系的行为是道德的；违反道德体系的行为是不道德的。

〔164〕 2. 促进自律、担当和自力更生

道德力量的首要性意味着这些是重要的美德。因此，促进这些重要美德的行为是道德的；妨碍它们的行为是不道德的。

3. 坚持赏罚分明的道德

奖励和惩罚的概念是以道德计算的隐喻为基础的，我们在第 4 章讨论了这一点。

严父式道德认定人性的本质会依照奖励和惩罚去行事。奖赏服从而惩罚不服从对于维护道德权威是至关重要的；因此，它们处于道德体系的核心，因此是道德的。维护奖惩制度的行动是道德的。与该制度相违背的行动是不道德的。

这里有三点重要的特殊情况。他们是：

3a. 不得干涉自律、自力更生的人追求自己的利益。

追求自己的利益是对自律和自力更生进行奖励的制度，依据道德力量这是主要的道德要求。因此，干涉这种道德上的奖励制度是不道德的。而防止这种干扰是道德的。

3b. 以惩罚为手段维护权力。

在严父式道德中，必须不惜一切代价维护合法权威，否则道德体系就会失去作用。对违反权威进行处罚是维护权威的主要途径。因此，对违反合法权威进行惩罚是道德的，反对这种惩罚则是不道德的。

3c. 确保缺乏自律会受到惩罚。 〔165〕

道德力量使得自律成为道德最重要的要求，缺乏自律是不道德的。因此，确保道德缺陷会受到惩罚的行为是道德的；反对对道德缺陷进行惩罚的行为是不道德的。

4. 保护道德的人免受外界伤害。

由于免受外部邪恶的伤害的保护行为是严父式道德的基本组成部分，因此保护行为是道德的，而抑制它们是不道德的。

5. 维护道德秩序。

由于道德秩序定义了合法权威，维护道德秩序的行为是道德的，反对道德秩序的行为是不道德的。

这些道德行为类别极大地促进了道德体系的运用。它们为将道德体系付诸实践提供了一种简化的、常规的方式。

自由主义的道德行为

自由派同样也有不同种类的道德行为，他们看起来与保守派的类别截然不同也不足为奇。

自由主义道德行为类别：

1. 同情的行为，促进公平。

2. 帮助无助的人。

3. 保护那些不能保护自己的人。

4. 提升生活中的满足感。

5. 为了做到上述行为而培育和加强自己。

让我们再次一一看看他们来自哪里。

1. 同情的行为，促进公平。

作为同理心的道德将同理心置于道德的首要地位。作为公

〔166〕平的道德则是其结果；如果你同情别人，你会希望他们被公平
对待。这使得同情的行为和促进公平的行为被视为道德的行
为。相应地，缺乏同情的行为或反对公平的行为则被视为不道
德的。

2. 帮助无助的人。

道德慈爱使得帮助那些无助的人被视为道德的，有能力却
不这样做就是不道德的。

3. 保护那些不能保护自己的人。

慈亲式道德看重保护，所以保护那些不能自我保护的人是
道德的，有能力却不这样做就是不道德的。

4. 提升生活中的满足感。

道德上的快乐和道德上的自我发展使得提升生活中的满足
感是道德的，而反对它就是不道德的。满足感包括在各个领域
发展自己的潜力，从事有意义的工作，感到快乐，等等。

5. 为了做到上述行为而培育和加强自己。

一个人只有自己是坚强、健康的，而且感到受到了温暖的
抚育，才能很好地关爱别人。因此，照顾自己或帮助别人照顾
他们的行为是道德行为。由于忽视自己的健康和力量就会给他
人造成不公平的负担，所以不善于照顾自己或妨碍别人照顾自

己都是不道德的。

为了更好地进行比较，让我们将两个道德类别系统放到一起来看：

保守主义道德行为类别：

1. 总体上促进严父式的道德。

2. 促进自律、担当和自力更生。

3. 坚持赏罚分明的道德。　　　　　　　　　　　　　　　　　〔167〕

　　a. 不得干涉自律、自力更生的人追求自己的利益。

　　b. 以惩罚为手段维护权力。

　　c. 确保缺乏自律会受到惩罚。

4. 保护遵守道德的人免受外界的伤害。

5. 维护道德秩序。

自由主义道德行为类别：

1. 同情的行为，促进公平。

2. 帮助无助的人。

3. 保护那些不能保护自己的人。

4. 提升生活中的满足感。

5. 为了做到上述行为而培育和加强自己。

这些类别定义了人们无意识、自动提出的第一个道德问题。如果属于这些种类其中之一，那么就是道德的；如果属于相反的类别，那么就是不道德的。无论其他系统的类别如何——任何概念系统都有很多——当它们在政治上运作时，这些道德类别就是主要的。这些类别定义了相互对立的道德世界观，这些世界观是如此的截然不同，以至于几乎所有公共政策通过这些角度看过去都大相径庭。

举一个简单的例子：大学生贷款。联邦政府已经制定了向大学生提供低息贷款的计划。学生在大学期间不必开始偿还贷款，大学期间贷款无息。自由派认为这个计划的理由是：大学学费很贵，许多来自贫穷至中产阶级家庭的学生都负担不起。这个贷款计划可以帮助很多原本上不起大学的学生上大学。上了大学，就可以在今后的人生中获得更高的工资，得到更好的工作。这不仅有利于学生，也有利于政府，因为学生有了更好的工作，他们一生都要缴纳更多的税款。

〔168〕

从自由派的道德角度来看，这是一个非常道德的方案。它帮助了那些需要帮助的人（类别 2）。它以两种方式提升了生活中的满足感，因为教育本身有助于满足自身的实现，并且使人们获得更满意的工作（类别 4）。它增强了国家的实力，因为它会形成受过良好教育的公民，最终带来更多税收（类别 5）；并且它是促使大学更加公平分配资源（类别 1）的同情的行为（类别 1）。

但是从保守派的角度看来，这是一个不道德的方案。由于学生依赖贷款，该计划支持对政府的依赖，而不是依靠自己（类别 2）。由于不是每个人都可以获得这种贷款，所以该计划引发了竞争性的不公平，从而干扰了贷款自由市场，因此也妨碍了公平地追求自身利益（类别 3a）。由于这个方案是拿一个群体赚取的钱，通过税收的方式交给另一个群体，这是不公平的，因为这是从挣钱的一方转移到不挣钱的一方（类别 3a）。

我通过大学生贷款的例子来展开我的论证，是因为它不像流产、福利、死刑或枪支管制那样敏感。然而，这是一个根本的问题，因为它直接影响了很多人。对于自由派来说，这么做显然是正确的。对于保守派来说，这么做显然是错误的。推导出这些推论的道德隐喻如下。对于自由派：道德同情，道德养

育，道德自我发展和道德自我养育。对于保守派：道德力量，道德自利和道德计算（奖励与惩罚概念的隐喻基础）。 〔169〕

这个例子的意义在于表明，政策辩论并不是基于文字和客观分类基础上的理性讨论。形成辩论的类别是道德类别；这些类别是根据不同的以家庭为基础的道德概念来界定的，道德隐喻在这些以家庭为基础的道德概念中有着不同的优先级别。辩论的焦点不在客观性、目的理性，或成本效益分析，或有效的公共政策。这不仅仅是关于某个具体问题，即大学贷款的辩论。这个辩论关系到道德的正确模式，而这归因于家庭的正确模式。道德和家庭的作用是不可避免的，即使你只是在谈论大学生贷款政策。

模范市民与魔鬼

道德行为的保守派和自由派为各自的道德体系创造了一个模范公民的概念——一个理想原型——一个最能体现道德行为的形式的公民。

保守派模范公民

在保守派的道德世界观中，模范公民是其行为完美符合所有保守派类别的人。他们（1）具有保守派的价值观，并用行动来支持它们；（2）自律且自力更生；（3）维护奖惩的道德；（4）保护遵守道德的公民；（5）用行动支持道德秩序。完美符合所有这些类别的人是成功、富有、守法的保守派商人，他们支持增强军事力量、严格刑法公正制度，反对政府监管，反对平权法案。他们是模范公民。他们是所有美国人应该效仿的人，并且他们没有丝毫让人担心的地方。他们应该得到回报和尊重。 〔170〕

这些模范公民符合精心打造的神话。他们通过辛勤工作取得成功，通过自己的自律赢得了自己的一切，值得拥有自己所赚取的一切。通过他们的成功和财富，他们创造了工作机会，并将这些工作机会"给予"其他公民。他们只需要投入资金来使自己的收益最大化，就成了"给予"他人工作机会的慈善家，从而为他人"创造财富"。这个神话的一部分是，政府没有给予这些模范公民任何帮助，他们成功都是靠自己挣来的。美国梦就是任何诚实、自律、勤奋的人都可以做到这一点。这些模范公民被保守派视为美国梦中理想的美国人。

保守派的魔鬼

相应地，保守派也有一个魔鬼学。保守派的道德类别也产生了一个地狱公民的分类：反理想原型。这些噩梦般的公民是那些本质上就或多或少违反这些保守主义道德类别的人；违反的类别越多，他们就越像魔鬼。

魔鬼类别一：反对保守派价值观（比如严父式道德）的人。女权主义者、男同性恋者和其他"异见者"都位列榜首，因为他们谴责严父式家庭的根本。还有其他多元文化主义的倡导者，他们否认了严父的首要地位；以及后现代人道主义者，他们否认任何绝对价值观的存在；还有反对道德权威、道德秩序和所有类型的等级制的平等主义者。

〔171〕

魔鬼类别二：那些缺乏自律，从而无法自力更生的人。靠福利为生的未婚母亲首当其冲，因为她们缺乏性行为的自控已经导致她们对国家的依赖。此外，还有失业的吸毒者，吸毒导致他们无法自立；以及其他享受福利的身体健全的人——他们可以工作却不工作，所以（在这个充满机会之地），他们被认为一定是懒惰且惯于依赖他人的人。

　　魔鬼类别三："公益"倡导者。这里包括环保人士、消费倡导者、平权法案倡导者、政府提供全民医疗保健倡导者，他们希望政府干预对自身利益的追求，从而限制保守派模范公民的商业活动。

　　魔鬼类别四：反对军事和刑事司法系统运作方式的人。包括反战示威者、犯人权利倡导者、警察暴力执法反对者，等等。枪支管制的倡导者在这个名单里排名很靠前，因为他们会把枪从那些需要保护自身和家属免受罪犯和政府暴政侵害的人手中夺走。堕胎医生可能是最糟糕的，因为他们直接杀死了世上最无辜的人——未出生的人。

　　魔鬼类别五：倡导妇女权益和同性恋权益，以及非白人和少数民族平等权利的人。因为他们会扰乱道德秩序。

　　毫不奇怪，希拉里·克林顿是保守派眼中最大的魔鬼！她是一个自负的女人（第 5 类，反对道德秩序），一个前反战活动家（第 4 类），是"公益"倡导者（第 3 类），通过她的丈夫而不是她自己获得了巨大的影响力（第 2 类），以及一个多元文化主义的支持者（第 1 类）。保守派很难再找到一个更坏的魔鬼了。〔172〕

　　这些类别非常稳定，任何反抗都是徒劳的。劳工局局长罗伯特·雷奇（Robert Reich）在 1994 年选举后不久就发现了这一点，当时他试图重新在所有大型成功公司和其经营者当中挑选最佳模范公民。雷奇试图利用保守派妖魔化接受福利者的方法攻击保守派模范公民的观念。他攻击大公司和豪富阶层，认为它们是"企业福利"的获得者。雷奇指出，豪富阶层拥有的大型公司从政府那里获得了并非自己赚来的巨额资金：从过度廉价的放牧权、矿产开采权和伐木权，到支持企业基础设施的开发权，农产品价格保护以及数百种来自纳税人钱包的其他类型的巨大政府资助，远远超过了社会福利计划的花费。雷奇认为，如果政府消除了企业福利，就可以很容易地负担起帮助穷人的社会福利计划。

雷奇试图把保守派模范公民变成保守派魔鬼的努力注定要失败，而且立刻就败下阵来。原因简单明了。成功的公司和豪富作为模范公民的地位已经在保守派的思想中变得常规化——在他们的脑海中根深蒂固。他们是模范，是标准，保守派应该就是这样的公民。此外，他们不符合福利受惠者的刻板印象。他们被认为是自律的，有活力的，有能力的，有智慧的，而不是自我放纵、懒惰、毫无特长和不幸的。

雷奇提请大家注意政府对大公司巨大慷慨资助的策略也失〔173〕效了，因为他并不真正了解保守派的世界观和美国政治的认知结构。保守派的英雄和魔鬼之由来有其深层原因，因为保守主义依赖于一个普遍的，根深蒂固的基于家庭的道德体系。你不可能用一次演讲改变这个。

自由派的模范公民

自由派有一个非常不同的模范公民概念，同样，产生于自由派的道德类别。理想的自由派公民有着强烈的社会责任感，并且在最大程度上符合自由派的道德类别。自由派的模范公民（1）具有同情心；（2）帮助弱势群体；（3）保护需要保护的人；（4）促进和体现生活的幸福；以及（5）照顾自己，从而他可以做到上述这一切。自由派的模范公民具有高度的社会责任感，包括：对社会负责的专业人士；环境保护者、消费者和少数民族权利倡导者；帮助贫困且在工作中受虐待的工会组织者；致力于帮助穷人和老年人的医生和社会工作者；和平倡导者、教育家、艺术家，以及康复职业者。有趣的是，在美国的生活中似乎找不到任何可以满足以上所有特点的模范公民。当然，有些人会以某种方式成为这方面的模范，例如马丁·路德·金、富兰克林、埃莉诺·罗斯福、约翰·肯尼迪和罗伯特·肯尼迪，以及，很多人会同意的，希拉里·克林顿。

自由派魔鬼

当然，就像保守派一样，自由派也有恶魔学。那些符合下列类别一至五的人就是社会中的魔鬼。

魔鬼类别一：生性刻薄、自私、不公平——没有同情心、〔174〕没有社会责任感的人。那些只关心利润的大公司和商人列于榜首，因为他们有巨大的权力和政治影响力。

魔鬼类别二：忽视、伤害或利用不利处境的人。破坏工会的公司是一个典型的例子，剥削农民的大型农业公司也是，比如说，他们让工人暴露在有毒的农药环境中，只给他们支付极低的酬劳。

魔鬼类别三：其行为伤害别人或环境的人。包括暴力罪犯和失控的警察、污染环境的人、制造不安全产品或从事消费者欺诈的人、没有生态环境意识的开发商，以及通过行贿政治家而从政府补贴项目（例如采矿、放牧、水利和伐木）获得巨大利润的大型公司。

魔鬼类别四：对教育、艺术和奖学金采取抵制态度的人。

魔鬼类别五：对扩大公众医疗保障采取抵制态度的人。

如果自由派也有最大的魔鬼，那就是纽特·金里奇（Newt Gingrich）。

应该不奇怪，保守派的模范公民通常是自由派的魔鬼，反之亦然。现在我们知道了保守派和自由派各自的基本道德类别、模范公民、魔鬼公民，其他一般的政治和社会立场应该都不难定位了。

顺便说一句，这里给出的理论解释了很多事情：为什么我们有道德行为的类别，为什么有这样的模范公民，以及为什么有这些魔鬼。道德行为的类别源于道德体系中的隐喻。模范公民和魔鬼来源于道德行为的类别。

〔175〕

政策类别

大学生贷款计划是保守派和自由派道德类别之间巨大差异的例证。但它本身并不是一个非常有趣的例证，因为它不够普遍。大学生贷款不像平权法案、环保主义和堕胎问题那样，是我们时代的大问题。分析道德分类如何影响公共政策的一个更具启发性的方法是考虑作为整体的政策如何适用于自由派和保守派的道德类别。

下一章我们将开始使用保守派和自由派的道德类别、模范公民和魔鬼学来解答我们一开始就提出的大问题。为什么反对枪支管制的人也会反对平权法案、累进税制、同性恋权利、多元文化主义和堕胎，等等，而支持枪支管制的人则对这些问题持有完全相反的立场。形成这样的群体背后的逻辑是什么？一方用来反对另一方的逻辑是什么？

变　　型

当你阅读下面几章时需要记住，这些章节的目的是要说明：（1）严格意义上的自由派或保守派确实在政治上具有一致性，（2）自由派和保守派都有各自的核心模式。但是许多读者并没有一致的政治观，也不是典型的自由派或保守派。因此，他们确实会意识到，我所讨论的立场并不适用于他们。我相信，其
〔176〕　原因是这样的读者不是我所描述的核心原型。因此，许多读者

将被视为核心模式的一种变型，或者是自由主义和保守主义这两种政治立场的混合。我将在第17章中核心模式的变化参数描述，这些变型应该能够解释很多读者的观点。

变型研究是本项目的一个非常重要的部分，因为可以预测到的是，对核心案例的分析会发生一定范围的变化。基于变量的固定参数的系统变化不能证明这一理论是错的；相反，它们恰恰确证了它。

第四部分
难　题

第 10 章　社会福利项目和税收

自由派和保守派都把国家比喻成家庭。在这一隐喻中，政〔179〕府就像家长。但家长好不好，得看他用哪种方法抚养孩子。

自由派采用慈亲模式。联邦政府是强大的慈爱的家长，有责任确保满足其公民的基本需求：食物、住房、教育、医疗以及自我发展的机会等，这在自由派眼中显得很自然。倘若多数公民已经得到满足，甚至远超过其基本需求，而另一部分公民还在忍饥挨饿、无家可归、缺乏教育或疾病缠身，那么这个政府就是一个不道德、不负责的政府。支持这样不负责任的政府的公民是不道德、不负责的公民。

在自由派眼中，社会福利项目是一项既能帮助人民（类别2）同时又能强大政府自身（类别5）的途径。从这个角度，社会福利项目被看作是投资——对目前还不能产出的公民（他们不交税，还消耗政府资金）进行投资，把他们变成有益的公〔180〕民（他们交税，也能贡献社会）。评价一个社会福利项目的标准，就是看对它的投资能否产出相应的回报。倘若没有相应的回报，那它就是一个失败的投资。问题不在于社会福利项目有多少，而在于哪些项目真正有效果，即从长远看哪些项目能产出红利。

自由派也把社会福利项目概念化为**社区投资**。把钱投入到没钱人的手中，政府就在贫困社区创造了就业。人有工作就有钱花，从而创造更多的就业机会，等等。如果这些做得明智，就会产生**乘数效应**，结果就可以为整个社会创造更多财富。这是关于社区投资的众多隐喻中的一个，是对个人投资的一个替代或增加。这也列入**道德行为**类别 5 中。

自由派也认为一些社会福利项目能够促进公平（类别1）。他们认为一些特定的人或人群是"弱势群体"。并非由于自身原因而是基于历史、社会和健康原因，这些人无法参与追求自身利益的公平竞争。种族主义、性别歧视、贫困、缺乏教育，以及对同性恋的憎恶，不仅阻碍了对弱势者或弱势群体的同情和关怀的形成，也阻碍了对自身利益和自我发展的自由追求。对自由派来说，人们正当的利己行为和自身发展的过程中保证公平是政府的责任。因此，政府有责任为弱势群体"创造公平的竞争环境"。这是自由派支持平权法案的原因。

保守派也以家喻国，主张用严父模式来治理国家。在他们看来，社会福利项目意味着溺爱——最终会惯坏人民。人民本[181] 该学会自己养活自己，但却依靠公共救济生活。这使得他们道德弱化，不再需要自律和毅力。这种弱化是不道德的。因此，保守派认为社会福利项目是不道德，也包括平权措施。

把美国视为"机遇之国"的神话也强化了这一点。任何人，不管多么贫穷，都能自我约束并抓住机遇出人头地，那些不去努力的人只能怪自己。"机遇之梯"这个隐喻很有意思。它暗示了梯子就在那里，每个人都可以去爬，要想成功并有能力养活自己，只有努力往上爬。如果成功不了，那是你自身的问题，因为你还不够努力。

这么一看，社会福利项目要想符合道义就得像救灾一样，在洪水、火灾或地震过后，更多地要帮助受灾者依靠自身的生产来自救。在保守主义者看来，让政府帮助自然灾害受灾者（他们不必为自身的不幸自责）和让政府帮助穷人（在这个"机遇之国"，贫困只能怪自己），这两者是完全不同的。

另外，反对社会福利和保障项目的保守派世界观中有一个与此相关的思考，即奖惩的道德。

严父模式的道德观认为，人性趋赏避罚。如果道德行为得不到奖励，不道德行为又不被惩罚，那么道德就无法存在。如果自律不奖，懒惰不罚，自律将不复存在，社会也将坍塌。由此，如果人们不劳而获，或因缺乏自律及不道德行为而受到奖励，这种社会或政治体系就是不道德的。因此，保守派将社会福利保障项目看成是不自然且不道德的存在。　〔182〕

由此，任何形式的社会主义或共产主义在保守派看来都是不道德的，这也是为何很多保守派将社会福利保障项目视为社会主义或共产主义的一种形式。对于这一立场这里有一个非常清楚的表述，依据严父模式将政治保守主义和抚养孩子明确地联系起来。这一表述是詹姆斯·多布森（James Dobson）在其经典著作《勇于管教》（*The New Dare to Discipline*）最新版（见参考文献，B3，Dobson，1992）中提出的。多布森是全国保守主义基督徒中对保守主义家庭价值观最具影响力的一位发言人。以下引文是其讨论的以行动主义原则抚养孩子的重要性中的一节：

> 我们整个社会建立在一个强化机制上：通过奖励使努力负责变得有价值。这就是成年人世界的运作方式。但我们却没有将这一机制用在最需要的地方：儿童。

资本主义之所以取得压倒性成功，主要原因是通过多种方式对努力和自律的人予以奖励。社会主义的最大弱点在于这种强化机制的缺失；如果干多干少一个样，那人们为何还要去努力工作呢？我相信这是导致共产主义在苏联和东欧失败悲剧的主要原因。创造性和"血汗股权"得不到激励。

[183] 共产主义和社会主义摧毁了积极性，因为他们以不公平的方式对待（实际惩罚了）创造和付出。他们的经济体制本能地破坏了法律的刚性。自由企业则以符合人类本性的方式运作。

一些家长在家里采用了缩微版的社会主义机制。孩子的需求和愿望全由"国家"来满足，与孩子的努力、自律完全割裂。然而他们期望小胡安（Little Juan）或雷内（René）担起责任，仅是因为这样做是高尚的。他们期望孩子通过学习和汗水获得个人成就，以获得纯粹的快乐。但多数孩子却并不买账。

（多布森，《勇于管教》，第 88~89 页）

多布森在此将严父模式的家庭价值观和保守主义政治清晰地联系起来，认为社会福利项目颠覆了人性。严父模式使道德成为可能：自律会受到奖励，不自律会得到惩罚。而社会福利项目破坏了它。拉什·林堡在大魔头希拉里·罗德汉·克林顿（Hillary Rodham Clinton）之后将全民医保贬低为"罗德汉化疗法"（见参考文献，C1，Limbaugh，1993，p. 171）。读者中的保守派都明白，林堡这么写的时候，是要唤醒人们普遍关于社会福利保障项目是不道德的看法。

下面我们将看到，在保守主义的世界观中，道德奖惩原则的巨大作用。在不是基于自由市场竞争的财富或利益方面，奖励排除了政府分配，使私人拥有对财富配置的绝对权利。惩罚将刑事司法制度聚焦到了惩罚上。除了社会福利项目之外，光用这一原则就能做很多事。我们将看到，这是很多保守派的中心立场。

我们现在能清楚地看到，为何保守派完全不能理解自由派对社会福利项目的支持，不管自由派是出于同情、公正、明智投资、经济责任抑或彻头彻尾的利己主义。对保守派来说，这是一个触及保守主义道德核心的道德问题，自由主义式的同情、[184]公正既非同情，也不公正，甚至其经济理由也不成立。这不是钱的问题，而是道德的问题。

克林顿总统推行的"美国志愿队计划"是一个非常明显的例子。这是一个双重社会福利项目：既是大学生贷款项目，也是地方社区服务项目。这一计划让学生通过在当地社区的社会福利项目中工作来偿还大学助学贷款。

对于保守派来说，由于社会福利项目是不道德的，所以在这类项目中，凡是用政府资金支付工人工资的项目也是不道德的。由政府出钱支付大学生贷款，通过经济激励学生为这些项目工作。在保守派眼中，这种激励是政府强加给学生的，迫使他们从事不道德的活动。更有甚者，为学生偿还贷款构建了二次社会福利项目，这是双重的不道德。

从保守派观点来看，政府用现成的条件帮助学生偿还贷款，这样会惯坏学生；而严格的保守派会选用另一种方法：让学生自己找工作挣钱以偿还贷款。因为学生在社会福利项目中工作，不会像在自由市场中工作那样诚实、高效，他们挣的钱可能还不足以还请贷款。并非所有人都能这样偿还贷款，而以低利率获得贷款又像是不劳而获。从保守派的观点看，更糟糕的是"美国志愿队计划"给学生和社区居民带去了同样的观念，即政府和个人都应该投身到这些活动中去——社区需要政府投入资金以支付那些参与服务的人的工资，而服务社区是一种可接受的服务国家的方式。对于保守派来说，"美国志愿队计划"彻头彻尾就是不道德的。

〔185〕

当然，自由派对社会福利项目的观点是与之不同的。如前文所示，应用于政治的慈亲模式道德观让社会福利项目变得道德。双重的社会福利项目——既能服务社区又能帮助学生——具有双重的道德性。服务社区是服务国家的一种出色的方式，这一思想本身又是道德加分，由此就具有了三重道德性。这就是社会福利项目成为克林顿总统最受欢迎的项目之一的原因。

我们已经探讨了二者道德观上的主要分歧。这不仅是关于公共行政效果的观念分歧。效率高低、实践能否或是否经济等，这些都不能通过对行政效果的理性辩论去解决。这是关于如何造就好人民和好国家的道德观念的分歧。

对社会福利项目的辩论焦点是观念性的：什么是道德，以及如何让政府成为道德的政府。政府在道德上的中立是不存在的。问题在于是由哪种道德来主导政治。

由此我们就能够明白，为何某些保守派的提议会令自由派感到不解。例如，纽特·金里奇对有子女家庭提供补助计划（AFDC）提案，主张孩子如不能和母亲一起生活，就要被视为孤儿。这点如何能够支撑家庭价值？或如另一些项目：给高中生发放避孕套，为贫困的吸毒者提供清洁针具，以防止少女早孕和感染艾滋病。南希·里根（Nancy Reagan）有一个替代性方案。第一夫人推荐的解决方案并不包含上诉项目，而是告诉高中生和吸毒者"（要对早孕和毒品）坚决说不"。金里奇和南希的提案在自由派看来十分愚蠢，但在保守派那里却讲得通。〔186〕现在来看，理由已经相当明显了。

孤儿院

孤儿院的花费高于为单身妈妈们独立抚养孩子提供的福利支出，为何保守派仍建议将她们的孩子送进孤儿院呢？福利作为一种社会福利项目，在保守派的眼中是不道德的。如果让孩子离开他们已经习惯了的唯一的家，这又如何能提升家庭价值呢？如果家庭价值观是严父模式的，答案就清楚明了了。对保守派来说，问题在于缺少那种始于自律的严父模式的价值观。他们认为那些接受福利资助的单身妈妈不仅自身不具备家庭价值观，也不能使她们抚养的孩子具备家庭价值观。他们将孤儿院视为一个能够灌输那些价值观的机构。他们相信，如果这些孩子被教养从而具有了严父模式的价值观，那么依赖、放荡、目无法纪的恶性循环就会终止，这将有助于解决犯罪和毒品问题。至于人们所看到的，孤儿院的孩子过得艰辛，还要拒绝母爱，保守派的解释很清楚：这些孩子需要学会守纪律以克服困难，要学会严父模式价值观——这比只要母爱而无法学到那些价值观更加重要。孤儿院或许会花掉纳税人更多的钱，但如果他们想为社会道德做贡献，这笔钱就花得值。

坚决说不

南希·里根解决毒品问题的提议是告诉孩子们要对毒品

"坚决说不"。在自由派看来这是毫无意义的，因为他们认为毒品问题的产生是由于人们对自身所处的社会状况充满绝望，伴随着朋辈压力，受到诱惑而"不得不"去吸毒。

〔187〕

而保守派的价值体系优先考虑道德力量，认为毒品问题是个人缺少道德力量对毒品"坚决说不"所导致的。这是个人价值观问题，与社会变动或戒毒中心是不相干的。保守派解决毒品问题的方案是灌输严父模式价值观，特别是自律教育。不自律的人不能对毒品"坚决说不"，这种不道德要受到惩罚。他们如果吸毒，就应该被送进监狱。

对少女早孕和艾滋病蔓延，保守派给出了同样的解决方案。不要像自主主义者敦促的那样去分发避孕套或清洁针具，那样只会助长滥交。相反，要严格推行自律、自制、禁欲教育。在一个道德体系中，道德与自律、贞洁及紧随其后的社会规范之间关系密切，有道德的人不会早孕或感染艾滋病。那么，不讲道德的人必须学会为自己的行为负责，如果这都不懂而导致早孕或感染艾滋病，那他们就是咎由自取。短期来看，有人会受伤害；但长此以往，社会行为标准就会树立起来并得到遵守，国家整体上会越来越好。

移　民

在严父模式的道德观中，非法移民的人是违法者，要受到惩处。而雇主雇佣非法移民的人只是在追求利益，这无可厚非，没有错。从国家的严父隐喻中我们可以知道，非法移民并非本国公民，因此他们不是我们（国）家的孩子。期望为非法移民提供食物、住房和医疗，就像是邻家孩子不请自来，还要给他们吃住并照看他们一样。非法移民未获邀请，无权待在这里，我们没有责任照顾他们。

〔188〕

　　而从慈亲模式道德观的角度来看，弱势人群，只要没有不道德的目的，就应该被视为需要养育的无辜孩子。非法移民绝大多数属于这一类型。

　　非法移民被视为经常受到剥削的贫困者，他们在寻求更好的生活。例如，一些雇主为了增加利润，不惜违法引诱并将非法移民带进美国。这种情况下，"非法"这一污名和执法的对象应该集中到违法的雇主身上。

　　非法移民最典型的工作是做一些底层工作：干农活，在工厂出苦力，餐馆劳作，房屋清洁，看管孩子，干园艺活，以及其他一些杂活。这些都是报酬低，且本国民众一般不愿意干的活。在经济上他们是不可或缺的，农业和服装制造业因此获得高额利润，衣食支出也维持在低水平。他们的存在，使中产以上的家庭可以成为双职工家庭，并负担得起家庭清洁、照看孩子、园艺、廉价快餐等费用。这些移民所做的工作支撑了宽裕家庭的生活方式，为大多数的人提供了重要服务。移民使中产家庭能获得两份工作收入，扩大了国家税收基础；由于利润受税收影响很大，这使很多行业能够获得高利润。出于公平的考量，他们的低薪理应得到补偿，所以要保障他们的基本需求。从历史事实上来说，非法移民已经成为公民，所以他们应被视为正在变成公民的公民。

　　如果把国比作家，那么非法移民就像是孩子，他们被引诱并被送到了新的国家大家庭，他们用一种必不可少的方式为这个家庭做贡献。如果将这些孩子扔到街上而不管不顾，那是不道德的。　　〔189〕

　　这里，我们能看到，在论证方法中"以家喻国"扮演了一个关键而直接的角色。

税　收

1992 年共和党大会上，丹·奎尔（Dan Quayle）在其总统候选人的提名演讲中攻击累进税制，因为累进税制让富人缴税的税率比穷人高。他的理由是："为什么优秀的人要被处罚？"这句话博得了雷鸣般的掌声。

从保守派的观点来看，现在需要弄清楚的是为何富人被看成"优秀的人"。他们是道德公民，通过自律和努力，他们实现了"美国梦"。他们赚到了他们的一切，他们理所当然拥有这一切。因为他们的优秀——他们的投资为其他人创造了工作机会和财富——他们应该受到奖励。把他们的钱拿走无异于是在伤害他们，一种经济上的伤害；将收税视为惩罚，这是**家国之喻**的基础。在保守派看来，富人因为会赚钱就要缴更多的税，就相当于道德公民依照"美国梦"做了他们应该做的而受到惩罚。

在保守派看来，因为富有而多交税，无异于做了对的事而受到惩罚。这是对道德奖惩原则的亵渎。保守派观点是，根据道德奖惩要求，富人应该保有他们自己挣的钱。税收是强制性拿走富人的钱，违背了他们的意愿，这被看作是不公平、不道德的，是一种盗窃，那会使联邦政府变成小偷。因此，保守派对政府的一般态度是：你不能信任政府，政府就像小偷，总是想方设法拿走你的钱。

〔190〕

当然，自由派会透过不同的镜头看待税收。在慈亲式道德观中，所有孩子的健康成长同等重要。那些成熟、健康的孩子需要的照顾较少，显然，他们有义务帮助那些更需要照顾的，比如年小体弱的孩子。这项义务是道德计算问题。那些已经得到父母哺育的孩子，欠那些同样需要哺育的孩子一份情。在家国隐喻里，相对富裕的公民有义务帮助那些比较贫困的公民走出生活窘境。累进税制就是履行此项义务的一种形式。那些企图摆脱税责的富裕保守派被视为自私小气的人。国家已经为他们提供了帮助，现在轮到他们帮助其他人了。他们欠国家的。保守派眼中的"惩罚"和"偷窃"在自由派看来却是一项公民义务，是公正公平的。

当然，也有其他说明税收的方式，以及一些不同于严父模式和慈亲模式的建议。以下的一些建议来自企业界。

政府通常被视为一家企业。如果把政府当成一家服务型企业，税收就像是向公众提供服务所获得的收入。服务项目包括安全保护（由军队、刑事司法系统和管理机构提供）、裁决争端（由司法系统和其他机构提供）、社会保险（就像在社会保障和医疗保险，以及各种各样的"安全网"中一样）等。

如果把政府看成一家向公众提供各种服务的企业，就要回答这些问题：购买这一服务是否划算，公众是否得到了想要的那类服务，公众是否情愿花钱购买想要的服务。如果把缴税当成你在购买政府服务，那就不能被视为惩罚、盗窃或公民义务。〔191〕

乍一看，有人或许认为上面的描述和保守派的道德观相一致。理由可能是：保守派重商。他们肯定愿意把政府看作像上述服务企业那样运作。这会促使政府变得有效率、有效益（见参考文献，D1，Barzelay，1992）。

克林顿总统的"政府再造"项目实际上是在副总统戈尔指导下进行的，其中就有很多此类元素。但如果拉什·林堡有一个这样的机会的话，他可能会说，"玫瑰无论换什么样的名字，闻起来都会（一样香）"。就像政府，可能规模会缩小，组织会简化，也会更加省钱、高效。政府也可能去官僚化，对公众需求的反应也更积极。税收会被重新当作购买服务的支出。但从保守派的道德视角看，税还是税。它会以两种方式破坏道德奖惩原则：一是，对是否购买此项服务你没得选。根据道德奖惩原则你应该保有自己挣得钱，而政府仍会对你的收入征税。二是政府仍然是一个不依道德奖惩原则运作的庞大系统。在这个系统中，追求利润的激励不再起作用。依道德奖惩原则看，这个系统为了不道德的目的，抛弃了**奖励刺激**——这恰恰是道德的基础。

[192] 或许你会把政府比作一家企业，把企业运作原则引入政府，使它就好像一家好的服务型企业一样应对公众需求，但政府终究不是一家营利机构。这就是为何保守主义者拼命地想将政府私有化。这也是为何克林顿总统成功精简了政府并提高了政府的成本效益，但在保守派眼里这样的做法却得不到高分。

税收不仅是一个道德问题，更关乎道德基础的存亡。这就是税收问题处于保守主义道德政治核心的原因。

军　费

罗纳德·里根（Ronald Reagan）入主白宫时承诺缩减政府开支，但值得注意的是他增加了军费预算。这不是自相矛盾吗？

1995 年夏天，保守派众议院削减了数十亿美元的贫困项目开支——光是"先行计划（Project Head Start）"就被砍掉 1.37 亿美元。而保守派众议院表面上承诺了削减预算，却给军方多拨了 70 亿美元军费。这也支持了重启昂贵而富有争议的星球大战研究计划（见参考文献，D2，S. Lakoff and H. F. York，1989）。

　　为何保守派说他们想削减政府预算，却给军方拨了更多的军费。鉴于冷战已经结束，被入侵的危险也已消除，为何保守派却要增加军费，哪怕这样做会导致政府膨胀？

　　在严父模式中，严父保护家人高于其他一切责任。通过家国隐喻，这意味着政府的主要功能是保卫国家，这项责任高于其他一切。这就是保守派认为军费支出是道德的而社会福利项目的支出却是不道德的原因。

　　非常讽刺的是，军队中就有一个庞大的社会福利项目，军〔193〕队有着自己的医疗、学校、住房、养老金、教育福利、价格优惠、军官俱乐部、高尔夫球课程等——全部公费。但军队代表国家力量，这一力量在严父模式里具有最高优先地位。

　　进一步来说，军队自身就是用严父模式组织起来的。它有着等级森严的权力结构，主要由男性构成，并设定了严格的道德界线。一切都要与等级权力、自我约束、增强力量以及抗击邪恶相适应。它是体现严父模式道德观的最主要的政府机构。支持军队这一机构，就是支持严父模式的道德文化。对保守派来说，这就使军队变得神圣不可侵犯。由于军队起到了支持保守派道德观的作用，保守派认为即便对军队的支持超出了他们的保护范围也是值得的。

　　自由派最关注的是养育问题，但认为还有其他一些事项要比军事更为重要。他们指出，美国的军费支出要比世界其他国家的总和还多。由于美国没有被入侵的危险，而且冷战也已经结束，自由派认为没有必要在军费上支出过多。目前，美国做好了同时在两个战线进行两场战争的准备，这也太过了。美国在欧洲仍然保持有 10 万名北约士兵，这对很多自由派来说毫无意义。军费上花了过多的钱，如果严格地从有效花费的政府的观点看，这笔钱应该花在更值得的地方。

而对保守派来说，支持军队就是支持保守主义价值观。参军的人往往就有或即将学到严父道德价值观。军费支出少会弱化严父道德观——政治保守主义。与之相对，对于自由派来说，减少军费支出意味着有更多的钱可以用于社会福利项目。这对自由主义者来说是达到道德目的的手段。

[194]

道德，不光是钱

通过这一节的讨论，我将论证，无论对自由派还是保守派来说，政治政策与道德想象的关联无处不在。比如，在保守派的政治议程中，可不仅仅只有削减政府支出这一项。我们将看到，保守派议程和自由派的一样，都是道德议程。

比如，考虑一下财政赤字，为何它会越来越大？

自由派倾向于认为罗纳德·里根很愚蠢。不管他是否愚蠢，他身边的那些人肯定不是。里根和布什政府，一边不断攻击自由派花钱大手大脚，一边在对富人减税同时却增加大量军费开支，使国家预算多出 3 万亿美元。他们会算账；他们也看到了财政赤字的增加。他们把责任归咎于自由派的支出而里根没有否决其任何一项支出法案，甚至里根自己的所作所为也引起了赤字增长。如果财务责任和减少支出是里根最优先考虑的，那他不应单靠不减税、不推动远超五角大楼要求的军事建设两条途径以避免赤字增长。

赤字持续增长，财富从中低阶层转移到富人手中。自由派看到这一转移，认为这是里根和布什富了自己的朋友和政治支持者，令人不齿。当然，这是必然结果。一人得道，鸡犬升天，这有什么好稀奇的？人们通常认为这不道德，是腐败，也是有道理的。很多自由派就是这么看里根的。

　　但罗纳德·里根不认为自己是不道德的。当然，他和同僚　〔195〕
深知其政策正产生大量赤字，而刚执政时他承诺过要平衡预算。
里根实行增加赤字的政策不是被迫的。那他为何要这么做？

　　我倾向认为，里根实行增加赤字政策是服务于他视为高于
一切的道德目标：（1）壮大军力保卫美国免受苏联的侵犯；
（2）降低对富人征税，这样企业得到奖励而非惩罚。不管对里
根总统还是其他优秀的保守派而言，这些政策尽管表面不尽相
同，但都是道德奖惩此一根本原则的实例，这很有趣。

　　和其他保守派一样，对里根来说，苏联的"恶"不仅在于
它的极权主义。苏联极权主义确实是"恶"，但在智利，美国
推翻了民主选举的共产党政府，而愿意支持资本主义的极权主
义独裁。和绝大多数保守派一样，里根认为共产主义主要的
"恶"在于其扼杀了自由企业。因为共产主义不允许有自由市
场（向西方企业开放）或有经济回报的企业家，这就破坏了严
父模式道德体系的基础：奖惩道德。

　　赤字增加了 3 万亿美元，对里根来说，是为其道德目的服
务。这意味，赤字迟早会促使社会福利项目的淘汰。他十分清
楚，军费预算不可能削减太多，大增税赋以消除赤字也绝不会
被同意。从长远看，惊人的赤字会迫使国会削减社会福利项目，
这确实符合严父式道德，即保守主义道德的要求。以此看来，
罗纳德·里根看起来是道德且聪明的，而非多数自由派以为的　〔196〕
那样不道德又愚蠢。

　　我随后将论证，保守派的终极政治议程关乎道德而非财政。
这是美国政治的彻底改进，为了服务于道德革命。保守派相信
革命会让美国人变得更好，生活水平也会提升。就我而言，每

一项保守主义政策的主题都关乎道德的善恶争斗，这毫不奇怪。保守派自认为是道德的人，他们不停地谈论道德和家庭。但自由派却有完全不同的道德体系，他们认为保守主义政策很不道德，其道德言论都是在蛊惑人心。

当然，自由派也会认为自己的政策是道德的，其全部政治也都服务于道德目标。但要让保守派说，自由派就是堕落的人，与道德格格不入，好像他们被特权利益腐化，又好像他们要剥夺公民权利。两派人都觉得对方不道德、腐败、愚蠢。无论如何，哪一方都不愿说对方是道德的。哪一方也都不愿承认：在美国政治核心中，有两个相互对立、高度组织、基础牢固、完全矛盾的道德体系。

道德乃政治之本。由于不懂得这一点，美国政治的尊严受到损害，政治家们也看起来都不道德，这就使得道德的深层逻辑被政治立场所掩盖。

第 11 章　犯罪和死刑

〔197〕最能划清自由派和保守派的界限的主题是暴力犯罪。严父式道德认为解决暴力犯罪就靠严惩。这源自严父式家庭的规矩，不听话就必须受到惩罚，最好是用皮带或棍棒等工具，让人知道疼。这体现了赏罚道德原则：惩罚是道德的替代品。这也体现了人性的行为主义理论：惩罚可以有效消除狂暴。

另外，保守派宣称，用自由放任的方式抚养孩子会造成暴力犯罪。由于在家缺乏严格管教，不听话了也不会受到体罚，造成了长大后的暴力犯罪。他们旁敲侧击地指出，只有慈母没有严父，会造成孩子的孤僻不羁、性情粗暴、目无法纪。保守派以此将暴力犯罪的增加归因于美国家庭由于离婚和非婚生育造成的父亲缺失。这是假设父亲一定会严格管教孩子，通过对 〔198〕不听话的严厉体罚，教会孩子成为守法、自立的公民。

慈亲家庭模式所宣称的观点却与之截然相反。据称，通过爱心、尊重、紧密互动，不断关注彼此的责任，经常沟通，这样养育出来的孩子自制力强，能很好地适应社会，并富有责任心。慈亲模式认为体罚不会达到目的，只会适得其反。这会诱导孩子以暴易暴。孩子会慑于父母的棍棒而变乖，但这也教会了他们用暴力方法让别人屈服。相对来说，疏于照看孩子会造成类似后果。由于抚养的缺失，自律便无法从温暖、尽心的家庭互动中获得。因此，疏于照看而没有给予孩子必要的抚养，这也是一种暴力。

为何住在高犯罪率社区的那些没有父亲的孩子多具有暴力倾向，自由派认为是由以下某个或多个原因造成：（1）母亲会像暴虐的父亲那样，孩子不听话就体罚或责骂；（2）母亲疏于照看孩子；或（3）社会原因，如贫困或同辈压力。自由派进一步指出，经常辱骂或疏于照看孩子的母亲自身也遭受过辱骂或漠视。由此，解决暴力犯罪的长效之方是：（1）孩子的成长中不能疏于照看，不能过于严厉而经常责骂孩子；（2）提供岗前培训和工作机会，以减少或消除贫困。从自由派的角度看，保守派的建议恰会增加暴力犯罪。

〔199〕 慈亲抚养模式的支持者援引相关研究表明，严父家庭和体罚主要会导致将来的犯罪和暴力。本书第 21 章将会讨论这些研究。

枪支管制

自由派持慈亲家庭观，认为体罚会导致暴力的恶性循环，因此赞成枪支管制。枪不只是用于打靶或体育竞技，也被用来伤人或杀人。正因为有了枪，才有了枪战片。这些片子（自卫、惩罚或报仇）的共性是把暴力惩罚当成对恶行的本能回应。慈亲模式认为这种观点会导致暴力升级，用枪意味着更多的杀戮。

保守派支持持有武器的权利，甚至也包括持枪权，这源于他们的严父道德观：尽力保护自己是每个人的责任，保护家人是严父的责任。在一个充满敌意的世界，枪被视为个人的自我保护方式，也是男人作为家庭保护者的地位象征。枪是道德力量的工具，是严父权威的象征。正因如此，枪也维护了道德秩序。这很好地解释了为何每当自由派强调诸如体面的生活水准、受教育权等权利时，保守派却赞成持有武器的权利。

激烈反对控枪的同时伴随着生存第一主义，这有很好的理由：生存第一论主张通过自律获得自立，这是严父道德的标志。那些对武器持有权及生存第一主义反应激烈的人也会反对个人所得税，理由正如我们所知：反对征税符合严父道德。拥护持有武器的权利的人往往是激进的反共分子，理由如下：严父模式将父亲的保护职能与奖惩道德原则——这正是严父模式的道德基础——联系起来。 〔200〕

这绝不是说所有保守派都是枪痴、生存第一主义者、反税积极分子及坚定的反共分子。但可以说，那些价值观相互吻合，持有这些价值观的人往往是保守派。

犯　罪

为何保守派相信要花钱建更多的监狱，甚至要对非暴力违法者给予严厉的判罚？为何他们赞成"三振出局"法律，对非暴力违法惯犯也像对暴力违法者一样，授权二十五年至终身监禁的判罚？为何面对监狱人满为患，却没有降低犯罪这一事实时，他们还要这么做？

明尼苏达州的"孩子第一"项目，重点在日托、教育和社区参与，成功预防了犯罪，其花费比监狱少得多。为何这一模式还得不到保守派支持呢？

答案来自严父道德。其中，家国隐喻中的道德力量体系是基础，道德利己权利隐藏其后。因此，严父道德包含了因果报应、道德力量、道德利己和道德本质。因果报应，视惩罚为彰显正义。道德力量，其重点在于显示力量是对抗邪恶的最好保护方式。道德利己，其结果之一是人们按照自己的利益行事；因此，如果惩罚过于仁慈，人们就会觉得犯罪有利；如果惩罚 〔201〕

过于严厉，人们就会觉得犯罪不利。依据道德本质，过去的行为引导着本性，本性预示着未来的行为。因此，惯犯性恶，其有可能再次犯罪，为保护公众，应该长时间监禁他。

依严父道德，罪犯的严厉刑期和惯犯的终身监禁，只是道德选择。像明尼苏达州的"孩子第一"这类社会福利项目在保守派看来是不道德的，理由前面已经说了。保守派的理由是道德上的而非实践上的。哪些政策能减少犯罪，哪些不能，其统计数据在基于道德的辩论中是不算数的。

遵循慈亲道德的自由派指出，明尼苏达州的"孩子第一"项目可作为减少犯罪的预防性项目，同时指出，统计数据表明将犯人投入监狱并不能减少犯罪。自由派认为犯罪有其社会根源——贫困、失业、与社会脱节以及缺乏照顾和社区关怀——因此认为需要社会福利项目来解决这些社会问题。保守派不相信犯罪是由这些社会根源导致的，甚至也不相信任何其他社会根源。让我们分析一下原因。

阶级和社会根源

保守派不倾向用阶级、社会根源这些概念来分析问题、建言献策，这是为什么？自由派一直用这些概念分析问题、制定政策并为其辩护，这又是为什么？自由派和保守派，一方意识到这些概念，另一方却没有意识到，是什么原因导致了差异？

〔202〕　　先思考一下：人们是如何使用**阶级**和**社会力量**这些概念的？上层阶级占有财富和权力，并试图维护其特权；下层阶级是上层阶级的廉价劳动力，受其压制而卑躬屈膝；中产阶级介于两者之间，渴望进入上层阶级又害怕坠入下层阶级，同时也依赖

下层阶级的廉价劳动。阶级结构由此产生。人们通常会假定是社会力量导致下层阶级无法成功，没有机会得到财富和权力。下层人民深陷这一体系之中而无法上升。这种社会制度安排在自由派眼中是不公平的，这种社会是不正义的。

根据这一图景，如果没有下层阶级的廉价（往往艰辛而低下的）劳动，如择菜、在快餐店打工、打扫房屋、收垃圾，上层和中层阶级就无法维持其目前的生活方式。这样看来，上层和中层阶级欠下层阶级的要比他们支付的金钱多得多。社会正义就是要让下层阶级赚钱多一些，有较好的居住条件，尽可能为其提供脱贫的机会，让他们获得像教育和岗前培训这样的机会。

这一图景通常可作为政府帮助人们脱离底层的正当理由。政府起码要满足他们的基本需求，给他们足够的教育和岗前培训，让他们干得更好些。这也解释了为什么愤怒和暴力行为是下层阶级反抗从地位和经济上"囚禁"他们的社会体系的方式。阶级结构和社会力量造成了"囚禁"这种局面。

像"阶级"、"社会经济力量"、"社会经济囚禁"这些概念可以自然地融入自由主义观念中。对自由派来说美国的本质就〔203〕是"抚育"，帮助那些需要帮助的人就是其组成部分。被社会和经济力量"困住"的人们需要被帮助脱离这一状态。慈亲政府有责任改变困住人们的社会和经济体系。按照这一逻辑，问题在于社会，而非那些被"困住"的无辜的人们。倘若社会和经济力量能负起责任，那就必须引入其他社会和经济力量以承担打破"困境"责任。

这整个图景所描述的与严父道德和保守主义观点之间确实相互矛盾。后者认为，阶级等级制度就是一个梯子，任何有才能、善自律的人都可以爬上去。你能否爬上荣华富贵的梯子，仅仅取决于你有没有道德力量、品格和天赋。既然成败之因以道德力量和道德本质为先，那么用社会力量和阶级来解释成败就没有意义了。这种解释只是无能、懒惰，或其他道德缺陷的借口罢了。以此观之，社会正义一词也就毫无意义。穷人向富人出卖劳动力不过就是市场交易，让市场决定价钱就行。劳动不过就是一种商品，其价格并非一成不变，而是由购买者决定。这是奖惩道德原则的要求，并有赖于市场自由。任何其他安排都是不道德的，会威胁社会的道德基础。由此，保守派反对最低工资，而自由派以社会正义为底线支持最低工资。

〔204〕 保守主义认为，奖惩道德原则是一切道德的基础，恰是富裕阶级的存在让其成为现实。有钱人追求更多的权益本身没有错，也没有什么是需要改正的。保证奖惩道德持续有效是很自然的，也符合道德。关键在于，保守派将之视为美国的本质——成功深化的阶梯。只要自由企业繁荣兴旺，任何人，只要有足够的自律精神和想象力，都能成为企业家，奖惩道德就会持续，一切都将会很好。

保守派的逻辑是将所谓的"社会"问题归因于人而非社会。因此对于保守派来说，使用阶级、社会力量来解释、修正社会政策显得没有意义。

本性与培养

"培养"的含义有二，且相互关联：一是用食物喂养（培养－1）；二是在人的发展过程中环境决定因素胜过遗传决定因素，这与"本性"相对（培养－2）。培养当属于环境决定因素，它使得自由派几乎只将环境决定因素用于分析社会和政治问题。

严父道德虽然与慈亲社会的目标相反，但与环境因素的关系极为密切，比如抚养孩子，以及奖惩制度更为普遍的运用。不过严父道德也有一些方面与培养－2的观点相反。

严父道德模式高度重视道德本质，且认为道德秩序是本性支配的秩序。如同环境决定因素一样，保守派用本性来分析社会问题也存在压力。保守派的压力有两种。不成功的人失败的 [205] 原因有二，因为们缺乏：（1）品行，这是由环境决定的，或（2）才能，这是本性的。这就是为何保守派喜欢像《钟形曲线》这类书，而自由派则不喜欢。《钟形曲线》对黑人在经济上的失败给出了两个解释——要么缺少才能，如果无法证明这一点的话，那就是缺少品行。

预防犯罪

保守派和自由派不同的道德体系使得他们对本性和培养的作用以及像阶级和社会力量这些概念的解释效力持不同看法。对社会力量的任何诉求在保守派看只是缺少才能（本性）或品行（培养－2）的借口。由此，保守派不会寻找社会原因来解决犯罪问题。他们的应对之道——根据奖惩道德——就是解决孩子拒绝接受父母统治的问题。保守派惩治犯罪，他们假定如果犯罪受到严惩，犯罪就会终止，因为罪犯会因为强烈的抑制而远离犯罪行为。如果抑制不起作用，那么罪犯一定本性就已经坏了——已经烂到骨子里了——就要受到终身或长期监禁。

鉴于奖惩道德处在保守派道德体系的中心，那么绝大多数情况下保守派倾向于认为惩罚而非补偿才是正义，用惩罚来平衡道德账本，就不足为奇了。这也无怪乎保守派垂青死刑了。

这不过是一种惩罚的方式，一命换一命。

〔206〕　　当然，自由派对此看法截然不同。同情的第一要求是对犯过一次罪（道德行为目录1）的任何人给予优先而公正的关心。相对来说，所有公民在面对国家的至高权力时都会显得无助，法律只有执行得一丝不苟才能解决这一困境。被指控犯罪的人要被给予公平的审判，他们的公民权利不能被国家所凌驾，这一切都得小心翼翼。自由派敏锐地意识到，警察为了定罪，会滥用权力，或采用不公正的手段。针对穷人或少数群体的成员进行指控尤其如此。穷人在法庭上的陈述不可能像有钱人那样好，少数群体则还要面对偏见、歧视。被处以死刑的或收监在死囚牢房的人，绝大多数都是少数群体中的穷人。对同情、公平的关心产生于慈亲模式，这让自由派也最为关注国家权力的滥用。

　　保守派把这种关心视为对罪犯的纵容，认为自由派对罪犯的关心超过了对受害者的关心。他们也对自由派的行为感到不解。如果自由派那么关心保护无助的人，为何不能更关心如何保护犯罪受害者呢？为何他们不以保护的名义推动更严厉的刑罚呢？

　　并非是自由派不关心犯罪受害者。而是对如何从总体上减少犯罪，他们持不同意见。首先，法律规则必须坚持。如果国家表现得像个罪犯，陷害无辜的人，践踏被告的权利，那么对法律法规的所有希望就荡然无存。为确保国家及其代理人——警察和法庭——的诚实，任何被指控犯罪的人，其权利必须严格履行。

　　公正是其中的难题。如若法律体系不公正，那么它的合法〔207〕性将不复存在。在慈亲道德中，对公正的思考越来越多，超过了对同情和培养的关注之和。

其次，自由派相信社会因素。他们相信，如果儿童不在慈亲环境中成长，那么他们将无法学会对他人负责的行为。倘若在慈亲型社区中一群混混近在眼前，孩子就会沾染恶习。那么对整个社会来说，培养负责任行为的最好方式就是尽可能为更多的人提供慈亲的关爱环境。对抗犯罪最好最长远的办法就是资助诸如"启智计划"（Project Head Start）这类项目，为贫困工薪阶层的父母提供高质量的日托（day care），为穷人提供高质量的教育，等等。这就是为何像安东尼·路易斯（Anthony Lewis）（《纽约时报》，1995 年 8 月 8 日）这样一个自由派看到保守派削减"启智计划"1.37 亿美元同时增加 70 亿美元的超额军费时感到愤怒的原因。"启智计划"每年要花 2 万多美元安置一个犯人——相当于常春藤联盟高校的学费。自由派辩称，从长远看为"启智计划"、日托中心等项目拨款，会更加高效，更加省钱，对所有人也会更好。但保守派相信，犯罪不是社会因素导致的，而是由于个人道德脆弱。之后通过花钱消除本就不存在的社会因素就是荒唐的。

最后，自由派不相信奖惩道德高于一切。他们不相信，将社会凝聚起来，并让人们彼此友善、负责或至少谦让的主要原因是害怕惩罚。自由派相信，是抚育带来了这些，是互爱互助的亲子之情创造了具有强大社会关系的社区。不是说奖惩没有一点作用，而是说其并非道德的基础，关爱才是。自由派认为，单是加大惩罚无法消除犯罪，判处死刑也无法遏止谋杀。显而易见的是，谋杀者在杀人前不会进行"成本－效益分析"，因此死刑也不能遏止谋杀。〔208〕

死　刑

死刑本身就是自由派和保守派的主要分界线。一般来说，保守派支持死刑，而自由派反对。慈亲道德阻止死刑，其主要的法理依据是公正，而我们看到，公正从慈亲道德中产生，这出于对同情和关怀的考虑。其理由是，法庭无法保证死刑得到公正的施行。偏见和政治会影响杀人案件的审判。倘若一个人被不公正地宣判为谋杀罪名成立并被处死，那么即使以后发现他是无辜的，他也将无法追索补偿了。关押在死囚室的多数人都是穷人、黑人，他们请不起能力充足的法律代表，因此有人指出，正是这一点大大增加了他们被判死刑的概率。同样的死刑条例应该被应用于所有种族和经济阶层。如果做不到这一点，那么死刑就不应该存在。

但自由派对死刑的感觉比这更深。关怀本身隐含着对生命的尊重，这出于父母对孩子的那种无条件的爱。如果把政府比作慈亲，那就应该对生命本身予以最高的尊重。死刑是对尊重生命的否定，也与"政府—慈亲"这一概念相矛盾。

在严父道德中，严父会责罚犯错的孩子。家国之喻让政府〔209〕成为实施惩罚的"大老爸"。那么对于严厉的惩罚有没有限制呢？家庭中如果没有限制措施，就会使家长以管教之名杀死孩子变得合乎道德。父母虐待孩子时，这种情况便会出现，而且会经常出现。在家国之喻中，杀婴相当于死刑。国家就像是一个凶恶粗暴的家长，我相信这所引发的恐惧是宪法禁止残忍和不人道的惩罚以及自由派憎恶死刑的真实原因。

我相信，由于这些理由，自由派认为死刑是不文明的，指出全世界已经有很多国家禁止了死刑。国家参与杀人树立了坏榜样，杀人是最严重的罪行。根据家国之喻，这就像父母会树立坏榜样，政府也会。所以政府不应该从事杀人。

关于死刑的争论不只关乎死刑本身，这其实标志着一个更广泛的问题，这就是：如何看待国家，以及国家总体应该如何运作？

当然，自由派的观点不可能说服保守派。如果道德的根本是奖惩的话，在一个道德社会，对待犯罪要用惩罚，要以眼还眼、以牙还牙——不用多说。死刑阻止不了谋杀，这个理由已无关紧要。保守派眼中，死刑是道德社会的一部分，奖惩道德原则至高无上。

第 12 章　监管与环境

　　关爱的一个主要方面是保护。父母必须保护孩子，既不受到非常明显的犯罪和暴力伤害，也不能受到一些不明显的，如香烟、石棉以及其他有毒化学物质、铅涂料、危险玩具、有害食品、无安全带的汽车、易燃服装、不良商贩等的伤害。一个真正关心爱护孩子的父母面对以上这些日常危险时会十分警觉。

　　可以把政府视作一个爱护孩子的父母，对其公民面临的日常危险同样应保持警惕。自由派认为当人们无法保护自己时，可以通过政府监管来保护他们。保护那些因企业、个人违法经营、玩忽职守而可能受到伤害的公民、工人、诚信商人和环境。政府监管企业就是要确保企业不伤害、欺骗任何人。长期的经验告诉我们，公民需要这种保护。在美国，没有道德感或粗心大意的企业长期将其员工置于危险之中——污染环境，生产对生存有危害的产品，欺骗顾客。政府监管就是要尽力减少这些

危害。

　　然而保守派却并不将政府监管视为一种保护。为什么呢？考虑到保守派的道德优先和道德类别，他们不可能这么想。保护是要防范谁呢？当然不是那些保守派的典范公民、成功商人，我们一点不用怕这些人。在保守派的道德目录体系中，人们忙于生计，通过自律而变得自立（可能还会富有），政府监管是对他们追求个人利益的干涉。他们都是我们社会的好人。我们要鼓励人们向他们学习，不应该对他们设置障碍。

反对对环境、员工安全、产品安全进行监管的理由是，监管流程过于烦冗低效，妨碍商业，监管者愚蠢、腐败。保守派不仅是要在保护那些需要保护的人的同时，改革监管机构，消除烦冗，更是要彻底废除监管。自由派对此表示怀疑：人们难道连获得新鲜空气、干净的水、安全产品、安全飞行、安全工作的权利都没有吗？难道不该为子孙后代保护环境吗？自由派的质疑从未进入保守派的耳朵，也无法进入。保守派最重要的道德分类，即严父道德的政治版本，把保守派商人变为公民典范，将监管视为对他们的干涉。

正如我们所见，将成功商人视为公民典范，这种分类的基础非常深。这是奖惩道德的原则，也是严父道德的核心。对这一原则的限制就是对保守主义伦理和生活方式核心的攻击。限制道德之人做道德之事，就是不道德。这就是保守派认为政府监管不道德的原因。一旦成功商人被归为公民典范，再将监管视为保护就毫无必要了。〔212〕

环　境

严父道德包含自然统治秩序的观念：上帝统治人类，人类统治自然，父母统治子女等。在自然界，道德秩序就是统治秩序，据此，道德权威与保护照顾之责并存，这种安排也符合道德。但人保护自然仅在以下基本语境中有意义：根据人类优先原则（这很自然且符合道德），人统治自然。纽特·金里奇对这一切说得非常直白：

　　　　对于我来说，（在环境保护主义里）任何努力都基于这一前提：人统治这颗行星（指地球），尽力减少对自然界的伤害我们负有全责。我不是环境保护主义者。我们不可能一方面作为活跃物种的同时，另一方面表现得像不存在一样。（见参考文献，C1，Gingrich，p.195）

人类作为一个"活跃物种"——一个知道自己想要什么，并能想出办法，且能努力争取的物种——自然会对环境造成"破坏"。你不用停下追求的脚步，但你要努力减少破坏。

[213] 严父道德始于人统治自然这一"自然秩序"。加上利己主义道德：如果我们每个人都追求个人利益，那么所有人的利益都将最大化。再加上奖惩道德作为道德基础：这意味着阻止个人为利润而努力工作是不道德的。

综合起来就形成这种观点：作为资源，自然就是由人使用，并为人的利益和利润服务的。但节俭是美德，应尽可能"保护"好资源。我们使用资源是为了个人目的，但不能太浪费。保守派的环保主义是"保护"——"对支出和收益精打细算"（金里奇，《重塑美国》，p.198）。"为了美元，要有最好的生态系统，我们应该采用分散权力和符合企业家精神的战略，而不是'命令—控制'式的官僚主义做法"（同上，p.196）。简言之，生态系统出了问题，不要试图采用自上而下的全面控制。我们和自然的关系应按照自由市场原则运行。

保守派的环保主义——即人与自然关系的保守主义观当然从严父道德中产生，其概念和推理是根据最适合严父观点的一系列平常的隐喻构成的。这些隐喻是：

- 大自然是上帝的领土（授予人类加以明智地管理）。
- 大自然是资源（人类可随时使用）。
- 大自然是财产（所有者可使用、买卖）。

- 大自然是一件艺术品（供人类欣赏）。
- 大自然是一个对手（可被征服并为我服务）。
- 大自然是一个野生动物（可以驯服为我所用）。
- 大自然是一个机械系统（可以弄清楚并加以利用）。

这类隐喻思维方式让我们理解和思考大自然时和严父道德 〔214〕
观相一致。

管理的隐喻是说，大自然是上帝授予人类根据需要使用的，
但人类应该合理节省地使用。

资源之喻（想想"自然资源"一词）假设大自然中所有
的东西已是或将是人类经济体系的一部分。其价值并非本身
固有的，是否有用、是否丰富取决于人类。根据供求原理，
如果丰富其价值就低，如果稀有其价值就高。根据自然的某
些特性可以进行分类，这也取决于人类的目的。例如鲑鱼在
人类经济体系中被归入鱼类，可供食用，其价值在于食用。
如果鲑鱼灭绝了，也不是多大的事，因为还有许多其他鱼类
可供食用，作为一种资源它们具有同样的功能。在资源之喻
中，那些在溪流中生长只为产卵而存在的鲑鱼（对人类来说）
本身没有价值。

财产之喻当然不是普遍的。在有些文化中，想象一个人能
拥有一棵树，一片森林，或一座山，是很荒唐的。在这个隐喻
中，自然就像沙发、汽车或电子游戏，等待出售。自然界的各
种事物——森林、湖泊、火山、峡谷——其拥有者想怎么用就
怎么用，想怎么破坏就怎么破坏。在这个隐喻中，自然就像某
一商品，其价值随着当地口味和市场情况而波动。隐喻中的河
流、湖泊、山谷没有内在价值，只有市场价值。

艺术品之喻赋予大自然以审美价值，这依赖于人的审美情

〔215〕 感。大峡谷、约塞米蒂国家公园或一个鲸鱼所呈现的价值取决于如何对其进行审美评价。在绝大多数人看来，一片荒漠，或一个常见的蝾螈，其审美价值很低。

对手之喻让"征服自然"变得高尚，人类对自然的统治变成了某种工作目标，由此可以赚到钱，得到回报。这假定了人与自然之间有一种疏离感，一种只有通过统治才能克服的分离。这也假定了处在被征服地位的自然对人来说是危险的，人必须统治自然才能生存。根据此喻，对自然不断扩张的统治成为自我保护的一种方式，是道德的事业。

野生动物之喻再次将自然视为陌生的，危险但可能具有经济用途。对自然的"驯服"和统治由此成为高尚的事业——也是有利可图的事业。

机械系统之喻描绘了我们对科学之于自然的角色的理解。科学的任务是要弄懂：什么让自然像钟表一样规律运作，自然内部是如何运行。这是为了控制，这样我们就能为了自身的目的使用自然。

慈亲道德看待我们与自然的关系的眼光相当不同。自然界给了我们生命，让所有生命成为可能，并维持着我们的生活。自然已经给予了人类并将继续给予人类许多。我们与自然的关系就像是受到抚育，这样一来就涉及依恋、内在价值、感激、责任、尊重、相互依赖、爱、崇拜和不断奉献。

对自然的这种观点可以用下面的隐喻来说明：

- 大自然是母亲（为我们提供了生活所需）。
- 大自然是一个整体（我们是其中不可分离的一部分）。
〔216〕 - 大自然是神圣的存在（要受到敬畏、尊重）。

- 大自然是一个活的生命体（为了生存必须满足其需要）。
- 大自然是家（要保持干净）。
- 大自然是一个受伤害者（已经受伤，需要治愈）。

"自然母亲"之喻将自然视为抚育者和供养者。孩子和养育他的母亲之间的正常关系是依恋和爱，是具有持续的内在价值的某种东西，无法买卖——这一关系让生命有意义。人对母亲的道德态度是感激、责任和尊重。你有责任尽你所能为她提供所需。你要为她增光。你要用行动表达你的感激之情。这是一种彼此互动或相互依赖的关系。这不是一种脆弱或暂时的关系，而是一种持续的奉献。

"整体—部分"之喻强调了依恋、互动、依赖的关系。

神圣存在（把大地当作女神）之喻聚焦于我们的依赖、尊重和崇拜。

活的生命体之喻〔像盖娅假说（Gaia hypothesis）中的描述〕聚焦于相互依赖这一关系，以及生态系统如果要存在下去就必须满足其需要的事实。

家之喻强调我们生活在地球上，它是有限的，它是一个养育我们的安全之所，必须维护好，必须保持干净。此喻聚焦于我们依恋自己的家这一事实，以及自己的家有某种内在价值，远远超过其市场价值。

伤害之喻聚焦于自然的脆弱及其受到的伤害。这暗指如果自然界要存在下去，它是无法承受持续破坏的，那么治愈它就很有必要。　〔217〕

这都是慈亲道德中给予自然的优先级最高的隐喻。有些用于保守主义观点中的隐喻也适用于慈亲道德，但在其中处于从属地位，其意义随着其地位的下降也彻底改变。

以资源之喻为例，这个道德体系不假设人类统治自然，而是人与自然相互依赖。对于由其养育的人来说，自然是资源，但养育者也必须被养育——即我们必须照顾好地球。这就需要"可持续"这一概念。养育要想持续，就需要相互依赖；我们与自然的关系同样如此。在养育之喻的语境中，资源之喻意味着"可持续"这一核心的生态学概念。是的，自然就是资源，但必须成为可持续的资源。当然，自然资源并不是只有经济价值，其经济价值大小必须放到我刚说的内在价值语境中才能决定。

由于养育是一个审美体验，艺术品之喻就以一个非常不同的方式出现了。在养育中，审美体验与养育体验不可分离。由此，审美价值和与养育相关的其他价值也分不开，例如尊重、依恋、持续奉献等。因此自然的审美价值不只在于当你漫步森林时看到一个美景，不像是墙上挂的一幅森林画。审美体验是养育的一部分。

机械系统之喻在慈亲道德中也有不同的含义。你所处的养育关系中的重要发现与养育本身不可分离。在一个以养育作为 [218] 最高价值的道德系统中，发现服务于养育。如果你生活在慈亲道德中，那么科学发现本身就具养育价值。当其服务于养育时，发现也很重要，例如发现可以治疗疾病，或让我们能够和远方的亲朋好友进行交流。

从养育角度看，照看之喻也显示迥然不同的含义。照看不是为统治服务，而是为了治愈自然、维护自然，这样自然才能不断养育我们。只有与自然界形成双向的养育关系，我们才能不断收获其中的各种好处。

鉴于这些关于人类和自然关系的道德概念迥然不同，那么自由派和保守派在环保政策上很多观点对立就不足为奇了。拿环保局来说。自由派认为环保局（EPA）的天职是为慈亲的保护功能提供服务。其功能是保护全体国民免受环境危害，也要保护环境自身。它要通过执行环保法、监控如空气污染这样的环境数据来展开工作。其工作之一是监控污染型企业，如钢厂、发电厂，确保其达到环保标准。另一项工作是执行《濒危物种保护法》，还有一项工作是学习如何保护生态系统，如湿地。法律一旦通过，还要决定如何更好地执行法律。

　　从自由派的观点看，绝对需要这样一个机构。要"治愈自然"，其中就要清洁河流，要让鱼畅游其中，让岸上植物繁茂，尽可能让河流成为饮用水源。这既能养育自然，也能提供干净饮用水来养育人。环保局成立后，在监管饮用水源的净化上发挥了重要作用。保守派通过立法大大削弱了环保局的执行权，以至于无法阻止企业污染饮用水源，这令自由派感到吃惊。〔219〕

　　保守派想裁撤环保局，理由是政府应该对企业支持、奖励，而非限制、惩罚。这与保守主义认为自然是为私人利益服务的观点相契合。越来越多的问题的解决，应采用自由企业的方法：奖励自律和进取；而非采用政府强加的限制措施——通过监管来惩罚创新企业。

　　以原始森林和斑点枭的问题为例。原始森林不只是历时悠久，它还是一个非凡的生态系统。它有独特的生物多样性，众多小型植物、昆虫、鸟类和动物，彼此和谐相处于一个十分复杂、独一无二的生态系统中。美国 90% 的原始森林已经被砍伐毁灭，只剩 10% 却还被伐木公司觊觎。原始森林是无法取代的。

　　慈亲道德的自然观是赋予原始森林内在价值。其价值并不在于你能出售木材赚钱，或是它有多美的风景，而在于原始森林本身。它们具有一个独一无二的自然形式，如今几乎被毁灭殆尽；慈亲道德要求保护它们。

现在令人震惊的是，并没有一个法律是为了保护原始森林本身而去保护它。但有个名为《濒危物种保护法》的法律，禁止破坏环保局名单上濒危物种的栖居地。碰巧，有一个濒危物种在名单上，它们生活在原始森林，且只生活在原始森林：斑点枭。拯救斑点枭，你就得拯救原始森林。当然，慈亲式自然观也赋予濒危物种以内在价值，但这里涉及的不只是斑点枭。自由派自然赞成严格执行《濒危物种保护法》，其结果是拯救了余下的原始森林。

[220]

保守派为此很愤怒，他们确实应该愤怒，从他们的世界观出发。严父道德最核心的一些看法正受到挑战。奖惩道德，这一严父道德的基础正受到两个挑战。一个是自由企业不受限制，追求对劳动、投资的私人奖励的自由不受限制。如果伐木公司的投资者看不到他们的投资有预期利润，那么自由就会受限。另一个是不受限制地使用私人财产，对你的劳动成果，即你的财产的支配的自由不受限制。伐木公司拥有一些原始森林。如果不能砍伐获取利润，那就是限制了私人财产的使用。另外，甚至有道德秩序受到了挑战，即观点：人根据上帝的意志统治自然，自然是供人使用的资源。伐木者——普通的、努力的、道德的、守法的人们——可能丧失其收入来源。人和枭，谁更重要？常识——严父道德常识——告诉我们：是人！

保守派反对环境监管的常见理由之一是：利用市场可以将环保做得更好。其中一个建议是，出售污染权。给每家企业分配一定额度的污染权。如果污染少于该额度，就允许其出售剩

[221]

下的部分给其他企业。这就激励企业减少污染以便出售其污染权。其支持者声称，做得聪明的话，市场体系就能降低企业污染。

或许吧！但那还不能解决自由派关心的环境问题。自由派对自然的隐喻与保守派迥然不同。自由派隐喻赋予了自然某些方面以内在价值；市场做不到，也不可能做到。用交易可以解决某些问题，但解决不了自由派最深层的关爱。

当一个人后退一会儿，看看保守派和自由派的道德体系，很明显问题并不是人与枭或市场力量与环保局，而是关于人与自然合理关系的两个完全对立的道德观。这是一个大问题：不只在环境问题上，在我们文化、政治的一切问题上，到底哪一种道德观应该为主？

第 13 章　文化战争：从反歧视
　　　　　　行动到艺术

〔222〕　　　　严父道德和慈亲道德是对立的道德体系；分别描绘了两个不兼容的道德世界。保守派十分清楚他们的目标不只是政治或经济的。他们想改变美国文化本身。他们想改变如下观念：什么样的人才算好人，以及世界应当如何。保守派明白，这意味着要以家庭为起点。但这也意味着要改变诸如谁得到何种工作及什么观念支配我们的文化这些事情。以下就是严父—慈亲两种截然对立的道德观在一系列文化问题上——从反歧视行动到艺术本质——的逐步展开。

反歧视行动

　　　严父道德的出现伴随着正确的人这一观念：这是一个自律的人，他能制定自己的计划，做出自己的承诺，并能有效履行。如果要不断地激励人们自律，就不能以任何方式妨碍人与人之〔223〕间的竞争。任何支持不劳而获的政策都是不道德的，因为这会削弱人们自律的动机。这样的话，对于保守派来说，反歧视运动看起来也不道德，因为这给了妇女和少数族裔以优待。这是严父模式的一个较为直接的后果。

　　　慈亲模式做了相反的回答。确保家中的孩子们彼此公平相待，这是关爱型父母的工作。在家国之喻中，这变成了：确保公民彼此公平相待是政府的工作。因此政府的责任是确保受到歧视的人们——妇女、非白人，以及少数族裔——得到公平对待。

在一个慈亲家庭中，公平分配的问题涉及整个家庭的生活方式。过去不公平的地方，今天就需要加以平衡，要让一切变得公平。家国之喻要在国家层面实现这一点。

自由派进一步采用了一个常见隐喻：一个自然群体就是一个个体。这个隐喻明确了集体行为和集体权利使得对不同个体之间公平的思考就可用于不同群体。因此，现在不能只看到对个别女性的公平，也要看到将女性群体作为一个整体的公平，既要考虑过去也要考虑当下。

"群体—个体"这一隐喻不是随意使用的。对这样一个群体关注自由派提出两个原因。一是存在成见现象。人们一般按照成见进行推理，按照习惯印象评判某一类的所有人。这种印象通常基于一种过去的文化模式。例如，仍然将女性视为家庭主妇，认为她们最适合做家务，她们不善于严密的逻辑思考，她们缺乏良好的体力。现在对个别女性不知不觉可能还这么看， 〔224〕原因是我们文化对男人和女人的理解，潜意识里长期存在成见。这导致人们即使意识到自己的偏见，也不经判断就认为女人不如男人。无论是有意还是无意，"群体—个体"之喻通过对某个群体公平状况的一段时期的评估，有助于纠正偏见。反歧视运动就是用一段时间纠正整个群体不公平状况的一个方式。

当前，这会不会不可避免地导致对个体的不公？可能会，也可能不会。首先，现存的无意识成见造成了当下的不公平状态，即让白人男性一开始就具有优势。另一个成见就将同样胜任或更出色的女性或非白人置于不利地位。反歧视运动有助于接近公平，要给更好的或同样好的人一个机会，否则由于白人男性的模式优势会导致女性或非白人被淘汰出局。

　　除此之外，以个体喻群体还有一个自由主义动机。不同群体有不同的亚文化及其价值体系。白人男性的对话方式和价值体系的亚文化同白人女性不同。其他文化群体也是一样。目前白人男性占据着整个社会的顶层，他们是（价值）评判人。即便他们的评判忠实，其中不可避免大量掺杂其亚文化的潜在价值观。例如，男人不太可能对某些女人会而男人不会的技能给予很高评价。结果，所谓的"忠实评价"可能带有歧视性。将
〔225〕女性作为一个群体对待，花一段时间评估其公平状况，这是克服白人男性不言明的亚文化优势的一个方法。

　　在反歧视行动中，白人男性仍然具有连他们自己都没意识到的优势：成见优势和亚文化优势。反歧视运动现在没有克服这些优势，还要花更长的时间才行。

同性恋权利

　　为何自由派支持同性恋权利？答案简单明了。在自由派眼中，同性恋权利是慈亲道德的自然结果。父母会公平对待孩子们，平等地爱他们。在家国之喻下，政府就是父母，应该公平、平等地对待所有公民，不管是不是同性恋。

　　为何保守派反对同性恋权利？为何保守派一方对同性恋者怀有如此深的敌意？这与讨厌大政府和官僚作风，或支持财政责任，或支持州权都毫不相关。答案在于严父道德自身。男同性恋或女同性恋情侣只是不适合严父模式家庭。同性恋行为挑战了父亲的巨大权威，尤其是它挑战了自然秩序。自然秩序的前提是：性行为应是异性恋的，其中男性对女性处在支配地位。在一个家庭中，这一自然秩序延伸为道德秩序。

但这不只是一个家庭问题。保守派非常明白，家庭是一切道德、一切社会安排和一切政治的基础。同性恋行为恰恰挑战的是：严父家庭是正确的家庭模式，因此同性恋行为也挑战了严父道德和严父政治。

认为同性恋是天生的，在人口中占有一定比例，这一观 〔226〕点受到保守派反对，其原因在于，同性恋行为具有遗传基础的证据越来越多，保守派很少谈及这一点。同性恋者谈到，他们"发现"自己是同性恋者，而不是"选择"成为同性恋者。但保守派一谈到同性恋"生活方式"，似乎同性恋只是故意选择了一个特别的生活方式。如果不是选择了成为同性恋者，如果生下来就是同性恋者或双性恋者或异性恋者，那就不能把同性恋看作"生活方式"的不道德选择。的确，如果不是自愿，也不是选择，那么把同性恋拔高成道德问题就会困难得多。

保守派版本的道德力量之喻要把性道德变得可以控制，成为一个自律问题。如果同性恋由遗传基因决定，那就是自然、正常的了，这也超出了自愿的范围，这样道德力量这一概念——要求用自律来防止所有不道德行为——就不适用了。你不能再说：只要你足够努力，你就能成为异性恋者。由于道德力量的优先性是保守主义道德体系的核心，那么让保守派接受下面观点必然要历经一段艰难，即同性恋行为由生物性决定，占一定的人口比例是自然且正常的。

非常有趣的是，即便承认同性恋是一个遗传问题而不是自愿选择，很多保守派还是认为同性性行为、同性恋家庭和家庭成员都是不道德的。同性性行为还是破坏了自然秩序，同性恋家庭也挑战了严父家庭这一保守主义道德基础。男同性恋者是

[227] "变态"；他们脱离社会的性行为模式轨道，超出了严父道德设定的界限。同性恋者不仅自身被认为是不道德的，而且也被当成一个威胁：正是由于同性性行为、同性恋家庭和家庭成员的存在，让道德行为和不道德行为的边界变得"模糊不清"，他们会把别人直接或间接"引入歧途"。

可能受同性恋"威胁"最严重的机构就是军队。克林顿总统上任之初就提议允许军队中的同性恋者公开性取向，受到了军队内外保守派的强烈抨击。军队很大程度上是严父道德制度的实现。它有等级制度、严密职位、惩罚奖励，同时要有身体力量和道德力量。纪律无处不在。尽管军队有一种社会主义色彩的内部结构（自上而下的官僚阶层控制，公费医疗，政府提供的住房和学校，只有军人享有的军人服务社折扣，没有自由企业，政府提供高尔夫球场和健身设施），但它是为了保卫资本主义，有一种严父文化。军队有一种男子汉气概的阳刚文化。男同性恋被视为弱者、娘们，不够爷们。男同性恋让军装蒙羞：军装是真爷们才有资格穿的！军装里透着的男子气概而绝不是小里小气。但真正让同性恋者受到军队讨厌的原因是：严父道德是军队文化的基础，而同性恋在其眼皮底下嗡嗡乱飞。

克林顿政府把军队同性恋问题当作一种公民权加以解决，似乎让（男）同性恋者参军就像是让黑人、女性参军一样，这是极端错误的。尝试让（男）同性恋者参军，这在所有的国家

[228] 都被视为对男人和严父道德的侮辱。

多元文化

严父道德怎么看别的道德和文化体系？严父道德认为它们

都不道德。如果它们不把道德力量放在首位，那就促使了道德弱化，这也是一种不道德。如果它们模糊了严父道德的严格道德边界，或挑战了严父道德的权威，或挑战了我们社会的道德秩序，同样也是不道德的。

多元文化寻求对文化多样性和其他很多道德形态的宽容，因而通常受到保守派反对。保守主义之外的各种道德都是不道德的，因此无须宽容。

而慈亲道德对多样性有十分不同的看法。由于慈亲型父母平等对待自己的孩子们，而孩子之间必然有差别，必须尊重差别，也需要宽容面对。进一步说，每个孩子身上都有些独特的东西有利于家庭。按照家国之喻，一个国家内在多样性是有益的，需要宽容对待。

教　育

伴随严父道德产生了自卫原则：其最高的道德使命是保卫自身道德体系不受攻击。保守主义道德行为目录首要包括了推动和保卫保守主义道德的各种行为。自从 20 世纪 60 年代开始，保守派就发现其价值体系受到女权主义、同性权利运动、生态运动、性革命、多元文化主义及更多的慈亲道德宣言的攻击。〔229〕他们看到学校在教这些运动的价值观。他们看到唯一真正的道德体系受到破坏，并为此感到震惊。保守派**相信**，我们社会当下所有重大弊病都是源于不遵循他们的道德体系。他们还相信他们的道德体系是唯一真正的美国道德体系，也是唯一支撑西方文明的道德体系。他们看到以上两个信条都受到我们大学正在教授的当代历史研究的挑战，这让他们感到愤慨。他们正在反击。

　　为何保守派赞成裁撤教育部、取消国家人文基金会，赞成教育券制度和教育私有化？为何自由派反对这些举措？

　　政府以社会福利项目的形式大力支持教育，帮助贫困学生，教育部的一个重要任务就是发展这些项目。由于保守主义通常认为社会福利项目是不道德的，清除教育领域所有社会福利项目的一个快速方式就是裁撤教育部并停止资助这些项目。

　　当前人文学科最好的研究绝不是由保守政治的道德性议题主导的。事实上，其中多数关注的是与严父道德及其政治明显冲突的主题，研究包括：生态学、少数民族文化遗产、历史上杰出的但又被忽视的少数民族和女性人物、在第三世界国家进行开发的美国公司的角色、工会历史、美国政府和原先被视为英雄的人物所做的不可告人的事情、其他文化的价值体系、同性恋历史、婚姻暴力以及更多不被严父道德、政治所接受的主题。取消国家人文基金会将斩断这些研究的一个主要资金来源，进行这些研究的是全国的学术名家，其研究令保守派感到不快。同时，个别保守派认为资助研究坦克符合保守派道德、政治议题，也符合保守派的历史书写。

[230]

　　国家教育标准也是由教育部制定的。这些标准中有的是保守主义不愿意教授的，而他们想教授的内容里面却没有，例如最近已经完成的历史新课程，为历史教育设置了国家标准。由于保守派在地方层面上改变教育做得最有效，摒除了国家标准，缩减了学校董事会，使得保守派在其道德和政治思想的指导下改变总课程变得容易得多。换句话说，问题似乎并不在于是不是国家标准或地方标准，而在于是否与严父道德相一致。由于促进严父道德本身在道德体系中就具有最高价值，那么如果有支持严父道德的国家标准会令保守派感到高兴。

教育私有化意味着保守派可以建立自己的学校，他们的孩子不用学那些与保守主义道德、政治观念不一致的内容。这也意味着搬离混合制学校，意味着他们的孩子不会碰见来自不同亚文化、具有不同价值观的同学了。教育券制度将会让私有化更加容易。 〔231〕

简言之，保守派的教育议题非常支持其道德议题以及由此导出的政治。

从慈亲道德角度看待教育问题非常不同。像公民权利运动一样，多元文化、女权主义、同性恋权利、生态运动被视为美国文化和文明中的巨大道德进步。像公民权利运动一样，这些都被当作进步的案例来教育。这就需要通过历史教育让人懂得是什么让他们取得这些进步的，即曾经被美国主要社会力量和政府允许、教唆的虐待史。这不是在贬低美国。相反，这是美国的荣耀的一部分，我们的政府和社会曾经施加暴行的事实能够被自由述说，也能被未来的人纠正。确实，从慈亲道德角度讲，美国这片土地养育了一代又一代的移民。美国发展史体现了慈亲道德不断进步扩大的历史，它让平等待遇、教育和其他自我发展的机会、医疗卫生、人性化工作条件、知识发展等方方面面的进步成了可能。美国历史也有其阴暗的一面，但这必须指出来：印第安人被大量屠杀并且其文化几近灭绝，奴隶制 〔232〕度，血汗工厂，歧视妇女、非白人、犹太人、移民和同性恋者。

但严父道德的支持者并不把这些变化视为进步；他们认为其中很多变化都是不道德的，是在退步。从纠正暴行的角度写的一些变化的历史，被他们视为对其基本道德信条的攻击。保守派对美国教育的整个机构体系感到愤怒。是谁在负责教育的运行？作为一个职业，是谁在从事教育？毫不奇怪，大多数人都是慈亲式的教育者。而他们通常具有慈亲道德观。

毕竟，教小孩不是一个能赚大钱的职业。老师不是企业家，这很少有例外。企业家希望通过不受限制的自由企业获得利益从而过上富裕的生活，这些人通常不会选择去教三年级小学生。很多小学老师是女性，她们往往也是正在抚养孩子的妈妈们，所以她们也想要抚育好别人的孩子。

那就是保守派攻击国家的公立教育基础设施的理由。他们没得选。他们面对的是一个充满慈亲式道德者的基础设施，对此保守派一点儿也不喜欢，他们也确实该这样。然而，他们有同盟和一套行动计划。保守主义基督徒让他们的孩子上"家庭学校"好些年了，因为他们担心孩子在社会公共学校会被教给不道德的观念。另外，很多父母想让自己的孩子与这些观念相隔绝，并且他们能负担得起，于是他们一直在建私立学校。但他们感到，如果由他们自己去掌握孩子的教学内容以及交往对象，他们就不该再付钱给公立教育，因为他们不使用也不能使用公立教育资源。这些父母已经在争取设立学校教育券制度，这样政府提供的教育资金应以教育券形式发给父母，用于私立学校或公立学校都可以。这一制度如果设计得好，能够摧毁美国的大部分的公立教育。对此，保守派不会流下一滴泪。

标准问题

人们公认大量的美国儿童受教育程度并没有提高。理由相当多。教育者指出了学校不能够应对的社会问题：毒品，暴力，没有教育价值的亚文化。教育者也指出公众不太愿意为资助教育缴税。加利福尼亚过去有全国最好的教育体系，但自从保守派抵抗税收的《13号提案》出台，现在其平均教育支出已经垫底，素质教育也相应遭受巨大损失。

保守派辩称，折磨学校的社会问题是自由放任的抚养方式和自由主义社会政策造成的，可以采用严父家庭模式、保守主义政策，利用私有企业及竞争来建立高水平学校来加以解决。他们还认为自由主义教育方式降低了教育规格（标准）。他们把"规格（标准）"作为保守主义思想的标志来讨论。

严父道德非常在乎标准。道德权威和道德边界之喻要求采用具有法律权威的明确规格标准。道德力量和道德自利要求用奖惩制度促进人们的自律和努力。

不仅道德水平是这样，教育水平也是这样。保守派关于好的教育体系的处方就是采用保守主义原则和保守主义的标准观念。教会学生以自律为起点的保守主义道德和保守主义品行观念；这也被称为传统道德。西方传统文化经典是可靠且正确的，经受住了时间的考验，要以此为基础制定标准。要让学生努力。使用奖惩制度：认真严格进行评分，成绩不合格是自己造成的。要想成为精英，就该成为有天赋、肯努力、能实现目标的精英。这些因素决定了成功。如果学生失败了，那么他们得为自己的失败负责，要么下次做好，要么终身失败。 〔234〕

慈亲道德也有自己的标准。你要想成为好父母就得先自律、努力，懂得所有你需要懂的事情。自律是在家庭抚育环境中逐渐培养的，对身边的人你会感到有责任并为其着想，关爱他们。自律是一个严肃的问题：你关爱的人信赖你。关爱也有标准，你必须学会达到这些标准。做起来每一步都会艰辛。当别人信赖你时，你要足够自律，努力担起责任。要学会与人合作，达到他们的基本要求，合群是至关重要的。以抚育为基础的道德体系，其目标之一是让每个人的自我发展实现最大化，一方面每个人都能更好地为其社会服务，一方面每个人都能为做好对自己重要的事深深感到满意。要让自己的才华尽可能释放出来并不容易，需要付出艰辛的努力，严格自律，还要满足知识技能所需的标准。

[235]　　　　慈亲道德和严父道德一样，这两个传统的道德观念标准都确实应用到教育标准中了。差别在于教育要达到的那些标准到底应该是什么，是该学会竞争还是学会合作？是让学生学会通过发问学习，还是只学会滔滔不绝地讲那些固定答案？是要让学生通过严格的分数奖惩体系进行学习，还是因为感到有兴趣、觉得对自己重要、想让老师欣慰，或想成为被喜爱、被尊重、有责任心的班级成员而学习？是让学生因失败而退学，还是设法让他们留在学校并尽力好好学习？严父道德主张不成功便沉沦，放任学生失败、退学。慈亲道德主张自我发展最大化，寻找方法让学生尽力学好。

　　从慈亲式方法的角度看，标准问题是在转移话题。每个人的标准都不一样。问题是要有什么样的标准，在课堂上如何才能达到这些标准，围绕这些标准的是什么教育？两套道德模式给出的方法差异很大。

　　慈亲教育方式中，能抚育成功就需要实事求是地作调查；我们必须了解自身和我们的历史，不仅要了解美国光耀的一面，更重要的是必须要了解阴暗的一面。只有了解了阴暗面我们才能不重蹈覆辙，才能感激美国的进步和美好，才能不再自以为是。一个真正的慈亲式教育不是老好人式的教育，而是要对一些有争议、易引发社会不稳定的问题进行实事求是的教育，还要弄明白这些问题为何易引发社会不稳定。这就不会为了让自己好受而歪曲过去或现在。这才是讲真理，鼓励质疑。这不只是一个了解历史事实的问题，而是要在一个更大的语境——历史语境和当代语境——中了解那些事实的意义。这就要求懂得观点、学问之间的差异，看待问题并非只有一条途径。〔236〕

艺　术

严父道德对艺术观念有重要的影响。服务于道德目标的艺术可以被视为具有价值，即塑造道德力量和人格，或展现道德的生活方式。我们称之为道德正确的艺术。

在严父道德中，艺术也可以是一些美好的、其技艺值得欣赏的事物，或一些令人愉快或振奋的事物。从这个角度看，艺术是一种有益身心、使人向上的娱乐活动，许多报纸杂志在其娱乐版面报道艺术。作为娱乐活动，艺术本身不是一个具有社会重要性的严肃事业，它上不了报纸的公共事务版面或科学、商业版面。

作为娱乐消遣的一个来源，艺术也可作为商品，在经济体系中扮演一个角色。作为商品，艺术的价格是由其报道价值所掌控，我们总能看到一件艺术品卖出很高价钱的新闻。

另外，好的艺术，作为娱乐和/或灵感的同时也是稳健投资的一个来源，变成了成功的标志。作为娱乐来源，它是对努力工作的奖赏。作为好的投资，它可以评判你的投资能力。这就是拥有一件原创艺术品是成功标志的原因。在严父道德中，艺术的价值既在于其道德价值、娱乐价值、经济价值，也在于其〔237〕作为成功标志——是一个属于精英的符号——的价值。

所有这些关于艺术的观点赋予艺术一整套标准——道德标

准，美、工艺或娱乐价值的标准，长远经济投资的标准。因为严父道德要求标准纯粹而持久，那看到保守派有这些艺术观点就不足为奇了。

最有名的保守主义艺术杂志是《新准则》（*New Criterion*），由希尔顿·克莱默（Hilton Kramer）主编，他是前《纽约时报》的艺术主编。"准则"一词是精心挑选的。这个杂志的目标就是为"有价值"的艺术提供并确立标准。还有一个目标就是对不道德的、不美的、没有技巧的、不使人愉快的或没有长久价值的艺术进行批评。最好的艺术是道德的、美好的、振奋人心的且恒久的艺术。

慈亲道德也激发出各种艺术观点。作为一个道德体系，它同意艺术具有道德目的，艺术为慈亲道德服务，艺术能传递社会正面信息。这和严父道德一样，只不过所传递的信息有所不同。慈亲道德有另一种道德正确的艺术，这一艺术从（慈亲）道德体系之外对其审视，并且说："这才是正确的道德体系。"

艺术是对道德体系的选择，艺术由道德体系内在的活动所激发，这两者是不一样的。换句话说就是，艺术是对慈亲的选择和艺术就是慈亲式的，这两者是不一样的。第一个是具有自由主义信息的艺术，第二个是在自由主义艺术传统里面的艺术。

作为幸福的道德观念不仅给了艺术以美好和愉悦，也给了艺术以嬉闹和乐趣。

由于艺术的自由主义传统，最终的起源是抚育，这就促进了真正的抚育所要求的艺术思想，促进了艺术去提出质疑、探究，迫使人们去审视生命不容否认的阴暗面，去面对不愉快的事实，引导人们去经历自我追寻和价值重估。

另外，慈亲道德促进了自我抚育和自我发展，支持以下艺

〔238〕

术理念：艺术可以体验冥想，发展人的想象力，培养洞察力，探寻形式和本质。

同理心是慈亲理念的核心，引导艺术去探寻他者——别的文化，别的亚文化，不常见的人们、地方或事件。这种艺术冲动的一部分是多元文化艺术，它将我们置于另一个世界观中。慈亲式抚育运用在艺术上，自然地引导艺术成为一种治疗方式，可能对艺术家是一个自我表达式的心理疗法，可能对文化也是一种治疗方式。

最后，有些艺术家反对艺术商品化，他们认同保守主义传统，偏爱那些非商品化的抽象艺术，如概念艺术、行为艺术。他们对此的观点是，艺术是一种体验，不应该成为商品。

多数现代艺术都可以归入这些类别中的一种，并且可以看成是从慈亲道德的某些方面衍生出来的。从慈亲道德角度看，这些艺术形式是道德事业。如果自由主义是慈亲道德在政治上的运用，那么绝大多数具有慈亲传统的艺术家都是政治自由派，这一点就理所当然了。

国家的当代艺术教育是极为糟糕的，绝大多数公民——包括受过良好教育的自由派——对上述的很多艺术形式了解太少。而且他们各自的理解不尽相同。有的自由派喜欢道德正确的自由派艺术，他们觉得这样的作品振奋人心，其他人却觉得这样的作品粗鲁愚钝。有的人单纯地喜欢美丽的、令人赏心悦目的作品。但是仅有一小部分自由派了解上述的当代艺术形式。结果绝大多数自由派并不懂得也不太关心保护当代艺术，使它免受保守派的攻击。〔239〕

保守派确实攻击具有这一传统的艺术。学术的攻击来自希尔顿·克雷默（Hilton Kramer）和他同事在《新规则》（*New*

Criterion）中的批评。政治的攻击来自杰西·赫尔姆斯（Jesse Helms）和其他想废除国家艺术基金会的国会议员。保守派厌恶道德正确的自由主义艺术，偏爱道德正确的保守主义艺术根本不足为奇，即他们厌恶促进女权主义、同性恋权利、多元文化、政府项目等事物的艺术。罗伯特·马普尔索普（Robert Mapplethorpe）的美丽、感人、时而令人不安的男同性恋题材摄影作品令保守派感到愤怒。保守派也厌恶那些探究美国的生活和历史的阴暗面，迫使我们面对我们国家不是很好的现状的艺术，他们也厌恶关注我们文化中深层矛盾的艺术。安德烈·塞拉诺（André Serrano）的沉浸在小便中的耶稣受难像是一个物理隐喻，描绘的是一个天主教徒对他自己的教堂大发脾气。对于从慈亲道德角度看这个艺术作品的人（不是所有自由派都这么看）来说，这件作品提出了教堂角色阴暗面的问题，这一问题不仅存在于艺术家的生活中，也存在于领受圣餐的人的生活，以及普遍的社会中。但对保守主义来说，为了谁而提出这些问题并不是艺术的法定功能，塞拉诺的作品无非是对宗教的侮辱。其他作品——如概念艺术或形式探索作品——对于保守主义的价值体系来说是难以理解的。保守派只是表达自己的困惑，根本不明白为何这些作品是艺术，而不是幼稚或任性。从严父道德角度看，这些确实都不是艺术。给保守主义的唯一选择是不予理会——把这类艺术就当成是"文化精英"的作品——"没落的势利小人"的不合法的价值观。由此保守主义想废除国家艺术基金会就不足为奇了。

〔240〕

只有根据严父道德才能理解"文化精英"一词的含义。"精英"一词有一个含义，指的是优越和声望，通常伴随不应得的声望和虚幻的优越感这一内涵；也指有声望的、自我维持的小集团。严父道德使文化居于其自身道德之下。从严父道德角度看，真实的文化优越感这一观念毫无意义，它并不是道德优越感。因此，"文化精英"一词只是一个讽刺，指的是一群自我维持、有点影响力的群体，虚伪地声称优越感。真正使用"文化精英"一词，其含义是指真正优秀的人，是那些道德优越的人，即那些遵循严父道德的人。他们是真正应该从文化上受人敬仰的精英。而那些不把严父道德放在其他文化价值之上的所谓的"文化精英"都是不道德的，应该被打倒。

在美国，艺术被从道德角度审视。它可以作为道德正确的艺术，被视为服务于某一道德体系，或者也可以被视为服务于道德体系的某些功能——一个令人愉快的奖励，一件商品，成功标志，质疑方式，感知探索，治疗方法。

由于艺术的核心就在文化观念中，艺术注定成为文化战争的一个战场。这是保守派强烈追求的一场战争，或许更准确地说，他们意识到这将是一场自卫战争。

道德教育

保守派十分明白政治以道德为基础。他们凭直觉也明白严父道德是保守主义政治思想的基础。为了让他们的观念在下一代中得到推广，他们只做该做的事：在学校努力将严父道德变成官方道德版本。主要代表人物是威廉·贝内特，他写的启蒙书《美德书》。 〔241〕

贝内特将严父道德价值观称为"传统道德价值观"。尽管有史以来，对于母亲来说，慈亲道德一直是传统，但它在美国大众文化中获得公共声望却主要是这个世纪（指 20 世纪）的事了，因为女性获得了更多的声望和影响力。由于长久以来严父在文化中居于主导，慈亲道德传统虽然一直不太突出，但仍然是"传统的"。

需要弄清的是，严父道德——所谓的"传统"道德——的教育迄今为止一直是政治保守主义教育，为何是贝内特这样的政治人物在其中投入了很多努力，原因就在此。要掌管道德教育就要掌管政治教育。

《美德书》中令人感兴趣的是它**不教授的**一些美德，如：抚育，宽容"变态"，社会责任，开明，反省，平等主义，声援被剥夺选举权的人，和自然界交融，唯美主义美学，自我发展，和自己的身体交流，或幸福（道德幸福意义上的）。书中没有关于现代道德问题的章节：女性平等和独立，劳工道德，或消费者、环境的保护。这些都是非常值得教授的**其他**美德——特别是对孩子。这些都是慈亲道德的美德。

有没有办法在提供道德教育时不掺杂政治灌输？幸运的是，

[242] 有办法。可以通过严父道德和慈亲道德及其相互批评，教导人们在我们的文化环境中对道德的理解。

这里有一些指导原则。要教：两种家庭模式及最适合它们的两种道德体系。把这两种以家庭为基础的道德体系和性别问题联系起来。要教：什么是严父道德，什么是慈亲道德，其差别在哪。要指出：它们彼此反对，这是政治问题也是道德问题。举例说明。要指出：两者是如何相互批评的。当你教严父道德时，想方设法对贝内特的道德清单通过举例论证。教慈亲道德时，想方设法把上述贝内特没有举出的所有美德通过举例论证。让学生明白哪种美德适合哪种道德观。还要让他们明白这既是政治问题也是道德问题。依我所见，这是唯一确保道德教育不掺杂政治灌输的方法。

　　采用这一途径进行道德教育，避免有偏向性的道德、政治灌输，可能还存在一个问题。很多保守派相信只有一种合理的道德观——严父道德。很多信教的保守派相信两种道德体系的教育，其本身就是不道德的。因为这推动了对道德是什么的讨论，推动了孩子自己去思考而不是纯粹服从权威。如果听从我的建议，有些人可能认为即使给予慈亲道德均等的机会也会颠覆传统道德，就是因为它教孩子独立思考而不是服从权威。

　　反驳这些观点很重要。需要教孩子道德观点，其中包括这个事实：不同的道德观深深扎根于人类的家庭生活经验之中，可以相互替代。他们需要知道：关于家庭生活和家庭基础上的道德应该如何的观点很多，也可相互替代。这不仅仅是一个掷硬币（决定）的问题，或者认为一个道德体系和另一个一样好的问题。很多相关事实将在后面第 20～23 章加以讨论。〔243〕

　　最后，道德教育不能只交给宗教，这至为重要。某一宗教传统的每个解释都会选择与自身一致的道德形式。孩子接受其自身宗教传统之外的教育很重要，这让他们懂得道德深植于其宗教教义之中。孩子在成长中能看到来自其宗教外部和内部的道德，能说出某一道德体系的特点并知道不同体系间的差异，这也很重要。在民主国家，我们是在和具有不同道德观的人们一起生活，而不是只有我们自己。我们要能分清那些观念，说出它们的名称，并坦率地讨论它们。

　　道德教育是一个富有争议的问题。它提出了最深刻的问题：我们是谁？我们要如何养育自己的孩子？没有比这更重要的问题了。

结　语

在美国人生活的各个领域，严父道德和慈亲道德都在发挥作用。在积极方面，从长期来看，在全部两个群体中，严父专注于针锋相对的竞争，而慈亲专注于家庭（喻国家）的全部福祉。考虑到亚文化差异和个人判断上的文化成见这些实际情况，这两者的差异显而易见。

〔244〕　在同性恋权利问题上，这是严父模式赞成的异性恋导向对慈亲模式的平等养育伦理的分歧。在多元文化问题上，这事关认同唯一权威还是赞成养育平等伦理。在教育上，这是支持严父道德体系本身，还是需要真正抚育以理解内在疑问和需求的问题。在艺术上，以家庭为基础的道德观对"艺术应该是什么"提供了一些非常不同的观念。在道德教育上，问题是，是否应该只教严父道德，还是对两种可互相替代的主要道德观都应该进行讨论。文化战争本身就最清楚地体现了道德教育问题。

由于文化战争的激烈，必须明白分歧的根源是什么，因为在政治问题上它们显示出的差别太大了。

第 14 章　两种模式的基督教

有些人宣称，他们的政治主张不过是在遵循《圣经》原文
的教义。这假定对《圣经》有字面解释这种事。其实，基督教
的所有分支都基于这一宣称，但坦率地说这是一句假话。

没人相信，"上帝是我的牧者"是由一只满身羊毛、啃着
青草的绵羊嘴里逐字说出的。没人相信，"我们在天上的父"
是字面意义上的爸爸。事实上，《圣经》的每一页都充满了只
能被且总是被隐喻解释的段落。根本不存在对《圣经》完全字
面的解释。

无须对此感到奇怪或认为这是错误。字面思维模式和字面
语言只是不足以描述上帝的特征和人与上帝的关系。这种情况
只有通过隐喻性思维才能明白，通过隐喻性语言才能交流。毕
竟，上帝是不可言喻的——超越了人类的理解力。如果你非要
思考或讨论上帝，你就要用人类经验作为基础，广泛收集隐喻
供你自由使用。我的同事，伊娃·斯威策（Eva Sweetser）教
授，一直在研究犹太—基督教传统中对上帝的隐喻。她研究了
犹太教传统，有些随意地从**赎罪**日礼拜中的隐喻开始研究，在
此处有一个清单。这个清单是一个好的起点；它提供了一个犹
太—基督教对上帝的典型隐喻集，因为很多基督教的隐喻来源
于犹太教传统。下面是这个清单：

上帝是父亲；人类（或特指犹太人）是他的孩子。

上帝是国王；人类是他的子民。

上帝是男情人；人类（或犹太人）是他的女情人。

上帝是牧羊人；人类是他的羊群。

上帝是葡萄园看管人；人类是他的葡萄园。

上帝是看守人；人类是他看守的财宝。

上帝是陶匠；人类是他的陶土。

上帝是吹玻璃工；人类是他的玻璃。

上帝是金属工匠；人类是他的金属。

上帝是舵手；人类是船舵（或船）。

上帝选择了我们；我们选择了上帝。

正如斯威策（在一部准备出版的作品中）指出，这个对上帝的隐喻集形成了一个辐射状的目录，作为父的上帝居于中心。把上帝当作父亲，是唯一一个以多种方式与其他某一隐喻重叠的隐喻。

● 父亲和国王之喻都将"权威"归于上帝。

● 父亲和情人之喻都将"关爱"归于上帝，并假定上帝与人类之间的"互爱"。

● 父亲、国王、牧羊人、看守人之喻都将"保护"归于上帝。

〔247〕　● 父亲、葡萄园看管人、陶匠、吹玻璃工和金属工匠之喻都将"因果本体论关系"归于上帝：让人类产生。

● 父亲、情人、选择之喻都将这一个关系视为"两个意志的存在"。

人们认为这些隐喻不会被同时运用。例如，上帝被当成父亲，就不再会是男情人；否则就是乱伦，当然也没人愿意这样。

这些隐喻，重叠了各种对上帝每一个假定的理解，也不会一下子包罗一切。

这一上帝隐喻集应该让宗教中丰富的隐喻性思维多了几分意义。因为《圣经》无法从字面理解，就必须加以解释。犹太教和基督教的不同教派接受了对《圣经》的不同解释，当然，其实是每个教派只接受它自己的解释。某些基督徒宣称他们的政治主张遵循的是《圣经》原文，尽管我不怀疑他们是不是真心相信这句话，但这显然是假话。

这提出了一些重要问题：是什么让保守主义基督徒成为保守派？是什么让自由主义基督徒成为自由派？基督教本身就采用了很多政治形式，从保守派的基督教联盟到自由派的信仰联盟、美国基督教协进会，甚至到拉美和其他地方的解放神学。有超过 400 个新教教派，看来其中多数属于自由主义，而一些组织良好的少数教派属于保守主义。

什么原因让保守主义基督徒成为保守派？

我猜想，让保守主义基督徒成为保守派的原因是他们对自己宗教的理解，认为需要一个严父家庭模式和严父道德。上帝—父亲之喻把权威和关爱归于上帝。但权威和关爱怎样结合却有多种可能。在慈亲模式中，孩子服从父母权威是父母给予关爱的结果。在严父模式中，反过来才对：权威在先。首要的一点是，孩子必须服从，不能挑战严父的权威；要孝顺，然后才能得到关爱，这是适当的奖励（见参考文献，B3；Dobson，1992，pp. 20～22）。〔248〕

人与上帝的关系有两种解释。在慈亲式解释中，你接受上帝的权威是因为他最早的、持续的关爱。在严父式解释种，上帝制定规则，施加权威；你如果服从，就能得到关爱。差别是哪个优先，正如我们所见，这是首要的差别。

为了合理看待这一差别，我将不得不就保守主义基督教的某些特征画一个简单示意图，已讨论的隐喻体系的使用将贯穿作品始终。为了不受外在的干扰，我必须要画出宗教的最基本的骨架（梗概）。请您多多包涵我的过分简化，这不可避免地听起来像一本喜剧书《基督入门》中的文字。

当然，我的假设是这一模式（指保守主义基督教）中有很多变化，就像严父道德和保守主义政治（见第17章）中的变化一样。此外我还意识到，一个人能够同时拥有慈亲式家庭和严父式宗教信仰，或者相反。我在这里描绘的是最大程度的纯意识形态上的一致性。

基督教通常把上帝关爱的一面与基督相联系。基督教通过〔249〕一套道德记账系统运行，这继承了犹太教。不道德事迹是借入；道德事迹是盈余。通过道德计算（参考第4章），获得负面价值的东西（如受苦）等于失去正面价值的东西（如为某物付钱）。因此，受苦是为你的罪过付出的代价：受苦增进了道德盈余，就像做好事一样。如果当你死的时候你的道德存款有足够大的正面结余，你就会进入天堂；如果有负面结余，你就会下地狱。这些一般的概念为绝大多数形式的基督教所共有。对此，让我们专门考察一下严父式基督教。

严父式基督教

因由肉身塑成，人类都有道德弱点。这种天生的道德弱点被称为原罪，由于亚当和夏娃的道德缺点，导致上帝不再赋予世人以永生。由于他们的道德弱点，每个人一开始就有庞大的道德借项（欠账）——大到普通人必下地狱无疑。

但上帝非常爱世人，他要给他们指出一条摆脱这一可怕命运——这源于他们天生有罪的肉体本性——的道路。这样他让他的**独子**成为一个无罪的因此也没有道德欠账的人。然后让他的**儿子**被钉在十字架上，这样，让他受的苦比所有人全部永远的苦难更多。通过这一切苦，耶稣建立了一个庞大的道德盈余，不仅足够支付所有人的原罪，比这还要多得多。他被钉在十字架上，耶稣付清了人类原罪的欠账。这让人类只要足够正义就有可能进入天堂。

但有些人一生罪恶太多，使道德欠账增多以至于其余生无论怎么做都注定要进地狱。但耶稣挚爱所有人，包括那些罪人，〔250〕他在十字架上受的苦也足以为他们还清道德欠账。这是一个大爱行为，但不是无条件的爱。必须有一个条件。如果让为恶者什么都不做就进入天堂，这本来就是错的。那也会扰乱道德记账系统——这是为了要让人类遵循上帝的命令——上所有得分。

这样，耶稣和罪人立下一个约定。如果他们在余下的生命中真正忏悔，接受他作为他们的主，加入他的教，遵循他的教诲，他就会用他在十字架上受难得到的道德盈余为他们付清道德欠账，让他们洗心革面，就好像重生一样，没有道德欠账。这样他就拯救了他们，使他们不用下地狱；他成为他们的救世主。所有罪人，任何时候，都可以得到这个约定。

作为他们约定的一部分，之前的罪人余生都要接受上帝的权威，听从他的指示。这会很难。这需要其重生之前未曾有的品行，一个新的道德精髓——其核心不会腐烂，而坚如磐石。

为获得这个道德精髓，你要将耶稣放进心中。心就是隐喻道德精髓所在之处。你要把耶稣基督的精髓放进心中，使它变成你的精髓。这不像听起来那么容易。

这要求通过自律、克己来树立道德力量。要求服从道德权威，即上帝的道德权威，这是通过《圣经》和他的教会启示的。要求不得越过道德边界，不得偏离正义之路。要求保持纯洁、正直。耶稣给的只是爱的一种——不是无条件的爱，而是严厉的爱。

[251]　不幸的是，在此约定中有一个大漏洞。允许人们（犯罪时）随时忏悔并仍然能升入天堂，这诱使犯罪长期存在。那么在将死的时刻，你也能忏悔并升入天堂。这不是一个好的激励；它使你直到死的时候还一直偿还犯罪欠账。

这个漏洞被最后审判所填补，这一观点是说人类无法预知世界将毁灭、道德账本将关闭的那一刻。那时，你将会被审判，若果你是一个罪人——那一刻你的道德欠账多于盈余——你将被判永远囚禁地狱。因为最后审判可能随时发生，要确保利用好耶稣提供的约定，唯一方式就是立刻接受它。如果你现在就真正忏悔，耶稣将是你的**救赎者**：他会为你付清道德欠账，将你从撒旦的掌控下赎回。

对基督教的严父式解释的性质

《圣经》之所以采用严父式解释，集中在这些问题上：上帝的权威，他的严格指示，要求服从，道德力量优先，需要自律、克己，厉行奖惩。

这一体系的运行是基于道德账本上的奖惩——对上帝权威服从的就奖励，不服从就会受到惩罚。缺少这些，整个道德体系就毫无意义。没有进入天堂的奖励，人们就不会听从上帝的指示，所有道德将会崩溃。提供了救赎，如果你不为之努力，将会像福利一样诱使你变得不道德。

[252]　詹姆斯·多布森在前面的引文中声称（通过隐喻），正是

这一奖惩宗教体系，会变得像放任的自由市场资本主义一样。保守主义基督徒做了两件事。他们根据严父道德解释《圣经》；通过隐喻，将《圣经》解释和保守主义政治联系起来。

《圣经》当然可以有多种解释方式，犹太教和基督教那些不同教派就证明了这一点。例如，当一个罪人把基督当作他的救世主，当他赞美基督乃至上帝的关爱，然后把基督作为他关爱行为的榜样，他就能见到基督。之后，前面罪人将接受慈亲（关怀）道德。在解释《圣经》时，如果一个人把上帝的同情和关爱放到其权威之前，那其宗教道德观就会倾向慈亲道德，将这一道德观用于政治生活就会让他成为自由派。让我们简单讨论一下这一解释。

保守主义基督徒为何是保守派，他们对《圣经》的解释为何没有让他们产生特别的道德主张，弄明白这些问题很重要。其实在这里，家庭基础的道德观优先于宗教基础上的道德观，因为是严父道德观导致了对《圣经》的相应解释。

保守主义基督徒是保守派并不是因为他们完全按字面解释全部《圣经》。可能有些教派这么解释，如上帝创造世界花了整整168个小时。但在一些最重要方面，保守主义基督徒会像其他任何人一样，对《圣经》采用隐喻性解释。他们成为保守派与他们成为保守主义基督徒的原因都是由于遵循严父道德观。当然，那也是使保守主义基督徒尝试按字面解释 〔253〕《圣经》的原因。如果《圣经》作为上帝的话，包含了来自最高道德权威的指示，就要绝对严格地遵循，那么某人恪守这些指示，就得保证绝不掺杂个人主观的解释；如果那只是他对上帝指示的解释，那么他并不是在遵循上帝的指示。

正如我们所见，这是一个弄巧成拙的事业。对《圣经》——

甚至其最重要的一些方面：对上帝的理解，人与上帝的关系，对保守主义基督教传统的总体理解——纯粹的字面解释是不可能的。在保守主义基督教中，这一切都需要一个解释——一个严父道德的解释。

但保守主义基督徒不仅将严父道德用于宗教。他们也将之用于政治，在（1）他们宗教的道德账目体系，（2）放任的自由市场经济，以及（3）严父道德奖惩体系三者之间打造了一个隐喻性联系。

正是这一隐喻体系使保守主义基督徒成为保守派：上帝是父亲，幸福就是财富和道德账目，道德是力量，道德是顺从和道德利己主义，等等。例如，奖惩道德假定了道德账目，没有它就显得毫无意义了。

在保守主义基督教中，放任的自由市场资本主义是一个道德事业，而不只是经济事业。为什么？是什么原因使它成为道德的而不只是经济的事业？毕竟正是经济学上所说，如果每个人都追求自己的经济利润，那么整体的经济利润就会最大化。要让这个理论适用于道德，就得从概念上将经济利润投射到道德利润上。这由幸福—财富之喻完成。这样我们就有了一套道德理论，我称之为道德利己主义：如果每个人都追求他的利己，那么所有人的利己将会最大化。

[254]

这非常有趣，经济理论本身建立在亚当·斯密"看不见的手"这一隐喻基础之上。"看不见的手"的隐喻利用了"掌控是手的力量运用"（Control Is the Exercise of Force by the Hand）这一力量观念和非常普通的隐喻，像下面这些表述："现在它归你掌握了（in your hands）"，"他们将他移交（hand over）给FBI"，"这我无法控制（out of my hands）"，"我无法处理

（handle）这个项目"，"你得到了好事达（保险公司）的良好
照顾（in good hands with）"等。这个隐喻假设了统治自由市场
运作的无形的经济"力量"。在这个理论中，通过身体力量的
隐喻让人明白了经济"力量"。

保守主义基督教和放任的自由市场资本主义及道德之间的
联系完全是隐喻性的，就像《圣经》解释与严父道德之间关系
一样，并且严父道德本身就是彻头彻尾的隐喻。要说的是，这
不是要"解构"和质疑严父道德和保守主义基督教的合法性，
只是为了将涉及的概念分析应用到《圣经》解释的事业中。我
无需重复的是，隐喻性思维本身没有错误。没有它，人们无法
思考或工作。

你能成为一个皈依基督教的人同时不成为一个保守
派吗？

你当然能。首先，你可以对《圣经》有一个慈亲式解释。
其次，如果你选择严父式解释，你无须用家国之喻来将严父道
德投射到政治领域，即你能够把宗教信仰保持在私人领域。最
后，你无须使用**基督教道德账目系统**与自由放任市场经济之间　〔255〕
的隐喻性联系。

保守主义和皈依基督教是不同的思想体系。保守主义基督
教用隐喻将他们联系在一起。这一联系无须存在。这只是一个
解释问题。

慈亲式基督教

为了正确看待对基督教的严父式解释，就让我们考察一下
慈亲式解释。在这一解释中有以下基本隐喻：

- 上帝是人类的一个慈亲（父亲或母亲）。

- 基督是上帝对人类关爱的承担者。
- 上帝的恩典是关爱。
- 道德行为是关爱行为（通过感受同情、展示恻隐、爱的行动来帮助）
- 不道德行为（罪）是对他人的不关怀行为（通过缺少同情和怜悯的行为等造成伤害）。

上帝的恩典是这一解释的核心概念，通过关爱这一隐喻可以理解。由于关爱是一个丰富的概念，把恩典喻为关爱，让恩典的含义变得相当丰富。下面有一些关爱的基本特征：

关爱的特征

〔256〕
  关爱是父/母（对孩子）的爱的表达。

  关爱需要父/母的存在。

  关爱需要父/母（对孩子）的亲近。

  关爱包括考虑到成长的喂养。

  关爱包括治疗。

  关爱产生幸福。

  关爱涉及保护。

  关爱不是挣得的。

  一个慈亲自由且无条件地给予关爱。

  如果一个孩子要获得关爱的好处，就必须接受关爱。只有通过接纳关爱孩子才能学会关爱他人（去感觉爱，感受同情，为他人着想等）。

  一个人要学会关爱他人，就必须由一位慈亲抚养。

恩典－关爱之喻将关爱的这些特点投射道德恩典的相应特

征上面。这就产生了一个隐喻丰富的恩典概念。

恩典的特征

上帝的恩典表达的是上帝的爱。

上帝的恩典需要上帝的存在。

上帝的恩典需要上帝的亲近。

上帝的恩典包括了考虑到道德成长的精神哺育（或满足）。

上帝的恩典治疗精神创伤和精神疾病。

上帝的恩典产生幸福。

上帝的恩典需要上帝的保护。

恩典不是挣得的。

上帝自由且无条件地赐予恩典。

如果一个人要获得恩典的好处，就必须接受上帝的恩典。

人们只有通过接纳上帝的恩典才能学会用道德行为对待他人（去感觉爱，感受同情，为他人着想，等等）。

一个人要学会用道德行为对待他人，就必须接受上帝 〔257〕
的恩典（例如，人必须面对上帝，亲近上帝，等等）。

由于在这一解释中，隐喻把恩典当作关怀，恩典当然也成为慈亲式基督教的核心概念。在这一版本的基督教中，如果要学会道德的行为，让灵魂得到满足、支持和疗治，核心的需要是上帝的恩典——面对、亲近他而得到关爱。产生这一需要的是与上帝的分隔，这是自然的人类处境。

原罪的慈亲式解释与严父式解释相当不同，对罪的解释也是如此。罪是对他人的非关爱行为。支持原罪的观念是：我们本能地以不关爱的行为对待别人，我们必须学会关爱。

学会关爱（即道德的）行为的方法是，通过被关爱，然后模仿关爱的行为，这样就将关爱能力吸收到自己身上。但我们自己的父母绝非完美的关爱者，甚至可能非常不完美。另外，由于我们往往从很小的时候——在童年——就开始同他们分离，我们不可能受到完整不间断的关爱。最好的关爱也无法让我们成为完美的关爱者，即无法让我们成为完全道德的存在。原罪是我们内在的无力，因此也使我们无法成为完全道德（即关爱的）存在。这也是一个出生、养育与上帝——最高的慈亲——分离的状态。成为完全的关爱者，其任务就是追寻上帝这位最高的慈亲，并接受他完美持续的关爱——他的恩典。

[258] 对《圣经》的慈亲式的解释中，伊甸园阶段是一个在幼年得到完全的爱和关爱的状态。吃了善恶知识之树上的果实，我们到达这个阶段：开始与父母分离，追随我们自己的欲望，要学会善待他人。被驱出伊甸园，就达到这个阶段：我们不再受到幼年那种完全的爱和关怀，要学会面对这个世界的难题，要学会行为要合乎道德。我们面临的问题是：追寻上帝，通过他的恩典道德地成长，尽可能成为完全的关怀者。

现在让我们转到下一问题：基督是怎样遵循这一图景的。我先谈谈道德账目这一个普通观念，因为它同时适用于慈亲模式和严父模式。

道德账目

道德账目之喻的运用如下：

- 行为不道德让人有道德欠账。
- 行为道德让人有道德盈余。
- 受苦（通过道德计算）让人有道德盈余。

如果人死时盈余超过欠账，就进入天堂。如果欠账超过盈余，就下地狱。

天堂是受到上帝永久关爱的地方：在上帝面前，亲近上帝，被他的爱和温暖包围，享受极乐。地狱是永远不再受到上帝关爱的地方：远离上帝，得不到爱和照顾，悲惨不幸。

由于原罪，人们不可避免地有不道德行为，积累的道德欠账非常庞大，以至于再行善也还不清。因此，单根据我们的所作所为，所有人都该下地狱，去遭受远离上帝、永远得不到他的关爱之苦。

然而上帝是一位充满关爱和爱的慈亲，不想让他的孩子永远受苦。他想给他们一个进入天堂的机会，让他们永远陪伴自己，并得到永远的关爱。但由于人类受到了永恒的天谴，他们必须还清道德欠账才有机会进入天堂。他们必须变得道德，学会善待他人。只有通过典范，通过一个完美关爱的人作为典范，才能做到这一点。即便如此，人类也绝不可能通过足够善行来还清道德欠账。只有通过人的受苦才能还清。 〔259〕

作为上帝，他不能通过人的形象作为典范教人类去关爱，也不能遭受人的痛苦来为人类还清道德欠账，这就需要另一个解决方法。上帝造了一个人子——基督——为了拯救人类免入地狱，他能够做这些事情。

作为上帝之子，基督没有罪；他可以有完全的关爱——同情他人，维护他人的利益、发展和幸福，却不求任何回报。通过自己的作为，他树立了一个完美关爱者的典范让人类跟随，这样人类就能学会关爱他人。

作为完美关爱者，基督为人类做出了最大的牺牲。在十字架上，基督受如此多的苦，远远足够抵消全部人类的罪。通过受苦，他得到了足够的道德盈余来付清所有人的道德欠账。

由此基督将上帝的关爱带给人类，即他给了我们上帝的恩典。通过接受基督、遵循其关怀典范，我们能够道德地成长，逐渐吸收他的关爱，成为关爱的存在。

〔260〕　在有些基督教派中，圣餐仪式非常重要，在仪式上，领圣餐者被带到上帝面前：他们将被给予上帝的恩典并接受它。吃圣饼饮果酒，那代表基督的身体和血。在这一仪式中，他们将基督的本质——关爱——融入自己的身体，因此改变了自身的本质，日益成为关爱者。

在接受基督、追寻他的关爱典范的过程中，也就接受了上帝的恩典。基督是最高的关爱者，把恩典给世人。那些接受者，"将基督放入心中"的人——就是把关爱作为自己本质的人——已经用基督的道德盈余付清了他们的道德欠账。他们被"拯救"了，他们不用下地狱，他们可以通过以后的关爱行为得到进入天堂的机会。

对　比

基督教的慈亲式解释与严父式解释相比有非常不同的结果。首先，它提出了人类与上帝恰当关系这一完全不同的观点。

在严父式基督教中，上帝是道德权威，人类的角色是服从他严格的指示。不服从就受罚是你学会服从的方法，通过克己发展自律来服从。

在慈亲式基督教中，上帝是关爱者，与上帝的恰当关系就是去接受他的关爱（恩典），跟随基督的典范学会善待他人。没有严格规定；而是为了别人的福祉，无论有何需要，都必须
〔261〕　发展同情心，学会以怜悯之心对待他人。通过得到关爱，通过因

被关爱而得到的快乐，通过发展、成长以及追随最高关爱者（基督）的典范，学会关爱他人。

两种形式的基督教对人性的假设大不同。严父式基督教的假设是**大众行为主义**，人们趋赏避罚；要以自律、克己塑造人格。与此不同的是，慈亲式基督教的假定不是大众行为主义，也不需要用自律、克己塑造人格。而是假定：关爱塑造正确的人格（关爱人格），受到关爱的人由此将关爱本能融入自身。

两种基督教对怎样才是一个好人的假设不同。严父式基督教对好人的假设是：自律、克己，能很好地适应等级制度，服从上级的严格命令，对下级发出严格命令，并苦心执行这些命令。慈亲式基督教认为好人是：一个关爱者，能适应相互依存的状况——在这里，社会关系、交流、合作、友好、信任是最基本的需要。

最后，对于世界应该怎样才能产生这样理想的人这个问题，两种形式的基督教对此也持不同看法。严父式基督教认为如果要产生、鼓励**合适的人**（强者），就要求世界充满竞争、生存艰难。慈亲式基督教认为，如果要产生合适的人——关爱者，就要求这个世界相互依存，人要尽可能关爱他人、与人为善。

简言之，这两种模式基督教直接反映的是其家庭模式的社会价值，它们以此为基础。这一对比表明，没有中立的基督教。〔262〕人可以对它有严父式解释或慈亲式解释，或者许多其他形式的解释。在解释《圣经》时，可以选择最关注哪些段落，或者说，哪些段落分量最重，哪些段落可以忽略或分量较轻。

这样，人们就不能指着《圣经》说它本身给出了非此即彼的解释。《圣经》本身也不偏爱非此即彼的家庭模式或道德体系。相反，在提供解释时，家庭模式是被强加到《圣经》上的。这样，保守主义基督徒对《圣经》有保守主义的解释，因为他们把严父家庭模式运用到他们的基督教上，同样也将之运用到他们的政治中。与此相似，自由主义基督徒对《圣经》有自由主义的解释，因为他们相应地把慈亲家庭模式运用到他们的基督教中，同样也运用到他们的政治中。

结　语

不存在按字面解释《圣经》这种事。尽管保守主义和自由主义两派基督徒都在尽量按字面意思解释所选段落，也声称存在一个字面解释。然而所有的解释都是隐喻性的。严父式和慈亲式解释产生了保守主义和自由主义两种形式的基督教。

《圣经》本身如果没有解释，就丝毫不会涉及政治模式的选择。只有通过对《圣经》的严父式和慈亲式解释才会引导出保守主义或自由主义的宗教政治。

当然也会出现某些变化形式和混合观点；这里的论述只打算讨论一些核心事例。

第 15 章　堕胎

我们先来了解几个词语：胚胎、胎儿和婴儿。胚胎和胎儿 〔263〕
是医学术语。胚胎是受精形成的比细胞团组织度更高的产物，
但还不能将之视为物种的一员。胎儿是更高阶段但还未出生的
生物体。细胞团发展成为胚胎，胚胎发展成为胎儿，这些过程
间没有精确、客观的分界线，但相对清晰的状态还是有的。

举例说，节育环（IUD）和（房事后服用的）口服避孕
丸，二者都是为了防止已经成为细胞团的受精卵在母体的子宫
着床。细胞团被排出体外，结果就是月经期出血。细胞团还不
是胚胎。

胚胎一般会在 8 到 12 周成为胎儿，就具有了人类的存在形
式。此时胎儿离开母体还无法存活，最起码还要再过几周才行。
而胚胎不被视为物种，与母体分开也不能存活。胎儿一出生就 〔264〕
是婴儿。

胚胎和胎儿两个术语让人联想到医学语境，涉及的是医学
问题。从医学角度看，堕胎是一个手术过程。如果胚胎在七周
时被终止妊娠，即从子宫中将还不被视为物种形式的存活细胞
团移出，那么它离开子宫后就不能作为生物体而存活。像胚胎、
胎儿这些术语用在手术中，涉及的是医学问题，而婴儿一词则
是另一种概念。婴儿是独立存在的人，绝非母体中难以辨别并
受医学程序支配的细胞团。

认为堕胎合乎道德的人通常会为早期堕胎辩护，即在胚胎

阶段，或在离开子宫恰可存活之前的胎儿阶段，一般是在头三个月。如果细胞团还不是独立、可存活且可以辨认的人，那把它移出母体是道德的。

反对堕胎者将细胞团、胚胎和胎儿都用婴儿一词指代。只使用婴儿一词说明他们将以上所有都视为独立存在的人。尽管关于细胞团、胚胎和胎儿的医学讨论还在进行，但婴儿一词将讨论转入了道德领域。

一旦用词确定，那堕胎的道德问题就随之而解了。有目的地将尚未成为独立、可存活甚至可辨认的人的细胞团移出母体，不能视为"谋杀"。"谋杀"一词不适用于医疗手术。有目的地杀死一个"婴儿"——一个独立存在的人——才是"谋杀"。

〔265〕要是在头三个月堕胎，例如在第七周进行一个道德中性的外科手术，倘若这对母亲有益，这样做是否就更道德了？这算不算谋杀婴儿？答案取决于人们如何对这一情况进行表述，及相应地，使用"胚胎"还是"婴儿"一词。

如果情况表述不止一种可能，那么哪一种是正确的？堕胎是否有一种正确的概念化方式？双方都认为只有一种正确的表述，但哪一种正确却意见不同。双方也都认为答案是道德的那一个，认为哪一个表述正确取决于道德立场。这些观点扎根于双方非常深层的道德信念和真诚中；而且在很多情况下，扎根之深以至于成为个人身份的一部分。

有趣的是，选择何种表述不是独立于政治和政治道德之外的。除了天主教徒（宗教是另一个非常相关的问题）之外，自由派用医学手术用语思考、讨论堕胎，而保守派则说"杀死婴儿"。这可能有历史偶然性，但我不这么认为。我认为这无不与严父式和慈亲式两种道德体系紧密相关。

　　我为什么会倾向这种观点？原因是强烈反堕胎的人对死刑、减少婴儿死亡率项目的态度。美国婴儿死亡率之高简直就是个天文数字，在工业化世界是最高的。绝大多数反对堕胎者赞成死刑，但并不支持降低婴儿死亡率的政府项目，比如，为贫困母亲产前产后提供一些护理项目。

　　诚然，一些自由派心存怀疑，甚至质疑这些鼓吹者是否真心支持反堕胎合法化，因为他们支持死刑，所以并不真能彻底支持"生命"。其他自由派则质疑堕胎鼓吹者的道德，后者愿拯救一部分未出生（堕胎的）孩子的生命，却不愿拯救另一部分未出生（大量因为生产前后照顾不周而死掉的）孩子的生命。他们想拯救一个母亲并不想要的未出生的孩子的生命，但不想拯救一个母亲想要的孩子的生命，对于自由派来说，这既不合逻辑也不道德。 〔266〕

　　我并不质疑堕胎合法化反对者在堕胎问题上的真诚。我见过他们一些人，他们的道德立场看起来非常真诚。但当我提到死刑时，他们认为两者是毫不相干的，死刑完全是另一回事。当我提到产前产后护理，他们说还没考虑过，也可能是个好主意，但如果让政府去做就未必了。但他们强烈反对堕胎，却不会出去支持产前产后护理项目。

　　我认为这些观点既不荒谬也不虚伪。我认为这是随着他们的保守主义世界观即严父道德观一同产生的。回顾一下第九章的开头，我展示了保守派的主要道德行为分类。我尽力说明，那都是一些基本的分类，保守派据此顺理成章地将各种行为归为道德或不道德。那些分类本身没有将生死作为基本标准提出来。生死问题道德与否基于其他标准。死刑被归入类别 3 中，以支持奖惩道德。

　　保守派以那些分类为基础支持死刑、反对社会福利项目，其理由我已经在前面说过了。产前产后护理属于社会福利项目，所以保守派反对这些。再者保守派很自然地假定这种护理是父母的责任。如果贫困父母付不起足够的产前产后护理费用，那么他们要孩子就是不负责的。对保守派而言，由于护理不足造成的婴儿夭折是个人责任，不是政府的事。这归入道德行为类别2——自律和自立。

〔267〕

由于这些原因，在保守主义道德体系中，死刑和产前产后护理很容易归入不同的基本道德行为分类中。但堕胎如何归类呢？为何保守派通常把自由派眼中的胚胎归为"婴儿"呢？

想想，谁最可能去堕胎？有两种典型情况：未婚少女发生性行为时过于大意忽视了避孕问题；女性想要工作或独立生活，但这时有了孩子，毁了她最深层的欲望。当然还有其他一些情况，如成了强奸或乱伦的受害者，又或者成家的女性无钱无力养育更多的孩子。但前两种是典型。

首先看看第一种情况。根据严父道德，未婚少女绝不该有性行为。这本身就是一个道德缺陷，是缺乏自律的体现，是一种不道德行为，她应该受到惩罚。如果她从错误中吸取教训，就要为自己行为造成的后果负责。堕胎会很容易默许其不道德行为。她将"逃脱处罚"。这违背良心，是不道德的——违犯了道德行为类别2（自律，对自己的行为负责）。

一位重要的保守主义作者马文·奥拉斯基这样写道（《华尔街日报》，1995年3月22日）："未婚肉欲和堕胎就像马和马车一样前后相随……男女同居引起堕胎的可能性是已婚堕胎的9倍……乱交的增加，婚姻的不协……让堕胎多了起来。"

现在看第二种情况。在严父式家庭中，女性的角色是养儿育女。道德秩序赋予男人而不是女人以领导地位。女性可以工

〔268〕

作，在事业上帮助家庭、帮助男人。但女性的职业选择和独立
职业者的生活方式不应该凌驾于在家当妈妈的天生角色之上。
当一个女性选择堕胎，将职业置于母亲身份之上，她就破坏了
道德秩序，挑战了整个严父模式。根据道德行为类别 1（保卫
严父家庭模式，其中父亲是权威）和类别 5（支持男人高于女
人的道德秩序），这种堕胎是不道德的。

　　这两种传统的典型情况中，堕胎都违反了严父道德。由此
严父道德也有了有力的理由将堕胎归入不道德分类。但这一归
类只适合"婴儿"的表述，不适合道德中立的医学表述。这
样，传统严父道德很自然将堕胎对象称之为"婴儿"；如此一
来，堕胎只能归于杀婴，其他任何可能的归类都很困难。

　　一旦严父道德选择反对堕胎，同时就选择了使用"婴儿"
表述，这一选择可以强化严父模式自身。严父模式的一个主要
功能是保护无辜儿童。反对堕胎为发挥保护功能、证明严父道
德提供了理想的机会。还有什么比肚子里的婴儿更适合作为无
助无辜孩子的完美典型？还有什么罪行比血淋淋的谋杀更可恶？
一旦你使用"婴儿"这一表述，就会强化严父道德。

　　一旦将堕胎对象归为"婴儿"，堕胎就成为"谋杀婴儿"，
这自然会引发深刻而真心的道德愤慨。那么作为保守派，对堕
胎表达道德愤慨，赞成死刑，反对政府的产前产后护理项目，　　〔269〕
虽然各出于不同理由，但都是十分自然的。

　　还有最后一种情况。在保守主义解释中，关键是，严父道
德中男人的权威高于女人，这促使保守派反对堕胎并使用"婴
儿"这一表述。在保守派的女权主义中，这将在第 17 章讨论，
如果男人的权威高于女人这一条件被清除，反对堕胎的关键条
件就无法满足。因此保守主义女权主义者（有男有女），按照

其道德逻辑，不是一定支持或反对堕胎合法化。简言之，这个模式预示，支持堕胎合法化的应该有保守派，他们应该是那些在道德秩序上不认为男人高于女人的人。

此刻，我们必须问自由派同样的问题。为何自由派支持女性有权选择是否堕胎？为何自由派的关怀对象是孕妇，而不是胚胎、胎儿或细胞团？为何自由派采用"婴儿"而不是"胎儿"这种归类？

我们看到，在前面列举的两种情况中，保守主义道德行为分类要求保守派反对堕胎。但自由主义道德行为分类的作用相当不同。在慈亲道德中，这位少女"遇到了麻烦（未婚先孕）"，她需要帮助，应得到同情（道德行为类别2——帮助）。最后她需要有人大声训斥她一顿，告诉她这么做是多么不好，她要得到惩罚。只有这样，一个人才能得到应有的惩罚。她还没准备好当妈妈，她让自己的整个生活提前了，她相当理智地认为不应该毁掉自己的抱负（道德行为类别4——自我发展）。

[270] 她将来有足够的时间生孩子、当妈妈，那时她能抚养好孩子。如果她愿意，她应该去堕胎。这没什么不道德的。

由于自由主义道德行为分类里没有什么妨碍堕胎的因素，甚至有很多赞成的因素，那么作为胚胎、胎儿而不是婴儿的这种细胞群归类方式，以及相应的医疗手术表述，都得以推动。这个少女的故事和那个职业女性的几乎一样。

自由派和保守派都对对方的看法感到震惊，这可以理解。保守派禁不住使用"婴儿"表述，如果谁不用这一表述，不认为堕胎是杀婴，他们觉得这很难想象。对保守派来说，一个女

性选择了堕胎必定是在忙于否认，忙于为她的放纵、她的不道德行为和不负责找一个理由。根据保守派的道德体系，他们肯定会这么想。

自由派同样对保守主义的观点和行为感到恐怖。对于"遇到麻烦"的少女和想在男人的世界中取得成功的女性，保守派是想毁掉她们的生活。他们一直在纠缠用勤奋和胆量帮助那些女性的勇敢医生和护士们。在保守派的行为和华丽言辞的鼓动下，有人要威胁甚至杀掉那些一身致力于帮助女性的人们，那些女性极为需要他们的帮助。保守派是在鼓励回到**危险的非法秘密为人堕胎**（后巷堕胎）的那段时期。鉴于其道德体系，自由派难免这么看问题。

第 16 章　你如何能既爱国
同时又恨政府？

〔271〕　　严父式道德和保守主义政治的各种类型不只存在于美国，在欧亚各国也很常见。但美国保守主义有一个美国特色，这让外国的美国政治观察家感到困惑。这就是厌恶政府，近乎达到仇恨的地步。

　　这并不是说保守派厌恨国家；恰恰相反，他们以爱国主义为最高信条。他们不厌恨他们的政治体制；保守派明确拥护民主。他们也不厌恨政府的创立者；他们对创立者的忠诚坚定不移。这就令外国观察家困惑不解。保守派怎么能爱国、爱政治体制、爱政府的创立者，但同时又厌恶甚至仇恨政府本身呢？拥有保守主义各种政治形式的绝大多数国家，都不会发生这种事。法国、意大利、西班牙、以色列或日本，都找不到这种事。为什么？

〔272〕　　让我们根据上面提到的模式来思考这一问题。家国之喻将这个关于国家的问题转到家庭层面：人如何能够爱家、爱家庭观念、爱祖先的同时却厌恶和仇恨他们的父亲？顺带说一句，这并不是说每个厌恨政府的保守派就必然厌恨他的父亲。但这让我们想弄清楚，普遍厌恨政府总的来说是否与美国严父模式中关于父亲地位的某些问题相对应。

　　非常有趣的是，美国严父模式存在的这个特征，在绝大多数外国模式中都没发现过，对此我们可能要探究一下这种厌恨的来源。下面是美国严父家庭模式中的条款，其中说道：

严父的成熟孩子必须自己去闯荡。他们要靠自己，必须证明他们的责任心和自立能力。他们通过纪律已经获得自身的权威。他们必须且有能力做出自己的决定。他们必须保护自己和家人。他们要懂得，与他们遥远的父母相比，什么对他们更好。好的父母不会干涉或妨碍他们的生活。父母的任何干涉或妨碍都受到强烈厌恶。

这一条款在绝大多数其他国家的严父模式中很少看到，法国、西班牙、意大利、以色列或日本都没有。如果我们用家国之喻把这个条款投射到国家层面，就会变成：

成熟的公民必须自己去闯荡。他们要靠自己，必须证明他 〔273〕们的责任心和自立能力。他们已经成为自己家庭单位（或地方社区）的领导者。他们必须且有能力做出自己的决定。他们必须保护自己和家人（或社区）。他们要懂得，与他们遥远的政府相比，什么对他们更好。好的政府不会干涉或妨碍他们的生活。政府的任何干涉或妨碍都受到强烈的厌恶。

这里我们发现保守主义对联邦政府的态度：政府是遥远的，它不知道在地方层面什么是最好的，它不应该干涉或妨碍，如果这样做就会被厌恶。

这里我们有了一个不同寻常的解释形式。美国特色严父家庭模式恰与美国特色保守主义政治相一致。这不仅仅解释了对政府"干涉"的憎恶，还解释了对**地方知识原则**（Principle of Local Knowledge）——地方政府总比遥远的联邦政府更懂得如何花他们的钱——的厌恶。这看起来就像是常识，但并不是。很多案例证明这是错的。一百个地方政府各自行动，就无法设计对他们都有利的大型水利工程，或需要协调行动的综合环境保护项目，或规划实施一个高速公路系统。联邦层面可以做得更好的事情成百上千。令人关注的是这一"常识"的持续存在和如此强大。对地方知识原则的强烈的厌恶程度也令人关注。这一程度非常深。

〔274〕 **暴虐的父亲**

在这个国家，严父们（或严母们）做得过火、变得暴虐并不罕见。在这个国家，虐待儿童、忽视儿童都是重要问题。暴虐而感情疏远的父亲们都有一个典型表现，经常酗酒，这是对家人的威胁，甚至孩子从家里搬走后也是如此。孩子常常要保护家人免受父亲的伤害，克林顿总统自己的家庭就是一个例子。被忽略的孩子往往认为其父母无权管自己。

或许你的父母并不是这样一个暴虐的、忽视你的严父或严母，但你如果在一个父母虐待、忽视孩子和酗酒问题多发的社区长大，可能在你的头脑中对严父家庭模式的印象产生了消极变化。这至少有两种可能：（1）你的核心严父模式里可能就包含一个暴虐的父亲。（2）你的核心严父模式可能是前面提到过的理想模式，但暴虐严父模式可能是一个被回避的反面模式。

家国之喻将这两种类型的暴虐严父模式投射到了两种可能的保守主义政治观上。第一种情况，政府就像暴虐的父亲，或许本来就是暴怒、疏忽、无知、危险的，具有失控的可能。这意味着公民必须保护自己不受政府随时可能造成的伤害。这产生了一个反政府妄想症。

第二种情况，存在一个类似于理想严父的理想政府：政府制定道德准则并维护它，政府有责任心，可提供保护，保持距离而不会干预你的生活，不需要你的钱，并以此获得你的尊重。

另一方面，暴虐政府的幽灵一直在游荡，需要对它保持警戒，〔275〕
以防万一。

这两种观点出现在保守派共同体内，我对有这两种观点的
人们有所了解。第一种观点经常出现在那些户外求生受训者或
民兵运动参与者身上，至少在采访中我听他们说过。这些人爱
自己国家也爱自己的家庭。他们信赖自己的政府体制，就像信
赖家庭机构一样。他们尊重这个国家的先辈，就像尊重自己的
祖先一样。但他们厌恶、（常常）仇恨、害怕他们当前的政
府。

这是不是因为他们的家庭或社区存在问题：父亲性格暴虐、
忽视孩子、爱酗酒？他们是否有一个父亲暴虐、忽视孩子的家
庭模式——核心的或反面的？这些模式是不是通过一代代仿效
传下来的？是不是从某些机构中学来的或传播开的，是从军队，
还是从竞技体育中？是学校，还是大学联谊会，或者其他社会
组织？

其中任何一个问题的答案我都不知道。但这些都是必须弄
清楚的问题，如果有些答案是肯定的，我也不会感到奇怪。

偏执和道德秩序

在一个道德秩序中到底孰是孰非，人与人的看法各有不同。
例如，"男人权威高于女人"这个条款可能存在于某一道德秩
序层次体系中，也可能不存在。如果存在，那就有性别歧视的
影响。道德秩序中有很多条款与一些偏执形式相呼应。

　　种族主义条款：因为白人文化是主流文化，所以白人
地位高于非白人。

　　反犹太主义条款：因为基督教文化是主流文化，所以　〔276〕

基督徒的地位高于犹太人（教徒）。

沙文主义条款：因为这是一种美国文化，这里人们一出生就比移民有更大权力和高更地位，所以美国出生的人地位高于移民。

憎恶同性恋条款：因为异性恋是我们文化的主流，同性恋者被认定是软弱无力的人，因此异性恋者地位高于同性恋者。

极端爱国者条款：因为美国是处于支配地位的国家（唯一的超级大国），所以美国地位高于其他国家。

如果你的概念体系包含道德秩序隐喻，就如你接受严父道德，那么你的概念体系中就包含了可容纳这些条款的框架；而且从历史角度看，很多美国人的概念框架中确实存在这些条款。曾经有一段时间，这些条款都像苹果派一样具有美国特色。这些条款，有些美国人后来抛弃了它们，可是还有一些人至今仍在坚持。

这些条款界定了一个"道德秩序"，记住这一点很重要。在道德秩序等级体系中，那些地位较高的条款也是"更好的"，相对地位较低的条款具有道德权威。例如，如果所有这些都放到你的等级体系中，如果你碰巧是一位信基督教的美国异性恋白人男性，那么你比这个世界上的绝大多数人"更好"。

根据道德秩序隐喻，当这个世界的道德秩序等级体系得以实现，即当男人的道德权威和权力高于女人，当父母的道德权威和权力高于他们的子女，当人类的道德权威和权力高于自然，等等，就会达到一个正义的状态。偏执的情况包括，白人的道德权威和权力高于非白人等。简言之，道德秩序是概念机制，

通过它，优越性假定——这一优越性的道德级别——都得以体 〔277〕
现。

对前面提出的问题，我们现在可以推荐一个答案。如果保守主义以严父道德为基础，那么保守派在其概念体系中就有广泛的道德秩序隐喻，并至少有几个条款，即上帝高于人类；人类高于动物和自然界；成人高于孩子；男人高于女人。这个道德秩序等级体系中，曾经存在所有的偏执条款；现在有些条款就不存在了。

让我们看一个极端的例子：三 K 党。三 K 党在上述所有方面都是偏执的。它表明了白人基督徒美国男性的绝对的优越感。用话语模式对此进行表述是：三 K 党的道德秩序包括了上述所有条款。回想一下，三 K 党将自身视为道德组织同时也是宗教和爱国组织，这很重要。在其成员眼中，他们对道德秩序的支持让他们变得道德。他们穿白色衣服，不仅象征白人至上，也象征道德，其依据是"道德是光明"和"不道德是黑暗"这些常见隐喻。他们燃烧着的十字架象征的是其道德秩序中的道德光明和基督教的至高无上。他们称自己是"高贵秩序"中的"骑士"，这让人回想起在道德秩序中贵族相对于平民的优越性。回到骑马出行的时代，他们骑马象征着人对自然的优越性。今天，在保守主义道德秩序中，人对自然的优越性体现在野外求生能力上，也就是"生存主义"。

道德秩序的逻辑包括道德和正义的概念；一个道德、正义的状态是道德秩序获得实现，而不道德不正义的状态则相反。〔278〕
三 K 党是一个自发团体，是一个认为私自审判作恶者是道德行为的团体。三 K 党认为自己有责任纠正一种特别的错误——道德秩序的颠倒。如果一个傲慢的黑人，或犹太人，或移民，他们变得太富有，或太有权或太自大，这都是道德被颠覆的象征，三 K 党有责任去纠正这些错误。在他们看来，道德秩序给了他们道德权威，让他们能够去设立他们自己的法庭，实施他们自己的惩罚措施。三 K 党的运作根据的是严父道德的一个偏执的、义务警察的版本。他们是政治保守派，这并非偶然。

我一直以过去时态谈三 K 党。但最近几年有报道指出，前三 K 党成员已加入民兵运动，他们武装整齐，受到政治保守派鼓励。为什么这些偏执者要和民兵组织一起寻找一个自然家园？

对于这个问题简单的回答是：这些民兵将维护道德秩序视为自身职责。道德秩序是一个合法权威的等级体系。因此，政府权威的任何非法使用都被视为**道德秩序颠倒**。前面我们已经看到，那些民兵运动参与者，就像其他保守派一样，将自由主义政府的政策如累进所得税、枪支管控、环境保护等视为妨碍、干涉，视为权力对他们生活的非法侵扰；简言之，视为暴政。这些民兵正在准备自发行动，如果有需要，就去维护道德秩序，反对他们眼中的政府权力的非法使用。

保守主义义务警察，包括那些参与民兵运动的人，离成为核心保守派还有三步之遥（指不同之处）。就是下面这三步：

假设一：在他们（保守主义义务警察）的模式中严父是最严的，也是暴虐的。在家国之喻中，那是一个暴虐的、失控的、危险的联邦政府——一个你必须保护自己不受其伤害的"大老爹"。

假设二：代替了保守派对联邦政府的一般厌恶，而是对政府非法使用权力的合情合理的愤怒。

假设三：人们相信**义务警察这一做法**，也就是说，人们相

〔279〕

信如果没有其他人做这个工作，那么成为一个正义代理人是道德的。

这一模式剩余的部分正好是保守主义的核心部分。

这三点不同让义务警察的行动看起来是道德的。他们会证明像射杀堕胎医生这样的行为是正当的。这些可能看起来与核心保守主义有极大差异，但只是程度上的差异——并且未必是多大程度的差异。

首先，暴怒是过分的严格。但你如何能分清严格和过分严格？

其二，对联邦政府持续而深刻的厌恶与对政府的愤怒之间的距离也不远；同样，它们也都处在同一连续体上，离得也不那么远。

其三，处罚那种暴力的义务警察的活动，与处罚针对堕胎诊所的暴力抗议，都在同一连续体上。两者在执行时都有一种自以为是、道德义愤的感觉，都被视为道德的行动方式。

简言之，这两种模式，其基础是一样的，其差异只是程度上的。当然这是极为重要的程度差异。不过，从一个模式到另一个模式是灾难性的急剧下滑，从正常的遵守法律的保守主义滑向了暴力的保守主义义务警察的活动。

这种急剧下滑产生了一系列问题：

保守主义义务警察模式只是正常保守主义模式的一个更为极端变形吗？

继续正常保守主义模式也是在继续保守主义义务警察模式吗？ 〔280〕

激起对自由派的道德义愤，会不会趋于把人们从正常保守主义模式推向保守主义义务警察模式？

自由派和保守派对这些问题都有明确的答案——也是相反的答案。保守派说"不会"，自由派说"会"。对于自由派来说，这不过是一个常识。我所认识的或在媒体上听到他们讨论这些议题的每一个保守派都不赞成这个论断。这其中一部分可能只是为了保卫自己的领地。但这种分歧存在很多其他理由。

自由派为不道德行为找社会原因，认为保守主义道德和保守主义政治本身就是不道德行为的社会原因，这也是常有的事。另一个社会原因可能是保守主义脱口秀节目主持人为了使人归附保守主义道德立场，激发人们对自由派和政府的道德义愤。

但从保守主义世界观来看，这简直是一派胡言。对于保守派来说，不道德行为归因于个人品德，而不是社会原因：孰是孰非都很清楚，问题在于你道德上是否足够强大去做对的事。这是一个品德问题。保守派相信，如果一个极端保守派以义务警察的正义名义去犯罪，比如杀人，那么不能怪罪保守主义本身，也不能怪罪那些通过电视广播发泄仇恨的人。而正确的解释应该是，那个人品德太坏，就是说，其道德本质是坏的；不然的话就是他疯了，发疯是一个不同类型的道德本质。"他是一个坏人"不仅是一个充分的答案，看起来也是一个必要的答案，因为基于社会原因的解释已经被排除了。

第五部分
总　结

第 17 章　自由派和保守派的种类

自由主义和保守主义各自都绝非铁板一块。二者都有丰富 〔283〕
的道德、政治世界观，丰富到足以允许有广泛的变化——复杂
得令人眼花缭乱，如果从远处看，可能就像一个大杂烩。但当
我们离近看，我们就看到了大量系统性的变型。

我们发现其复杂程度，是任何研究人的分类的人都会预想
到的。绝大多数种类也同样复杂。在我研究分类的《女人、火
和危险的事情》（见参考文献，A2，Lakoff，1987）一书中，我
的调查证据显示，这种复杂性的主要根源之一是"辐射状的"
类别结构。"辐射状类别"有一个核心模式，它造成的系统性
变化从这一核心辐射出来，就像车轮的辐条一样。我在本书第
1 章举了一个"母亲"类别的例子，其中核心类别是根据一组
模式界定的：生孩子、基因遗传、养育孩子、婚姻。这就在母
亲类别中造成了很多变体：生母、单身母亲、未婚母亲、职业 〔284〕
母亲、继母、养母、基因母亲①、代孕母亲——所有这些变体
都基于这个典型的核心事例：妈妈——生你，给了你一半的基
因，养育你，嫁给爸爸。这并不会让典型妈妈成为一个"更
好"的妈妈或"更像妈妈"的妈妈。这都意味着，好的、年老
的妈妈是一个原型，一个核心事例，那些变体的界定要参照她。

这样，我们绝大多数的分类都是复杂的，在核心事例上包

---

①　提供卵子给他人生育但自身并不参加此种孕育的妇女。——译者注

含了大量的变体。可以想象，"保守派"和"自由派"的分类也不例外。而且它们看来确实显现出和其他分类一样的辐射状结构。

本书的大部分篇幅，我关注于描述自由派和保守派的核心模式。但由于非核心事例与核心事例不同，绝大多数读者，不管他是自由派还是保守派，应该已经发现上述讨论中有些地方不适用于他们或他们的一些朋友。在第 9 章我已经提前讨论并承诺我们将在后面考察变体参数。现在是时候兑现这个承诺了。

在第 5 章和第 6 章，我们分析了严父和慈亲模式是辐射状类别的核心种类，并且核心种类存在四个**变量**：（1）务实的理想维度；（2）线性尺度；（3）道德重点；及（4）道德秩序隐喻中的条款变化。在前面的七章，我已经讨论了当家国之喻运用到严父和慈亲道德体系的核心模式上，就会产生保守主义和自由主义的核心形式。现在我要论证的是，同样的变体参数运用到核心模式上，就会系统地塑造出各种保守派和自由派。

[285] 在我们开始转到细节讨论之前，先思考一下在本书出现的全部理论中变体研究的作用，这很重要。如果我们能弄懂各种类型的自由派和保守派——他们的各种观点和推理方式——那么变体分析就给了核心模式分析以更大的支持。理由是：变体的数据非常复杂。辐射状分类理论断言，变体在某种意义上具有系统性，由应用到核心模式上的变体参数来决定。但对变体的解释只针对核心模式才讲得通。因此，对现有的变体提供解释支持也是在支持核心模式的存在，这是变体的基础。

现在我们来看看具体情况。

变体参数

让我们先看看在第 5、6 两章描述过的变体参数。

1. 线性尺度

2. 务实的理想维度

3. 道德重点

4. 道德秩序 "条款"（只属于严父模式）

由于按照家国之喻，政治模式源于以家庭为基础的家庭模式，我们应该期望在政治模式中找到相同的变体参数——我们可以做到。让我们先看看实用主义—理想主义维度。

实用主义变体

正如我们在第 5、6 两章中看到的，理想主义核心模式的实用主义变体是以下面方式产生。在两种核心模式中，追求私利是达到理想主义目的——严父模式的自立目的和慈亲模式的关爱目的——的手段。这些模式上实用主义变体颠倒了手段和目的，使追求利己本身成为目的，而使关爱或自律自立成为达到这个目的的两种不同手段。通过家国之喻，家庭模式的实用主义变体被放到了政治上，结果就有了保守主义和自由主义的实用主义版本。〔286〕

与核心保守主义相比，实用保守主义的理想主义较少。其目的就是获得成功，满足私利。保守主义的理想主义部分被视为实现这一目的的有效手段。如果你想成功，你最好自律自立。你最好坚持走正道，这样没人会对你失望。你最好服从合法权威，否则你会受伤害。

以一个较为家常的方式看待这个差异，就像是在问谁是狗谁是尾巴。在核心保守主义中，理想主义的狗摇着自私自利的尾巴。在实用保守主义中，自私自利的狗摇着理想主义的尾巴。

实用保守派更有可能是为了私利才和严父家庭道德原则达成妥协。核心的或理想主义的保守派更可能坚持原则，甚至当它与私利冲突时也是如此。当然，他们不能过于反对私利，因为自立是原则之一。

这应该很明显，实用主义－理想主义的区别不是绝对的，而是一个程度问题，因为它能因时因事而发生变化。你也能选择哪些问题不妥协，哪些花代价妥协，哪些愿意妥协。保守主义的大量变体是根据何处要理想主义和何处要实用主义的决定产生的。

〔287〕

自由主义有相似的理想主义－实用主义维度：在核心（或理想的）自由主义中，追求私利（即金钱和权力）是为了实现慈亲道德这一目的：为了更好地帮助他人、促进社会公平和关爱。

在实用自由主义中，目的是让人们最好地追求他们的私利，手段是关爱：同情，处在一个关爱环境，关爱自己，基本上快乐，相互公平对待。这里有两种情况。

其一，如果一个人是关爱对象，如果人们同情他，当他有需要时有人帮助他，并帮助他发挥自己的潜能，如果基本的快乐被允许，如果被公平对待，那么他就能最好地追求私利。

其二，如果一个人同情他人，帮助他人，照顾自己，基本上快乐，公平地对待他人，那他就能最好地追求私利。这一观点是，既是关爱者又是被关爱者可以帮助你把私利当作目的本身去追求。

因此，实用自由派将社会福利项目视为帮助他人追求其私利的一个途径，而理想自由派将社会福利项目视为为人提供基本需求的一个义务，其本身就是目的。对于实用自由派来说社会福利项目是投资；对理想自由派来说，社会福利项目只是一个公民义务问题。

再说一遍，这里情况是，是自私自利的狗摇着理想主义的尾巴（实用自由派），还是理想主义的狗摇着实用主义的尾巴（理想自由派）。

就像在实用保守派这种情况中一样，如果是为了自己的私利或他人的私利，实用自由派比理想自由派更愿意在其原则上妥协。也和保守派的情况一样，自由派，即使人们停止帮助自己，可能会伤害自身利益，也不会做出多少妥协。因此，在两种情况中，有一个自动调节机制，让实用的自由派和保守派不会和他们各自的道德体系失去联系。 〔288〕

实用主义政治人物，由于他们愿意妥协，有时被称为"稳健派"或"中间道路派"。但"稳健"一词给人以假象，好像存在一个线性的政治连续体，人们沿着它分布。连续体之喻隐藏了道德体系所起的重要作用，以及这个事实，即美国的实用主义政治家通常是实用主义版本的自由派或保守派。

毫不奇怪，实用自由派和实用保守派通常被他们更为理想主义的同道所批评，认为他们背叛了各自思想体系的道德原则，对问题含糊其词，或见风使舵。

线性尺度

在第 5 章中，我们看到暴虐家长模式是严父模式的一个极端情况，他们的惩罚过于严厉。差异就在于线性尺度，尺度不同导致种类不同。前一章中，我们在保守派义务警察的分析中看到了相同的情况，它在三个线性尺度上采取了极端立场，使它与保守主义核心不同：（1）严父家庭模式的惩罚的尺度；
（2）严父家庭模式中对父母干涉的厌恶和愤怒的尺度；（3）接
受暴行的尺度。

在第6章，我们看到几乎慈亲模式的每个方面都受线性尺
度变动的影响。家庭模式的很多变动与自由主义的变动相一致。
〔289〕比如父母过度保护（溺爱）孩子，有时没有保护的必要，也付
出太多精力去保护孩子。保守派将"过多的"政府监管看成是
一种过度保护。或如父母将过多的精力和其他资源用于关爱，
乃至于都不能给予自身以合适的照顾。这与保守主义的批评相
一致：自由派花太多的钱去照顾人们，以至于倾家荡产。这样
一来，在保守派看来，家庭模式中的无度就会反映到政治无度
上去。

道德关注

迄今为止，我们已经在自由主义和保守主义类别中看到了
两种变体：（1）务实的理想维度变体；（2）线性尺度变体。第
三种变体是道德关注。让我们先从自由派开始讨论。对于黑人，
无论是平民还是政治家，不关注种族问题是极为罕见的，或如
女性关注性别问题，少数民族关注民族问题，同性恋者关注同
性恋权利问题，都是如此。这些关注构成政治认同。其他种类
的道德关注问题是环境、贫困、劳工关系、教育、医疗等。

道德关注到底是什么？它是在一个特别的利益领域给予道
德以较其他领域更高的优先性。这样，这一领域相对于其他领
域就具有首要的道德意义。

因此，人们可以成为有相同家庭模式、相同道德体系、相
同的理想主义与实用主义程度的自由派，与此同时，作为政治
生物，他们可能生活在不同的世界里。如果对于你来说最重要

的是种族，有可能你很少有兴趣关注环境问题，除非当它被应用到种族问题上。一个自由派对问题的看法，可能随着他的关注不同而发生巨大变化。比如有两个自由派，一个道德关注点放在公民自由上，另一个关注点放在暴力侵害妇女上。前者可能支持色情书刊合法化，而后者可能想禁止它。又或者两个自由派，一个将道德关注点放在种族上，另一个放在环境保护上。前者可能反对任何会砸掉黑人饭碗的环境监管。对于他来说，活在当下的黑人可能比猫头鹰或原始森林更为重要。〔290〕

　　道德关注不同于自身利益，这一点常常令人困惑。一个白人可能将非白人的权利作为道德关注，很多白人在公民权利运动中也确实是这么做的。他们并非出于自身利益。这时有些黑人可能出于自身利益去争取公民权利，但我猜想，对于绝大多数黑人，种族问题主要是一个道德关注问题：是一面观察世界的透镜，是一个与其道德体系最为直接的领域。环境保护主义者很少把环境仅仅视为出于自身利益的道德关注。相反，他们发现环境成为他们生活中主要道德关联的中心。

个人关注 vs. 社会关注

　　在慈亲家庭模式中，孩子有权让自己的基本需求得到满足，有权得到父母的公平对待。孩子在成长中也获得家庭责任感。家国之喻将家庭生活的这些方面转移到政治生活方面：公民的个人权利和社会责任，每一个都能得到道德关注。

　　有一个自由主义版本，其道德关注是政治和经济领域的个人权利，这并不奇怪。它认为政府要提供并保护这些权利。我们称它为**权利本位自由主义**（见参考文献，C3；Rawls，1971）。相应地，也有一个自由主义版本，其道德关注与此相反，它关注的是社会责任。我们称之为社群主义自由主义（见〔291〕

参考文献，C4；Etzioni，1988，1995）。当然，二者各自也有很多版本。

道德散焦：内在和外在导向

就像一个人关注（聚焦）道德的某一个方面并给予最高优先性一样，他也可以不去关注（散焦）并取消其优先性。对道德某一个方面的聚焦和散焦的区别是非常明显的。

例如考虑一下慈亲道德中我称为"内在"的方面：自我关怀，自我发展，道德快乐。有些自由派将其中一个和多个方面作为他们道德关注的焦点。

例如，人类潜能运动就是关注生活的这些方面，这至少被视为是一个道德关注，经常被视为是一个政治关注。包括对宗教替代形式的探索——在慈亲而非严父式的圣经解释下犹太教-基督教复兴的各种形式，还有对东方宗教和自然崇拜形式的探索。在很多这类团体中宗教政治是非常重要的问题。他们意识到精神生活与宗教生活紧密联系，也与政治生活紧密联系。

对自我的关怀和对道德快乐的道德关注产生了一个以健康与美食为中心的道德政治运动：由认同慈亲政治的厨师及餐厅网络支持，倡导有机生产、有机农产品和葡萄园。从这个角度〔292〕看，做出健康、美味以及更好的有机食物是政治的一部分，这和环境保护主义相重叠。农贸市场发展就是其中的一部分：新鲜的农产品最好在当地生产，每天或每两天送到市场出售。你如果想要活鱼，那当地的河流和近海就必须保持干净，渔民协会也必须受到保护。这些都是政治问题，也被设定在企业资本家的框架里——口味、市场，以及企业获利和社会效益的方式。

　　关注慈亲道德所有这些"内在"的方面，导致一种艺术和教育的道德和政治。把艺术、工艺、设计及所有的审美考虑带进日常生活，这对自我关怀、自我发展和道德快乐都会有所贡献，由此对慈亲社会也有帮助。教育也是这样，其中艺术、健康及很多文化和精神传统的研究处在中心地位。

　　慈亲道德的这些"内在"方面也能散焦，大量自由派在其道德、政治中内在关怀方面缺位。这些自由派是"外在导向的"，只关注社会问题。外在导向的自由派通常比内在导向的自由派更加禁欲。他们往往更关注经济、种族、阶级和性别。有些人丝毫没有内在关注，对内在导向的自由派也感到不理解。事实上，他们和保守派一样可能误解内在导向的自由派，认为他们是自我陶醉、自我放纵和享乐主义。

　　很多自由派在内在和外在方面进行平衡，不会特别关注某一方面。但也有一些人或是完全内在导向，或是完全外在，让他们彼此交流可能会非常难。

保守主义中的道德关注

[293]

　　保守派也有各种道德关注。詹姆斯·多布森关注的是家庭团体，他将家庭作为道德关注焦点并不奇怪。反堕胎运动将堕胎作为道德关注的焦点。保守派关注的其他常见形式有暴力犯罪、反对平权行动、道德教育、非法移民、福利、持有武器权等。这就产生了和自由主义一样多的保守主义类型。

自由论者

　　自由论者对核心模式的变体的研究提供了一个非常有趣的挑战。自由论者认为他们形成了一个独立的政治类别，既非自由主义也非保守主义，而是自成一家。根据对核心模式变体的分析，认为他们看待自身的观点不完全准确。

假设我们先从考察核心保守主义模式开始。考虑这个模式的一个极端实用主义变体，即设想一个保守派将追求私利视为最重要目的，将保守主义道德（自律、自立等）视为达到这一目的的手段。对于有些极端实用主义者，如果保守主义道德的某些方面干涉私利追求，他们将愿意牺牲掉这些方面。现在想象这样一个实用保守派，他的道德关注是不受政府干涉。据我所知，这就是所谓的"自由论者"，即一个极端实用保守派，其道德关注就是不受政府干涉。简单说，自由论者离主流保守派只有两步远。

[294] 这个人会相信自由企业应该尽可能不受限制，人们为了追求自身利益应该自律、自立。他会非常反对社会福利项目、税收、政府对教育和艺术的支持、政府监管、控枪。但自由论者的道德强调不受政府干涉和追求自身极端利益，使他成为公民自由的激进拥护者。他反对政府在自由言论、色情书刊、堕胎、同性恋等方面的任何限制。他可能支持女性、同性恋、少数族群拥有机会均等的权利，但又会强烈反对平权运动，理由是它让人不劳而获。他最有可能赞成堕胎合法化，但不支持政府应该承担堕胎的费用。由于他给予追求私利以相对于保守主义道德体系其他方面的优先性，他不会有主流保守者的道德论；七宗罪对他来说可能不是罪。

毒瘾是个好例子，对于很多自由论者，毒瘾本身并非不道德的。自由论者通常赞成毒品使用和买卖的合法化，理由是最大程度减少政府干涉，让追求私利最大化。他们经常争论说，政府干涉毒品交易，人为地抬高了毒品价格，将罪犯带入毒品市场，迫使有毒瘾者为满足恶习走向犯罪。他们辩称，合法化将允许诚实企业从事毒品交易，引入竞争，大幅度降低价格，不会迫使毒品使用者走向犯罪，也会让主要犯罪组织因利润不够而无心于此。

自由论者拥护公民自由，这让他在很多立场上与自由派重叠。但自由论者拥护的根源不同——来自保守主义模式对追求自身利益的最少限制和对不干涉的道德关注。在慈亲道德中拥护公民自由是源于慈亲（关怀）模式，特别是关注同情、分配、幸福、人的潜能发展等。自由论者不关心同情和公平分配。〔295〕

事实上自由论者和政治自由派都强烈拥护公民自由，这只是表面相似。他们这样做是出于非常不同的原因，由于他们的道德动机不同，所持态度也非常不同。自由论者尽管离主流保守主义只有两步远，但在三个非常重要的方面属于保守派：（1）他们对不受政府干涉的关注直接来源于保守主义，他们认为家长式政府是不合适的，应该让成熟的公民自己照顾自己。（2）他们坚持主要的保守主义道德优先项：自律、自立和个人主义，而非慈亲模式要求的有教养的相互依赖。（3）他们并没有优先考虑慈亲道德价值观：同情、关怀、相互依赖、公平、对他人负责。

当然，自由论者类别中存在很多可能的变体。相对其他任何辐射状类别，人们对其一致性并不抱更多期望。但自由论者范围内的变体不是随意产生的。变体源头之一是一个确定自由论者坚持保守主义道德立场的程度；例如，有些自由论者可能对保守派厌恶毒品产生共鸣，因为吸毒是源于道德脆弱并一直延续道德脆弱。一般来说，自由论者类型的变体反映了他们和保守主义的观念联系。我们很少发现自由论者支持福利、累进所得税或各种形式的政府保护。

[296] 尽管自由论者声称自成一家，他们看起来离核心保守主义只有两步——很重要的两步，其变体看起来也更趋向保守主义。毕竟，为何持自由论的加图研究所（Cato Institute）的学者们看起来主要在写作支持保守主义而非自由主义立场，还是有一个理由的。不过，这里并没有客观答案。他们完全把自己当作一个独立类型，而其他人还是把他们看成保守派。

自由主义严父型知识分子

在第 1 章我谈到，我们无法完全地或大体上拥有一个条理分明的政治，例如，一个人可能在对外政治上持保守主义和在国内政治方面持自由主义。对严父和慈亲道德的描述将其自身含义具体化为某一问题或某一领域政策上的自由主义和保守主义：通过家国之喻，将既定家庭基础上的道德模式应用到政治领域。

但也有可能，有人成为严格的政治自由主义者，在政治中应用慈亲模式，而在其他生活方面却是保守派。一个熟知的例子是自由主义知识分子这一阶层，他们将严父模式应用到知识分子生活中。

想象这么一个人，他是一个彻底的自由派，但他的知识分子观点却如下：

> 存在知识分子权威，他们恪守学术研究行为和这类研究报告的严格规范。
> 如果有人破坏这些规范，那么他们就是不尊重学术。
> 年轻学者需要经过严格训练来达到这些学术规范。

要让他们懂得恰当的学术严谨的唯一方法是给他们困难的任务，让他们有高水平的表现，比如，进行有难度的考试，评分要苛刻。〔297〕

学生需要分数来刺激，如果他们想成为学者就需要发展自律。奖励高分惩罚低分。一直得高分是自律的标志，因此也是学问优秀的标志。

学生不应该被"娇惯"。他们应该时时刻刻遵循严格的学术规范。

学术训练的目标是产生严守学术规范的学者，他们自律自立，即他们能坚持学术严谨，独立维护学术规范。

这是将严父道德应用到学术生活中了。这里，大学学术通过隐喻被概念化为严父道德的一个版本。这种概念隐喻能以下列方式说明：

大学学术是严父道德。

- 成熟的学者是严父。
- 知识分子权威是道德权威。
- 学术是道德。
- 学术不端是不道德。
- 学术严谨是道德力量。
- 学术严谨缺乏是道德脆弱。
- 学术纪律是道德纪律。
- 学术规范是道德规范。
- 学生是孩子。
- 教育是制定道德行为规则。
- 好的分数是对道德行为的奖励。

- 坏的分数是对不道德行为的惩罚。
- 期待好分数是一个道德激励。
- 考试测试的是道德力量和自律。

[298]
- 学术成功是优秀道德品行的标志。
- 学术失败是低劣道德品行的标志。

这个隐喻蕴含的有：

> 知识分子权威必须被遵循；否则不仅会导致学术不端，也会破坏严父道德界定的学术权威体系。
>
> 分数竞争塑造品行，可以激励优秀学术实践。
>
> 学术成就是个人的事，也是对个人道德价值的衡量。
>
> 学生知识水平差，应该允许失败；除非受到惩罚他们才能学会自律。
>
> 娇惯或纵容学生会让他知识水平低下。
>
> 分数是对学生知识水平的衡量。

学术界和学术机构多数都是根据这个隐喻运行的，其基础是严父道德。接受学术界的这一观点的知识分子们可能是政治自由派，但他们在日常的专业生活中与严父道德紧密相伴，并身体力行。

女权主义

现在我想从不同自由主义和保守主义的类型转到不同女权主义的类型，理由很多。第一，一个完整的类型变体理论必须能够说明女权主义的各种类型。第二，我们必须能够说明保守主义女权主义者的存在和本质是这一变体理论的一部分。
[299]

最后，但也可能是最重要的一点，女权主义是自由主义政治场景中的一个主要部分，而女权主义中有那么多变体以至于往往很难弄清楚所有的变体。我们一直讨论变体，因此将描述变体的机制展现出来很重要，这能弄清楚一个高度复杂的政治领域。

性　别

性（sex，一个生物学概念）和性别（gender，一个文化概念）两者之间差别很大。性别（gender）描述的是关于性（sex）角色的**一般通俗模式**的集合。通俗**模式**描述的是男人和女人的单一常规属性。整体地看，通俗模式描述了何为阳刚何为阴柔的刻板形象（成见），这样，男性形象就是阳刚的，女性形象就是阴柔的。这里是阿伦·施瓦茨（Alan Schwartz）（见参考文献，A2，Schwartz，1992）对那些通俗模式的描述。

　　体魄模式
　　　　男人强健。
　　　　女人柔弱。
　　互动模式
　　　　男人是支配者。
　　　　女人是合作者。
　　家庭角色模式
　　　　男人挣钱养家。
　　　　女人生儿育女。
　　分工模式
　　　　男人在外工作。

女人忙于家务。

[300] 思维模式

男人理性、客观、超然。

女人感性、主观、处处联系自身。

性启动模式

男人启动性行为。

女人作出反应。

交谈模式

男人谈话是为了影响世界。

女人谈话是为了维持社会关系。

道德模式

男人的道德基于法律和严格规定。

女人的道德基于关怀和社会和谐（见参考文献，B2，Gilligan，1982）。

每一个模式都赋予男人的属性以更高的社会价值。

在这些模式中，男性化性别是由特定的男性属性集合来界定的；女性化性别是由特定的女性属性集合来界定。因此，性别是根据文化角色而非生物学角色加以说明的。这就有了女性化男人和男性化女人。

经过过去三十年的发展，绝大多数女权主义类型已经被设定在自由主义语境中了，这有一个很好的理由。自由主义允许有社会原因，性别成见是社会性的，这之间被认为有因果联系。在性别成见中，由于男性角色在社会中更有价值，因此被赋予权力。在自由主义语境中，女权主义认为这是不公平的，相信这种不公应该消除。由于自由主义关注社会原因和公平，这些观点基本上都属于自由主义。

　　自由主义中也有一个一般形式的女权主义。女权主义
（1）假定上述的性别成见是存在的；（2）假定男性角色被赋　〔301〕
予更高的价值；（3）假定这些社会成见的价值与男人在社会
中的支配地位之间有因果联系；（4）认为男性支配不公平，
需要纠正。

　　鉴于这一一般形式的女权主义，不同结果就由（1）道德
关注的差异，和（2）对性别成见事实的不同观点产生了。这
里有些例子：

权利本位女权主义

　　女权主义版本的权利本位自由主义认为，（1）把个人权利
作为道德焦点，（2）否定性别成见的正当性。这就有了**权利本
位女权主义**，他们认为政府要妥善解决政治、经济领域中对女
性的不公平。根据这一观点，消除对女性政治、经济上的不公
平是政府的职责。《平等权利修正案》力图保证政府主要承担
这个责任。全国妇女组织（NOW）就是一个权利本位女权主义
者的组织。

激进女权主义

　　有一种自由主义被称为激进政治，其道德关注核心是每一
个生活领域中的平等权力关系。这种政治的女权主义版本被称
为激进女权主义，他们（1）否定性别成见的正当性，（2）其
道德关注的焦点是生活所有领域中不同性别间权力关系的严格
平等。他们声称男女之间没有也不应该有文化差异，那会导致
权力差别。人类活动的每个领域中，男女之间的权力差别都应
该消除，这只能由个人实现，而非政府。　　　　　　　　　〔302〕

生命文化女权主义

还有第三种类型的女权主义，它接受部分或全部性别成见的事实，但相信女性角色应该拥有和男性相同甚至更高的社会价值。换言之，社会应该给予女性在合作、关怀、情感、家庭领域以及维持社会关系、关怀和社会和谐等方面同样高或更高的价值。这种观点被称为**生命文化女权主义**。生命文化女权主义将关怀本身以及女性的生物学本性作为道德关注的焦点。生命文化女权主义者相信，关怀是女人的特性，它是比支配更高更道德的社会基础。她们相信女性的社会地位（涉及关怀）要得到重视，即使不比男性的（涉及支配）高，至少要一样。

生命文化女权主义因具有不同的道德关注而产生了不同形式。一个主要道德关注是在生态环境上，这就有了**生态女权主义**。另一个主要道德关注是在精神层面。它认为犹太－基督教传统主要由男人和男性价值支配的。认为犹太－基督教传统无法提供**女性宗教**和关怀基础上的道德。其中一种女性宗教运动寻求通过让他们关注关怀（见前面第 14 章）来改革现存的犹太－基督教。其他一些则寻求创造新的宗教运动，例如女神运动，其中大地被视为慈爱的母亲，是一个神圣的存在。这个主题中还有一种变体是巫术宗教，它关注女性宗教的力量，以及女人使用其精神力量为关怀服务的特殊能力。

[303]

但当道德关注放到性活动本身上，就产生了女同性恋女权主义，这是另一种生命文化女权主义。在女同性恋女权主义里，人们认为女同性恋的性行为的重点是关怀，而异性恋性行为重点是支配。尽管女同性恋者更喜欢性关怀，并将女性作为性伴侣，但女同性恋女权主义不一定反男性（尽管也有可能）。很多女同性恋女权主义者，只是想在一般的美国文化中，特别是性行为中，让关怀和关怀式性别角色更为突出。

在这些自由主义的女权主义变体中，我们看到的是上面讨论的一般女权主义，其变体由两种参数来界定：（1）接受还是不接受性别成见，以及（2）道德关注。

保守主义女权主义

在拉什·林堡使用"女纳粹分子"一词的同一页，他写到"当我攻击女权主义时，我并不是在反对给予女性同等的机会。我完全赞成同工同酬"（C1，Limbaugh，1993，p. 233）。

总的来说，保守派反对女权主义。然而出现了一代保守主义女性，她们自认为是女权主义者；至少，她们相信女性是强者，应该拥有平等机会，应该享受同工同酬。如果女权主义不过如此，那么拉什·林堡也会成为一个正式的女权主义者。问题是什么是保守主义女权主义者，这一点很重要，其一因为她们人数将会更多，其二，它阐明了什么是保守主义，什么是女权主义，为何女权主义者往往是自由派，为何保守派对古典自由主义各种类型的女权主义感到震惊。〔304〕

有些确定情况对于保守主义女权主义来说是不可能的。正如我们已经看到的那样，保守主义不相信个人失败是社会原因造成的。她们相信如果你有足够的自律和品行，你就能成功。因此，保守主义女权主义者不接受性别成见具有社会因果力量这种观点。她们也不接受这样的观点：需要像反歧视运动这样的社会福利项目，来"纠正"一个她们本不相信的可能会对个人失败负责的社会原因。保守主义女权主义必定是严父道德的一个版本。

我一直所说的严父道德，也就是很多女权主义者用"父权制"一词所指的东西。我不用这个词，部分是由于其消极的、意识形态的暗示，部分是由于我想更专业一点。在严父道德中，特别适用于女性的是道德是（关于支配的）自然秩序这一隐喻：上帝高于人类；人类高于自然；父母高于子女；男人高于女人。这一隐喻在严父道德中扮演重要角色，证明了无论是在家庭中还是整个社会中男人高于女人的道德权威。

现在，严父世界观中的**道德秩序**最近几年在西方文化中发生了变化。例如它曾经包含的白人高于非白人，贵族高于平民，现在已经大大改变。现在假定道德秩序隐喻的变化前进了一步，清除了"男人高于女人"一条。你就得到了一种保守主义女权主义。除了男人的支配地位和道德权威高于女人这一方面，它保存了保守主义的其他所有方面。

〔305〕这里就是变化：在家庭中，男人和女人有同等的责任去做决定。男人对**女人的性行为**不再有发言权。选择是开放的。如果一个女人，假如她不再依赖家庭，假如她对自己的行为后果负全责，那么选择婚前发生性行为，就是她自己的事。女人没有了将家务置于职业之前的压力。作为一个女权主义者，不性感和感性，不使用女性气质获得权力，不穿着漂亮，等等，这都毫无道理了。保守主义女权主义者对权力使用，包括性力量的使用，感到很自在。

在绝大多数问题上，一个保守主义女权主义者和其他保守派一样。她反对反歧视运动，和所有保守派理由一样：因为它使人不劳而获。不受限制的自由企业原则上支持女性机会均等和同工同酬。但反歧视运动"创造公平竞争环境"仍然是不道德的。她仍会相信道德权威，相信一个压缩版本的道德秩序，相信等级制度，相信有成就的精英。但女性不能只是因为是女性就得处在道德秩序的更低端。她仍会相信奖惩是道德基础，仍会相信道德力量（自律、责任和自立）的至高无上，仍会反对福利和其社会福利项目，反对控枪，赞成死刑，反对政府监管，等等。因为她相信道德力量至高无上、自律和责任，对女性自认为约会强奸的受害者，她不抱同情。她们知道真相，能够自律地说不。她会看不起那些哭哭啼啼的女性；她们道德脆弱，败坏了女性名声。一个保守主义女权主义者不会受到其道德观的束缚去赞成或反对堕胎。对于这个问题她怎么做都可以。

　　我遇到过有这类观点的女性，我相信她们人还不少。在政治生活中，新泽西州的州长克里斯蒂娜·托德·惠特曼（Christine Todd Whitman）就是一个例子。保守主义作家中的一个很好例子是丽莎·希夫雷恩（Lisa Schiffren），她之前为丹·奎尔（Dan Quayle）撰写演讲稿。作为保守主义女权主义者立场的一个例子，下面是希夫雷恩的观点的一部分，她反对让未婚女性怀孕的男性从经济上负责照顾他们的后代。部分原因是认为这样的政策没用。另外一部分原因是认为"推行原本不存在的协议对于国家来说是个坏政策"。但主要理由是女性应该为自己的行为负责。[306]

　　　　由于女性和女孩有性自主权，她们能够也应该为自己如何使用它负责。在指控我责怪受害者，或希望否定女性的性自由之前，要记得这些女性不是女权主义福利游说团喜欢引用的典型受害者漫画中的形象。这些不是受法律约束或经济上依赖丈夫的妻子们。她们是掌控经济资源的单身女性，这里是指"对有子女家庭补助计划（A. F. D. C. ）"核查。

可以采用避孕方法——包括诺普兰（左炔诺孕酮埋植剂，一种避孕药）、甲羟孕酮避孕针和药片。可以选择堕胎。

女孩有和男孩相同的教育机会和经济机会。这让贫困女性越来越少选择依赖，就像中产阶级女性一样。

我们能为处在成为福利母亲边缘的女孩做的最有用的事就是让教育、工作、婚姻比依靠**福利核查**更可取。（《纽约时报》评论版，1995 年 8 月 10 日）

〔307〕

这是一个被女权主义缠绕着的经典保守主义论点：女性有性自由，有教育和经济机会，掌控自己的命运，因此对自己负责。

保守主义女神运动

对于保守派，包括女性和男性，有可能将大地视为女神吗？保守主义宗教的生态女权主义可能存在吗？事实上，这种保守主义变体已经有了——它从基督教福音教派中产生。它接受性别成见的事实，女神运动也是如此。但它不想让女性价值取代社会中的男性价值。它接受严父家庭模式，女性被限制在家务中，妻子的角色是抚养孩子、支持丈夫的权威。简言之，它支持现存的道德秩序和男性作为领导者的合法权威。可是，它是一个女神运动版本，配套有冬至仪式，大地上的威力点，萨满教做法，大地的身份是一个女人，以及女人由于自身身体的天赋而与自然节奏相协调、利用大地力量的独特能力。

将这一女神运动与保守主义联系起来的是对力量的关注。它关注的是女性的力量，以及女性力量必须有助于严父家庭。它绝不因为严父模式适用于男人、家庭和社会安排而对其挑战。

它接受社会安排，其中抚养孩子和家务活主要由女性来做，女性必须保住兼职工作使收支相抵。它设法解决女性如何能为这一切获得力量的问题，还要常常设法帮助她们的丈夫克服一般的男性癖好，如酗酒、家暴、不懂交流、不会表达感情。它也设法解决女性如何能获得力量去应对离婚现实的问题。〔308〕

为了获得力量，女性寄希望于她们的身体，她们的情感，她们和大地的联系，以及她们的精神力量。女性在地面上寻找威力点，并举行仪式，这个地方她们能够利用大地的力量。女性将治疗仪式引到大自然中进行，在仪式中，她们唱歌、击鼓，让身体的力量展现出来——仪式的很多方面就像基督教福音教派的教堂礼拜仪式。女性将丈夫和家人带来参加这种仪式，这样他们就能分享其中的益处：女性被视为最好的所在，为女性所拥有的那种力量而尊重女性。

所有这些都非常契合绝大多数保守主义政治和严父道德。它宣称女性应该获得精神力量，尽可能自立。它接受道德秩序，其中男性在家庭里和公共世界享有合法权威，但坚持在这一权威结构中女性也扮演了重要的角色；尽管她们在严父家庭中从属于丈夫的权威，但她们有特别的力量——关怀力量——这种力量可以培养，且应当得到尊重。妻子不应该是无助的；她们自身和她们的丈夫、孩子需要女性能聚集所有力量。

保守主义女神运动中的女性都是保守派。大地作为力量之源被视为一种资源，对人类来说既是物质上的也是精神上的资源。她们不支持像自我平衡和环境保护这样的自由主义生态观。她们不支持反歧视运动。她们不相信慈亲道德应该普适世界。〔309〕她们是保守主义女性，想作为保守主义女性来获得尊重。

对女权主义类型的研究进一步确认了本书的总主题——慈

亲和严父模式构成自由主义和保守主义的基础。保守主义形式的女权主义可能有不同的女权主义体现形式，各种形式的女权主义推动了女性是（或应该是）自由的、强大的、有能力的、为自己负责、应该得到平等机会这种观点。但保守主义形式的女权主义不会采用慈亲道德。

理论上讲，女权主义类型研究确认了自由主义和保守主义类型研究所确认的内容，即**辐射型类别**是自然的，因为自然的变体参数，它们也就自然而然地出现了。

总　结

"自由派"和"保守派"不只是政治类别。它们也是由其核心成员以家庭为基础的道德体系所界定的类别。这一体系通过家国之喻投射到政治领域中。这种类别以通常通过核心模式变体的方式扩大，而核心模式界定了非核心的次等类别。变体参数包括：（1）线性尺度；（2）务实的理想维度；（3）道德重点；以及（4）道德秩序隐喻中的条款变化。

这些变体的性质正是认知科学研究引导人们去探寻的东西。每种模式中的变体性质都反映了这一模式的结构。

第18章 变态、成见和扭曲

我们在前一章看到，自由主义和保守主义的核心模式有很多变体。并非所有追随核心模式的变体都受到欢迎。有些变体被视为"变态"。我将使用"变态"一词描述核心模式的一个变化形式，它颠覆了核心模式的目标。这里有一个例子。

我在第16章评论过保守主义义务警察运动——反政府或反自由主义的暴力被视为是道德行动——这是一种保守主义形式，但是它有三点与主流保守主义相异，这三个方面都是程度问题。由于它仅仅是一种保守主义的变体，并不意味着主流保守主义喜欢它或认可它的道德。事实上，绝大多数主流保守派依法行事，不会容忍违法。对于这些保守派，保守主义义务警察运动是病态的——不遵守法律，或准备军事行动反对合法的民选政府，甚至打着保守主义价值的旗号，破坏了服从正式任命的权威的保守主义原则。这些保守派与保守主义义务警察断绝关系，视他们为恶棍或精神病。

仔细审视这种"变态的"核心模式变体非常重要，这些变 体颠覆了自由主义和保守主义核心模式的目标。首先直接意识到这种意识形态的变态很重要。无论你是保守派还是自由派，你对自己的道德价值都负有责任。当你的意识形态邻居正在颠覆这些价值，知道这一点很重要。

意识到变态的变体有第二个原因。原因是：就像在其他领域，政治中也有不光明正大的做法，我称之为**"变态的成见"**。

想了解什么是变态的成见，让我们先回想一下什么是成见：

> 社会成见是一种模式，广泛存在于文化中，它是仅凭成见即典型情况就对全部类别作出仓促判断——未经反思的判断。

变态成见是指在一个核心模式中使用一个变态形式作为整个类别的模式化观念（成见），并由此认为这种变态形式是典型。自由派和保守派都倾向于根据变态形式，用成见看待对方。例如，自由派有时用成见把保守派视为"法西斯分子"，而保守派用成见认为自由派是"滥好人"或"姑息纵容"。为了公平的公共话语，有必要知道，一方何时根据变态形式以成见看待对方，这些形式如何与核心模式产生差异。

家庭模式的变态形式

让我们先讨论慈亲和严父家庭模式的变态形式。作为父母，非常复杂，要兼顾各方。如果你是一名严厉的父母，你必须平衡惩罚和奖励，必须立下足够严格但又不能过于严格的规矩，〔312〕惩罚必须足够严厉但又不能过于严厉，必须关怀但又不是过于关怀。

慈亲也有相似的平衡问题。养育孩子需要的不仅是喂养、穿衣，和孩子互动，也要通过互爱互敬逐渐培养孩子对家人和对社会的关怀、负责和尊重。这意味着要发展相互体谅的互动方式，这样孩子才能感知你的想法和需要。这意味着要清楚明白，且以敏感有效的方式，去传达期望、交流表达同意和不同意。如果你做的一切就是为了满足孩子的需要和愿望，其他什么都没有，你这不是在关怀，你会惯坏孩子。问题是你和孩子的互动是单向的：你对他的需要和愿望做出反应，但他对你却没有反应。

单向互动的另一个变化形式是，你仅仅告诉他要做什么，不做就惩罚他。错误之处就在于你不是在关怀孩子，不是在教他同情，教他懂得如何在新形势下——其中是同情而非严规引导人们行为得当——负责任的行为。如果你只会强制命令，对形成信任、负责的互相依赖关系就没有一点帮助。骄纵溺爱和服从训练是一个硬币的两面：两者都是同一变态的实例。让我们称之为不充分的关怀互动变态。这种变态的界定是根据慈亲模式，所以我们称它为"以关怀为中心的变态"。这样我们能够跟踪相应的变态模式。

严父模式有一个相应的但十分不同的变态模式。根据严父模式，避免惯坏孩子的方式是立下严规并强行实施。因为立下的规矩不够严，或惩罚不够，从而破坏了规矩，你就会惯坏孩子。从严父模式角度看，错误之处就是父母太过纵容。让我们称此为"纵容的变态"。由于这种变态的界定是根据严厉模式，就让我们称之为"以严厉为中心的变态"。〔313〕

由于变态的界定与特定的模式相关，它们的世界观是相互依赖的。"纵容"这一个概念从严父模式世界观来看才有意义，其中父母的职责是下令服从并强制推行。与此相应，"不充分的关怀互动"的界定与慈亲模式相关。

因为他们的世界观不同，每种父母必定会批评对方。一位严父从自身观点出发会恰当地严厉，但从慈亲观点看，他不够关怀。一位慈亲会恰当地关怀，但从严父观点看则是娇惯纵容。

然而，有些方面他们都同意。孩子不该被溺爱；即不能只是满足他的需要和愿望。孩子需要成长，变得有责任心，自律自立。也就是说，他们同意有一个特定终点——同意特定的事情代表成功或失败——尽管在方式上以及失败要责怪什么、成功要归功什么这些方面有根本的不同意见。

可能的重合

严父和慈亲从自身角度将对方的核心模式视为变态。这是否意味着不可能找到两种模式价值观一致同意的事例，任何一方都不会认为这些事例是变态的？这样的事例是可能的，这里就有一个。

〔314〕

假定慈亲温柔但又明确地传达期望，温柔但有效地表达同意或不同意。传达的期望像立定的规矩一样有效，不同意也会像惩罚一样起作用。同样，严父可能参与关怀互动，在此情况下温柔而且清楚地立下规矩，他的惩罚可能相当于有效地表达不同意。在一个事例中，人们很少能从他们的行为中分清彼此，尽管他们的逻辑、他们的优先项以及他们的道德动因可能十分不同。

这样一种近乎重合的状况对于真正的严父来说只是那么一下子而已。这很清楚是严父模式的非核心事例。这个重合不可能无限维持下去。假定孩子挑战父亲的权威。这个严父的反应是明确的：你通过纪律重树权威，典型的方式是通过体罚，即使用戒尺或细棍或皮带——不足以伤到孩子，但足以施加充分的疼痛让他守规矩。这就是一个以关怀为中心的变态。

慈亲的反应相当不同。你通过关怀交流重建权威，其中父母的最终责任已经很清楚，但其中双方要把问题诚实彻底地说开了，如果合适的话，要寻求和解。这就是一个以严厉为中心的变态。这里每个父母的反应都被对方视为变态。

模式内部的变态

在上面事例中，每个核心模式都将对方视为变态。但还有另一种变态，它是一个模式自身的变体，而在你看来是变态的。例如，在刚刚讨论的例子中，娇惯孩子——只是一味满足其需要和愿望——是不充分的关怀和单向的互动。有一个慈亲模式的变体，其中慈亲以关怀的名义但并不真的关怀孩子，而是一味娇惯他。这从核心慈亲模式观点看是变态的；这也是一种以关怀为中心的变态。当然，从严厉观点看这也是变态的，也就是以严厉为中心的变态。 〔315〕

另一个例子是关于一个暴虐严父的，除了在实施惩罚中他真的伤害了孩子，他其实遵循了严父模式。严父模式的一般支持者认为这是其自身模式的变态形式。这是一个以严厉为中心的变态。当然，也是以关怀为中心的变态。

是扭曲，还是合理的成见？

此刻我们能看到一些常见的扭曲形式。让我们考虑一下两个平行事例。

一个慈亲认定严父对孩子暴虐，错误地认为暴虐是严父模式的核心特征。但暴虐的严父在依照核心严父模型的严父眼中，和在慈亲眼中一样，也是变态的。

一个严父认定慈亲娇惯孩子，错误地认为娇惯是慈亲模式的核心特征。但娇惯孩子的父母在依照核心慈亲模型的慈亲眼中，和在严父眼中一样，也是变态的。

这些是非常清晰明确的变态成见事例。它们都是扭曲，这些扭曲是极为平常的，不仅存在于自由主义和保守主义论述中，也遍布于我们的文化中。 〔316〕

然而，有一个看法认为这些都不是扭曲。因为这些并不是像下面这样的扭曲：核心模式是观点模式，界定了一个理想父母应该什么。但真正的人并不是理想的。他们会出差错，问题在于在哪个方向出差错？一般的差错会导致核心模式变态形式的大规模使用吗？

例如，一个严父可能认为一个不完美的慈亲没有时间、或耐心、或经验、或周到去合理养育孩子；一个不完美的慈亲，她非常忙，完全可能最终惯坏孩子。

同样，一个慈亲可能认为一个不完美的严父缺乏克制、同情、意识、冷静，在惩罚时难免会伤害到孩子；不完美的严父——特别是有的还酗酒——完全可能因缺乏判断和克制不可避免地虐待孩子。

基于这些理由，认定慈亲会惯坏孩子，对严父来说可能是合理正确的；同样，认定严父会虐待孩子，对于慈亲来说可能也是合理正确的。

我不是要证明变态成见的这种使用是合理的。我唯一的目的是指出其存在，讨论其逻辑。要想论证其合理，就必须证明差错是常态，并且在典型事例中，虽然使用一种变态形式，却是出于好的目的。这种证明即使有的话也很少。原因很清楚。使用变态成见并不是为了让自己公平正直；而是为了说服人们，不管它公平不公平。

本章开始是，我讨论了自由派眼中保守派的变态成见。我
〔317〕 想以保守主义眼中的两种自由派的变态成见作为总结。

自由派的变态成见

保守派通常用以下三种方式描述自由派：（1）喜爱官僚主

义；（2）维护特殊利益；（3）只讲权利不讲责任（"宽容社会"）。从自由派的角度看，这三条就是我所说的变态成见。

首先看官僚主义：自由派指出他们不创造官僚主义，他们只是继承它。官僚主义从根源上将政府置于一个腐败泛滥、任人唯亲、徇私舞弊的体系上。但官僚主义的阴暗面——不近人情、对规则的生搬硬套——与自由主义和保守主义都是对立的。这都不属于"慈亲式政府"。自由派进一步论证，克林顿总统的"重塑政府"倡议将改变政府的方向，极大限制官僚政治的阴暗面。

然后看特殊利益：自由派指出，保守派口中的"特殊利益"在自由主义道德和政治哲学中是通过推进公平和其他自由主义观念服务于公共利益的特殊情况。保守派所说的特殊利益包括特殊群体寻求公平对待，如黑人、女性和少数民族。自由派进一步指出，保守派拥有的由其自身哲学产生的"特殊利益"同样很多——企业寻求减税，放松环境限制等。真正的特殊利益——人们只想着为自己，这与自由主义道德和政治哲学完全无关——是令自由派感到憎恶的，它破坏了自由主义对社会责任的承诺。

最后再看只讲权利不讲责任：自由派指出这在自由主义哲 〔318〕学来看是变态的。正如我们所见，慈亲道德要求权利和责任相结合。任何不包含责任的自由主义变体都是对核心模式的破坏。绝大多数自由派非常关心责任。自由派特别指出，大量的理想自由主义团体和个人，他们数十年如一日不顾自身权利为社会责任而工作。

60 年代自由派的变态成见

保守派——以及媒体上的很多人——经常用三种成见描述

60 年代：

1. 永恒的花童：绝望而天真的理想主义者，唯一做的事就是头上戴花，制作和平标志，并将"做爱，不作战！"这一标语付诸实践。

2. 行尸走肉者：快乐主义者，只对性、毒品和摇滚感兴趣。

3. 暴力激进分子：高谈阔论者喋喋不休地讲着共产主义口号，领导暴力反政府集会，鼓吹暴力革命。

然而，在 60 年代的人看来这些都是变态成见，因为他们是好题材所以被新闻媒体所延续，因为他们符合保守主义口味所以被保守派延续。从绝大多数 60 年代自由派的角度看，所有这些过去是、将来也是变态的。

对于那些参与其中的人来说，60 年代的自由主义关注社会责任。60 年代的自由派是这么看的：他们不顾危险和生命（有时会丧失生命）参与公民权利的游行示威。他们为争取反贫困项目而奋斗，并为建立这些项目而工作。他们将女权主义和生态视为主流。他们还勇敢地示威反对他们所看到的联邦政府在越南实施的一场不道德的错误的战争中表现出的不道德、欺骗和十足的愚蠢。做所有这些事的人们并不是花童，或行尸走肉者，或暴力激进分子。他们是自律、自立、工作努力并献身于美国理想的理想自由派；他们是与这些成见完全相反。对于典型但未被提及的 60 年代自由派来说，永恒花童、行尸走肉者和暴力激进分子是变态的，对保守派来说也是如此。这就是为何在绝大多数自由派看来，使用这三种成见就是变态成见。

正如我们在前面的章节所见，有些事物统一了 60 年代自由主义所有这些各不相同的主题——致力于公民权利、反贫困、支持女权主义、支持环境保护主义、反对上万英里之外一个第

[319]

三世界小国迫害二三百万公民。将这些统一起来的就是运用于政治中的慈亲道德,它是一个关怀社会的理想。这就是使他们成为自由派的东西。

慈亲道德,正如我们所见,包括一些极为重要的概念,如自我关怀(照顾自己)、自我发展(发展个人潜能)、做有意义的工作(让个人感到满足的工作)和道德快乐(过一种基本快乐的生活,这是道德的,因为一个人自己的快乐对于他人是一个礼物,也因为快乐是真正同情的先决条件)。

这就是 60 年代的一代人进入 70 年代的趋向。当公民权利立法已经通过,当女权主义和环境保护运动以及反贫困项目已经建立,当战争结束,60 年代那一代自由派开始转向,既关注个体自身发展,也关注社会发展。

由于关心自我发展,很多人转向人类潜能运动、转向有冥想传统的东方宗教。自我关怀的需要让很多人关注健康(身体发展和自然饮食)、康复治疗和心理治疗。关注道德快乐让人们涉足生活的审美方面——艺术、在自然中生活、感官享受、日常生活中的各种美。关注有意义的工作使很多人进入医学、法律、教育、建筑等专业,在这里他们可以养家糊口,可以为他们的社会理想而工作,可以实现他们的个人理想。 〔320〕

然而,保守派从自身观点看这一切,这一观点只对下面这样的人有意义:自我放纵者,享乐主义雅皮士,只对自身快乐和进步感兴趣的自私的人们。这是对 60 年代的自由派——他们是"内在导向的"——的一个变态成见。在慈亲道德中,照顾自己、自我发展和基本的幸福(包括审美感觉)都是道德的价值,能够有助于一般人类福祉。自我放纵和享受主义与发展个人潜能(对造福他人有重要意义)、发展基本幸福(既有助于同情，也可以作为给别人的礼物）是非常不同的。对于一个内在导向的 60 年代的自由派来说，真正的自我放纵和纯粹的享受主义都是变态的；它们颠覆了社会责任这一核心原则。对于 60 年代的自由主义来说，保守派的描述方法是一种变态成见。

很少有人是无辜的

[321]

自由派和保守派都经常用变态成见看问题。自由派，当他们将保守派描述为自私者、暴虐的法西斯分子、富人的工具时，就是在这样做。保守派，当他们将自由派描述为献身于官僚主义、特殊利益和只讲权利不讲责任时，当他们将 60 年代的自由派认定为花童、行尸走肉者、暴力激进分子和自我放纵的享乐主义者时，他们也是在这么做。当然，以变态成见看问题，忽略了道德，是那种对立的严父和慈亲道德体系，它们是核心保守主义和自由主义的基础。变态成见可能对自以为是和宣传鼓动有用，但它忽略了所有道德认知。

第19章 没有家庭价值观的政治可能存在吗？

假如这一观点我是对的：美国政治中的分歧反映的是基于 〔322〕完全不同家庭模式上的完全对立的道德体系。假如对这些道德体系的分析我是对的。那么下边有几个重要的问题要问：

- 美国政治价值能与家庭价值分开吗？
- 有没有任何方法避免家庭价值运用到政治舞台？
- 由于隐喻性思维是自由主义和保守主义政治的真实原因，有没有一个可以将隐喻性思维从政治和政治价值中赶走的方法？

政治价值能与家庭价值分开吗？

从字面上看，国家不是家庭，政府不是父母。在真实家庭里，存在遗传联系、父母和子女之间的爱的联系。这种联系在 〔323〕政府与其公民之间是不存在的。政府甚至不是人民。但运行政府的人民拥有权力——对个体公民生死攸关的权力。

民主制度通过保护公民免受这种权力滥用的威胁而逐渐发展。从我们的观点看，分权是防止政府像专制主义严父那样运作的一个方法。政教分离可视为使我们的政治体制免受各种宗教严父道德影响的一种努力。

但道德绝不会从民主制度中缺席。相反，美国民主体制就是建立在特定道德体系之上的，特别是道德公平、道德同情和道德利己——所有自我利益的最大化。让我们先讨论一下道德公平。制度化的公平形式有：

- 平等
- 基于规则的公平分配
- 基于权利的公平
- 契约式分配

平等体现在一人一票选举法和众议院的比例代表制中。基于规则的公平分配是法律公平运用的基础。基于权利的公平是通过宪法权利实现的，政府有责任保护其实现。契约式分配是以履行契约来实现。

道德利己允许个体根据自己的利益明确他们要什么，生命、自由、安全理所当然属于个人利益。道德利己以道德公平为前提，以公平竞争为形式。

[324]　　隐喻和理论自由主义

尽管本书讨论的是政治自由主义而不是理论自由主义，但看看现代理论自由主义如何从概念上精确使用我们一直讨论的隐喻是有用的。让我们以非常严谨的形式考虑约翰·罗尔斯的作为公平的正义理论（见参考文献，C3）。

道德公平和道德利己，由于它们适用于民主国家的建立，都以道德同情为前提。要知道原因，考虑这个问题"为何你想让你出生或进入的这个国家成为一个以道德公平和道德利己（之所以是'道德'的，是因它假定每个人自我利益的最大化）为基础的国家"。

思考一下，总有人在某些方面比你更强大，你不想因为这种力量差别而受到不公平对待或自身利益的追求受到压制。简言之，你想别人怎么对你，你就该怎么对别人。是道德同情——换位思考——导致了一个以道德公平和道德利己为基础的民主形式的出现。并且要确保道德公平和道德利己会真正出现，你必须拥有正确的制度形式并参与到它们的管理中去。

因此，即使在理论自由主义中，源于慈亲模式的道德隐喻也是自由主义理论的基础。

道德和政治

学者界定和研究民主，通常根据的是自由主义制度，像独立的司法系统和文官控制军队，而不是根据隐喻性的道德概念。然而如果认为这些道德概念是真正民主，那么制度必须根据它 [325] 们来运行。一种政府形式，如果其中只有名义上的"民主"制度，而这些制度不是服务于隐喻性的道德体系——即不存在真正的自我管理、公平或道德利己——那么它至多是个民主的空壳。只有制度空壳的民主不配被称为民主，因为制度没有体现这些道德观念。

简言之，任何真正的民主都内含某种道德形态。这种道德形态是否真的可以同家庭模式基础上的道德形态相分离呢？如果答案是肯定的，有人可能会认为任何基于理想家庭模式上的道德形态都应该置身于一种民主制度之外。

然而这是不可能的。有两种方式可以解释其原因。首先，看一下"应该置身于一种民主制度之外"中的"应该"一词。什么道德原则支配着"应该"一词的使用呢？对于其首要道德原则出自某种家庭基础上的道德模式——严父或慈亲模式，或某些其他模式——的那些人来说，不存在一套更高的原则。如果你相信，你的家庭基础上的价值观是包罗一切的，那么你会断定这些价值观不应该置身政治之外。因为也有人——有很多，既有自由派也有保守派——不相信其家庭价值观包罗一切，他们绝不会接受某些将其家庭价值观限制在非政治舞台的"更高的"道德。

其二，这些家庭基础上的价值观实际上不可能远离政治。要知道原因，就要思考一下道德公平如何运用到道德利己中，去确保公平和不受限制的竞争的。保守派和自由派依据各自的家庭价值观，对此有两种不同的回答。自由派关注那些在竞争开始就处于弱势的群体，想让国家通过帮助弱势群体来确保公平。保守派会回应说这是娇惯——这是"滥好人式的自由主义"，支持的是道德脆弱；相反，他们想避免政府对竞争的一切"干涉"。

〔326〕

这里没有一种折中的回答。非家庭基础上的道德——如果存在的话——恰恰处理不了这些棘手情况，这也是绝大多数的情况。家庭基础上的道德以足够详细的方式逐项给予回答，这样人就有了政策目标。

假定我们想将家庭基础上的道德与政治分离。假定我们都想根据非家庭基础上抽象"民主道德"的一般原则建立国家。实践中那将不可能实施。家国之喻会将家庭价值观带进政治中，无论何时这些家庭价值观都与政治相关。不存在被普遍接受的"更高的"道德和政治原则能将家庭价值观排除在政治之外，也没有可行的方法将其排除在外。

有没有一个无隐喻的政府概念？

如果一个人无论是在保守主义还是在自由主义对话中对使用家国之喻感到心烦，他可能会问对政治有没有可替代的、非家庭基础上的隐喻，甚者是否可能有一个无隐喻的政府概念。

政府是一个组织。那它是或应该是一种什么组织？对此一言难尽，但也有简短回答：政府拥有军队和司法体系，这样政府在某种程度上可以通过隐喻被模式化为军队或司法体系。美国政府拥有一个从上到下的命令链，这就像在军队中一样。它也有一个现成的司法体系，有办事员和管理员担任法官，对公民依据现存法律提出的索偿做出判定。另外，美国政府也被比作一家企业，它要高效运行，不要亏损。 〔327〕

最近几年，谈到它应该成为哪种企业，问题出现了。20 世纪美国官僚政治以工业企业为基础，是一种工厂模式，官僚就是工厂管理者。这被视为一条改革先前政府的途径，先前政府的政治赞助和徇私问题太严重。工业化官僚模式在 19 世纪晚期和 20 世纪初期作为一个改革被建立起来。为了将腐败最小化，一套规则体系和一支公务员队伍投入使用，这就使政府尽可能变得公正高效。此时工厂被当作效率典范。不讲人情被视为美德，替代了徇私和腐败。

政府机构的工业化模式的打破，在关于重塑政府的著作中，特别是在大卫·奥斯本和泰德·盖伯勒的《重塑政府》（*Reinventing Government*）和迈克尔·巴泽雷的《突破官僚体制》（*Breaking Through Bureaucracy*）两本书中，已经洋洋洒洒写了很多。目前的智慧已经要替换掉工业隐喻，继续维持政府视为企业的隐喻，但要把它变成另一种不同的企业，一个专业服务客户的企业。从这个角度看，税收就是服务公众的报酬，而工厂般的官僚制不近人情，将被更为人性化的服务方式所取代。

从这个角度看，政府向公众出售服务并收取税款。据此观点，政府没有道德，只有服务可出售。当政府以这种方式被架

[328] 构，它似乎就不具有道德功能了。关于一个特别的政府机构是否运作得比私人企业要好的问题，那就成为一个实践的而非道德的问题。作为服务企业的政府就要服从于成本效益分析。在这个模式下，如果私营企业能做得更好，那政府也应该能。

让我们举两个非常不同的案例。首先看迈克尔·巴泽雷举出的明尼苏达州车辆调配场的例子（1992）。这是政府作为服务企业的完美案例。调配场的工作是为政府官员提供公务用车。这里没有道德问题，只有高效运行的问题。如果州车辆调配场不能提供比赫兹（Hertz）和阿维斯（Avis）（均为租车公司）更好更便宜的服务，那么它就应该歇业。不过到目前为止，一切都还好。

但把它和环保局（EPA）对比一下。环保局不只有实际任务，还有一个道德任务——保卫环境，这包括选择一个道德的环境观。不存在中性的环境观；只有我们在第12章讨论过的那种道德观。环保局的工作不只是执行道德中性的功能，如测量空气污染。它的真正功能是道德功能。它的监管、检测方式、研究项目、处罚都出于一种道德观。其部分工作可以外包给私营企业，但不可能是全部，因为市场并不包含内在价值，比如来自慈亲模式的那种自然的内在价值。只是在像这样的一些方面，家庭基础上的道德才成为政府的关键部分。

政府的很多部门有些功能并非是道德中性的。这些功能也能由私营企业来做，这是底线问题，不是道德问题。对于所有这类情况，政府不只是为了税钱参与到出售服务中的。相反，[329] 机构的任务是道德任务，其成功与否在很大程度上必须根据道德而非成本效益去判断。正是环保局的道德任务触怒了保守派。艺术与人文基金的道德任务同样如此。

保守派被联邦政府的大部门触怒的原因之一是，政府的这些方面有一个与他们的道德不相符的道德功能。拿公立学校为例，我们的公立学校已经被一个道德功能塑造了。它们不仅教读写算，也教如何理解道德生活、历史、政治和文化。公立学校已经被视为具有了道德功能：创造见多识广、思想开明、富有怀疑精神的公民。它们的工作不仅是教官方批准的一些东西，即官方批准的美国历史类型，掩盖了我们历史中所有的阴暗和有争议的一面。公立学校最关键的一部分工作是制造独立的、见多识广、富有怀疑精神的公民。这被视为它们道德任务中最重要的部分。

这一任务不是独立于以家庭为基础的道德。保守派不同意这一道德任务。它与严父道德相抵触。对自由主义教育者来说一个"开放的"历史，在保守派眼中就是一个"消极的"历史。

一个"开放的"历史讨论了"消极的"片段，将包含对美国历史中所有道德形式运行的批判，也包括严父道德的运行。例如，它可能包含严父道德的较早的更为残酷的一些版本，其中孩子是财产，他们可以被卖去作契约劳役，或很小就被送进工厂工作，其中妻子被视为动产（chattel）。它肯定会包含妇女争取选举权运动及其与传统严父家庭生活的支持者的抗争。

依据自卫原则，必须不惜一切代价捍卫严父道德。它决不向学校中的批判低头。从其自身角度看低头是不道德的。因此，任何历史如果从坏的角度看自己就是"消极的"。 〔330〕

另外，很多保守派有一个道德秩序隐喻的版本，其中美国在这个道德秩序中高于其他国家，因此比其他国家具有更大的道德权威。美国的"开放的"或"消极的"历史显示，美国并不是所有时候都表现道德，涉及更多关于我们国家的道德进步的内容。从自由派角度看，这对我们国家、对我们的孩子去思考这个国家如何才能获得道德进步都是有好处的。但这些"开放"历史的"好处"，在那些认为美国处在所有国家道德秩序的制高点的人看来，都不是好处。从这个角度看，任何"消极"的事物，任何更原始图景的呈现，都是对美国道德权威合法性的质疑。

保守派反对"消极的"历史也有另外一个原因。如果保守主义政治依赖严父道德，国家大家庭就必须视为一个道德家庭，国家大家庭用以运行的规则也必须被看作是道德的。否则，一切形式的政府权威的合法性都会被质疑。严父道德的真正基础是父母权威的合法性。对于在严父道德中抚养大的人来说，"消极的"历史可能使这一权威受到质疑。严父道德无法容忍孩子对合法权威的这种质疑。孩子应当尊敬、崇拜合法权威，这样他才能通过服从权威制定的规则来发展品行。保守派相信，"消极的"历史会导致质疑权威，会威胁上述进程。

〔331〕　　当然，这在慈亲道德中都站不住脚。在慈亲道德中，开明、质疑、面对自身阴暗面都是美德。对孩子来说，历史教育的美德不是崇敬，而是诚实的、坚强面对现实的调查，这是自由主义观点。慈亲道德要求开放的、诚实的交流、质疑和解释。认为一个开放/消极的美国史课程符合自由主义道德观，这一点保守派是正确的。认为一个只歌功颂德的美国历史不仅不准确，而且符合了保守主义道德观，这一点自由派是正确的。

保守派已经呼吁"一个所有美国人都接受的历史"。这意味着它必须被保守派所接受，相应地也意味着它不能包含下面任何一个方面内容：（1）质疑严父道德本身，或（2）质疑美国比其他任何国家具有更高道德权威的观点，或（3）质疑美国政府的合法性。

　　这看起来是无法避免的问题。美国政治中充满了以家庭为基础的道德。当它来确定政策目标时，以家庭为基础的道德就会参与进来——大张旗鼓。家庭价值观将会起重大影响。问题是，选择哪种价值观？

第六部分

谁是对的？
你怎么知道的？

第20章 成为自由派非意识形态的理由

到此刻为止，我的目标都是要尽可能准确地描述保守主义〔335〕和自由主义背后的概念体系，并尽可能满足我最初为了准确和解释而为自己设定的几种常规标准。

在进行分析时我已经设法抛开自己的政治观点；为了充分地解释而设定标准是要强迫自己照着做。我希望在满足准确性标准的同时，我也提供了一个值得我去严以律己的解释模式，这一模式摒除了政治和道德假设。

但我不是道德相对论者。我是一个坚定的自由派。在写作本书的过程中，我不得不检查并因此质疑我自身信仰的每一个方面。每天，我不得不把我的自由主义信仰与保守主义信仰进行比较，并自问我必须坚持自身信仰的原因，如果真有的话，是什么。

在此过程中，我对保守主义立场的一贯性，和保守派以一种有力的方式清楚表达其观点时使用的智慧和聪明，表露出了〔336〕极大的尊重。跟其他很多自由派一样，我曾经轻蔑地认为保守派刻薄，或麻木，或自私，或是有钱人利用的工具，或简直是彻头彻尾的法西斯分子。我终于意识到保守派绝大多数是普通人，他们认为自己是道德理想主义者，捍卫着他们深信正确的东西。现在我懂得为何有这么多热情坚定的保守派了。

我也发现保守主义甚至比我之前理解的更加可怕，现在我认为我对其有了非常合理的理解。对保守主义和自由主义新的理解让我比以前更像个自由派了。我发现现在我能够有意识地去理解我的旧本能。对于以前我说不清的事物——什么是正确的这一模糊意识的一部分——我现在能够去命名了。更重要的是，我明白了政治自由主义源自一个有充分根据、高度结构化的、充分发展的道德体系，并且我深信这一道德体系。这个道德体系本身源自一个我同样深信不疑的家庭模式。现在我能看见自由主义道德和政治的统一和力量，我比以前更能感到，自由主义必须被充分地说清、明白地交流、坚定地捍卫，不是纠缠于细枝末节，而是作为一个整体，作为观察政治的 个深刻的道德视角。

听起来似乎我旧有的偏见又被加强了，似乎我现在只信自由主义。非也！对这一切充分考虑的过程，已经使我确信，成为一个自由派有很多无法抗拒的理由，都出自自由主义之外。我认为我终能弄清楚：为何我成为自由派，为何我总认为政治自由主义讲得通，为何政治自由主义不只是一个理想和实践的使命感，也主要是对我最根本的人性本能的回应。在这一研究[337]过程中，我发现选择慈亲家庭模式、道德以及相应的自由主义政治，实际上有很多好理由。

本书已经讨论了世界观。但在某个时刻，世界就必须出场了。自由派和保守派对如何抚养孩子有不同的理想模式。有理由去选择它们其中之一？自由派和保守派有不同的道德体系。对道德体系进行比较有任何意义吗？如果有，你能在什么基础上进行比较，比较后会产生什么结果？自由派和保守派对人们的自然思考和行为做了不同的假设。从认知科学（或其他任何科学）去决定这一问题，我们足够了解吗？

我相信我们足够了解了，这让我们可以在所有这些领域进行选择。是我们对世界的了解让我们能在不同世界观之间进行选择。每种情况，都有涉及选择的研究；每种情况，答案都是一样的：选择自由主义有很多好理由。

如果有人让我从开始非常简洁地罗列这些理由及其基础，每种就用一两句话，那么其清单如下：

理由 1：作为抚养孩子的一种方式，慈亲模式是较好的。

理由 2：严父道德需要一个与我们所知的思维运作方式不同的人类思想观点。

理由 3：严父道德经常发现道德受到伤害；慈亲道德则不然。

当然成为自由派也有其他一些基于现实世界的理由。目前环境正遭受严重破坏，保守派转而要去终止环境控制，如不再强制实施空气净化和水净化，这将使情况变得更糟。当前美国，10% 的家庭拥有 70% 的财富。这意味 90% 的家庭只有 30% 的财富。由于富人总会越来越富而非越来越穷，所以预计那 90% 人口所获得的国民财富会比 30% 更少。悬殊之大以至于威胁到我们绝大多数公民享受真正繁荣的希望。保守主义对富人的进一步减税措施只会扩大悬殊。〔338〕

这些以及其他很多真实理由让保守主义变得危险。但并不缺少有能力的观察家就这些问题写作讨论。让我转到我刚才提到的三个理由继续讨论，因为公众还没有广泛意识到它们。

第21章　培养真正的孩子

当下，保守主义家庭价值议题主要由原教旨主义基督徒所设定。很多人并没有意识到这一情况。可能在原教旨主义基督教家庭价值运动中最著名的人物是詹姆斯·多布森博士，他是坐落在科罗拉多州科泉市的爱家协会的主席；还有加里·L.鲍尔（Cary L. Bauer），他管理华盛顿**家庭研究委员会**。他们的这些组织在研究抚养孩子的严父方法上最为明确，并极为积极地推广他们的方法。大体上看，在当前关于抚养孩子的辩论以及包含他们抚养方法的法律中，他们正在阐明保守主义立场。保守主义基督教儿童抚养手册中的观点完全与严父家庭模式一致，而后者是保守主义政治的基础，因此这些原教旨主义团体将国家保守主义议题建立在家庭价值观上，这一点都不奇怪。

我应该一开始就说过，几乎所有主流的儿童抚养专家都认

为严父模式对孩子有害。慈亲方式更好些。在发展心理学领域，绝大多数关于儿童发展的文献都有提及相同的内容：按严父模式抚养孩子会伤害孩子；慈亲模式要好得多。

简言之，保守主义家庭价值观是保守主义道德和政治思想的基础，但没有得到儿童发展研究和美国主流儿童抚养专家的支持。至于为何保守主义家庭议题已经被留给了原教旨主义基督徒？这另有原因。因为没有重要的主流专家团体支持严父模式，保守派只能依靠原教旨主义基督徒，只有他们有想好的支

持严父道德的儿童抚养方法的理由。

主张保守主义家庭价值的合法性是原教旨主义基督徒社团的责任，其结论不是基于经验性研究，而是基于对《圣经》的原教旨主义的解释。这也就是基于严父道德本身，在第 14 章中已对此进行说明。由此，无论保守派对家庭价值有何主张，其独立的或非意识形态的基础也是不存在的。

保守主义基督徒设定保守主义家庭价值议题，他们对经验的研究或广大主流育儿专家的智慧并不特别感兴趣。正如詹姆斯·多布森明言：

> 我不相信科学界在正规育儿技术上是最好的信息来源。那里肯定有些有价值的研究。但父母－子女关系这一主题的复杂微妙是不可思议的。唯一的科学研究方式是将这一关系缩减为最简公分母，这样才能仔细研究。但这样的话，整体基调就会丧失。生活中有些事情如此复杂，以至于不可能严密观察它们，父母管教（我认为）看来就是其中之一。　[341]
>
> 父母的最好指导来源可以在犹太教－基督教伦理智慧中找到，这来自造物主并从基督的时代一代一代传下来。
> （B3，Dobson，*The New Dare to Discipline*，p.16）

我根本不同意儿童抚养研究无关紧要的说法。有很多重要的事情要弄明白。惩罚孩子的影响是什么，特别是用棍子、皮带或戒尺？有没有肉体影响？有没有长期心理影响？体罚、羞辱与日后生活中的暴力行为有没有任何关联？绝大多数少年犯过去受到的是严厉教养，还是关怀教养，或是一半一半？对孩子先鞭笞后拥抱有何效果？用棍子打孩子以消除他的意愿，效果如何？强令孩子绝对服从父亲权威，效果如何？

为了将这些问题研究上的得失成败看得更清楚，让我们近距离观察一下，保守主义基督教儿童抚养指南中关于如何抚养孩子不得不提到的一些内容。这些指南有些观点非常清楚：

1. 孩子天性邪恶、反叛。

2. 只有奖励才能让孩子摆脱反叛，不去追求邪恶的欲望。

3. 对于父亲来说，抚养孩子的唯一正确方式是要求孩子绝对服从其权威。只要质疑权威，就得给他迅速而疼痛的惩罚。

[342]　4. 只有通过疼痛的体罚才能教会孩子服从，要用皮带猛抽，或用软鞭、戒尺打。

5. 还不服从就要打得更厉害。

6. 惩罚不服从，也是一种爱。

7. 父母权威是所有权威的真正典范，孩子必须学会服从，他们才能在今后的生活中合理运用它。

下面的引文出自詹姆斯·多布森博士，J. 理查德·富盖特（J. Richard Fugate），杰克·艾尔斯（Jack Hyles）牧师、拉里·克里斯滕松（Lanry Christenson）和拉里·汤姆克扎克（Larny Tomczak）（见参考文献，B3）。正像你将看到的那样，多布森是最稳健的人士。其他人都更极端些。

多布森细致讨论了儿童抚养的行为主义（奖励和惩罚）原则。尽管他主要关注惩罚，但他也建议奖励：

> 任何值得拥有的东西都有一个价格。（Dobson，126）
> 在一天中，一个正确的行为会得到两便士奖励。如果有三项未达到，就没有任何奖励。（Dobson，85）

但多布森像其他人一样，很清楚还需要惩罚。

> 奖励不应替代权威；在管教孩子时，奖励和惩罚各司其职，颠倒的话就造成不幸的后果。（Dobson，91）

惩罚不是因为某些具体的冒犯，而是为了大体上确保父母的绝对权威，这是一个原则问题。必须打破任何精神反叛。

> 当孩子表现出顽固的反叛，你必须主动及时回应挑战。当你和孩子间发生了面对面的冲突，这时讨论服从这种美德就不合时宜了。把他气鼓鼓地关进屋里也不合适。推迟惩罚，直到你疲惫的配偶拖着沉重的脚步下班回到家，这也不是时候。 〔343〕

> 你已经在地上画一条线，而孩子故意用瘦瘦的小脚趾猛戳过去。谁会赢？谁最有勇气？（Dobson，20）

> 叛逆唯一的问题在于意志；换句话说，父母和孩子，到底谁说了算。惩罚（即体罚）的主要目的是迫使孩子服从父母的意志。（Fugate，143）

> **打屁股应该被坚定地执行。**要打疼，要持续，直到孩子意志屈服。要打到孩子大哭，不是因为生气而流泪，而要因为意志崩溃而流泪。只要他还在硬，还咬牙切齿，固执己见，就要继续打屁股。（Hyles，99～100）

> 在（《圣经》中）命令孩子服从时，只字不提任何例外。必须开诚布公，让孩子铭记没有任何例外。"但如果父母命令错误怎么办？"这是早熟的好奇心。这个问题应该从一个基督徒孩子嘴里消失。（Christenson，59）

要严格服从。服从总是要求立刻执行命令，不准质疑和争辩。父亲说什么，儿子就做什么。要好好做，立刻做，无异议地去做。父母不允许规矩有任何例外。因此，服从就是王法，孩子收到父母的命令不该认为有解释的必要。(Hyles, 144)

〔344〕

服从是要求孩子具备的最必要的要素。这对女孩来说尤其如此，因为她整个一生都必须服从。男孩要服从父母，将来有一天他会成为一家之主；女孩不是这样，而男孩要训练成为领导者，女孩则成为跟随者。因此，对女孩来说服从尤其重要，她将来有一天必须由服从父母转向服从丈夫……这意味她绝不允许有任何争辩。她应该变得柔顺服从。必须立即服从，不能质疑，不能争辩。父母这么要求，是给未来的女婿帮了大忙。(Hyles, 158)

由此看来及时且严厉的惩罚是所有品行发展的基础：

服从是一切品行的基础，是家庭的基础，是学校的基础，是社会的基础。它对法律和秩序的贯彻是绝对必要的。

惩罚的方式也得到了普遍认可。"不（用棍子）打不成器"中"棍子"字面意思是：

〔345〕

《圣经》对棍子的解释是一种较小的有弹性的树枝（木棍）……家中、车里、包里都应随手放置一些棍子，这样你就能及时实施爱的惩罚。(Tomczak, 117)

棍子应该是像软鞭子一样的粗木条。当然，棍子的大小应该根据孩子的身形而定。柳枝或桃树枝对于两岁大的叛逆孩子可能好些，但对肌肉强健的十几岁的男孩，用小山胡桃木棍或传力杆可能更合适。(Fugate，141)

用棍子能够控制疼痛，使之屈服，孩子将会服从。如果孩子叛逆，蓄意不服从指示，父母可以用棍子一顿饱揍，还要问他以后还听不听话。对于特定的孩子来说，要打多少次，强度如何，父母有最好的判断。然而，如果孩子反复违抗，说明打得还不够疼。(Fugate，142~143)

因为这种惩罚对形成品行很必要，这也是一种爱。

惩戒处分不会冲击父母对孩子的爱；而是爱的运用。恰当的惩罚，不是父母对心爱的孩子做的事情，而是为他们做的事情。(Dobson，22)

因为我如此爱你，我必须让你学会服从我。(Dobson，55)

当孩子长大，就必须送他独自前行。父母的任何保护都会对他有害：

不幸的是，美国北部的很多父母在孩子已经长大并离家生活后，很长时间仍然"接济"他们。结果呢？这种过度保护造就了情感上的残疾人，他们通常形成了长久的依赖性格和一种永远的青春期。(Dobson，116)

〔346〕

和其他作者一样，多布森也很清楚哪些事不该做：任何抚养孩子的方式，如果不使用疼痛惩罚以确保对父母权威的绝对服从，都是"纵容"，会使孩子"自我放纵"。当保守派谈到"纵容"，他们的意思是：

> 在一个什么责任都不让孩子承担的环境中让自治最大化，这种想法是多么的不正确！假设自我放纵可以产生自律，这是多么愚蠢！（Dobson，173）

顺便说一下，多布森不是一位极端的保守派。尽管他不屑于做科学研究，但他仍然吸收了其中一些成果用于教学。这里有一些例子，他使用了从儿童发展研究中所学到东西：

> 不能以任何借口打小于 15 或 18 个月的孩子的屁股。（Dobson，65）
>
> 如果父母不能尊重孩子，也就不能要求孩子尊重父母。父母应该温柔对待孩子的自尊心，决不能在他的朋友面前轻视他或使他尴尬……自尊是人性中宝贵的品质。非常微不足道的事情就能破坏它，而工程师通常都难以修复它。因此，父亲在批评时讽刺、中伤孩子，那么他就无法得到孩子的真心尊重。（Dobson，25~26）

〔347〕　　尽管多布森没有提到依恋理论（后面我们会简单讨论这一理论）这一名称，也没有引用任何参考资料，但他明显注意到了这一主题的文献：

父母对儿女冷淡、苛刻通常会对他们的人生造成伤害。
（Dobson，12）

孩子在家如果父母（或相当于父亲或母亲的人）中没有一个人喜欢他，那他就像没有水的花草。（Dobson，48）

几百个最新研究表明，在生命的头一年母子关系显然对婴儿的存活至关重要。一个无人疼爱的孩子真是整个自然界中最悲哀的现象。（Dobson，49）

有趣的是，多布森在这里只引用了母子关系的研究，而没有引用显示父亲也能发展出完全和母亲一样有效的安全依恋的父子关系研究。这一重要的忽略符合多布森的观点，父亲是真正的家庭之主，母亲的任务就是待在家里，养儿育女。

另外，与依恋理论相反，多布森假定无条件的爱会"惯坏"孩子：

人们都知道爱的缺失对孩子有一个可预见的后果，但不太清楚的是，过多的爱或"超级爱"也会产生危害。我相信有些孩子是被爱惯坏的。（Dobson，49）

然而，对这些研究结果的偶尔赞同并非多布森想传达的主要信息。这些段落只是短暂、偶尔出现，也与这些书中要说的主流思想相违背。多布森的大部分的书写的是权威和及时且严厉的惩罚。毕竟，他把自己的经典著作命名为《勇于管教》，而不是《孩子的脆弱自尊》或《不要打你孩子的屁股》。多布森引用这些研究成果不是为了重新评价自己的主要断言——这来自他对《圣经》的解释——只是为了控制严父们某些最为 〔348〕

明显的危险冲动。在他整本书的语境中，这些段落容易让人迷惑。

保守主义家庭价值运动的一些成员讨论的"纪律"、"父母权威"、"打屁股"和"传统家庭价值"是什么意思，我们现在可以看得更清楚。"打屁股"意思是打孩子，从学步期开始，用皮带、戒尺或树条。

保守主义家庭价值运动不愿为社会工作者调查虐待儿童提供资助。他们特别想让在"打屁股"期间遭受瘀伤的证据不要算作虐待儿童的证据：

> 社会工作者寻求将孩子从家暴中拯救出来……但这往往存在公平问题。很多温暖家庭中的好父母已经失去了对子女的监护权，原因就是证据被曲解。例如，一个白皮肤孩子屁股上有个十分硬币大小的瘀伤，这可能表明有被虐待情况，也可能不是。这要看具体情况。在安心温暖的家里，瘀伤造成的心理冲击可能不如膝盖蹭破皮或戳脚趾大。（Dobson，25）

加里·L. 鲍尔的家庭研究委员会一直与所有禁止体罚孩子的努力做斗争。它也一直试图取消像社会工作者调查虐待儿童这类儿童保护服务的资金。鲍尔认为这种调查是通过"医疗部门"侵犯隐私。

〔349〕 这组原教旨主义基督徒的保守主义儿童抚养态度具有代表性吗？我不知道，但是他们有发言权。他们是设定保守主义家庭价值议题的人。

这种严父式抚养的效果研究并不少。事实上有很多这类研究。我在这里不可能方方面面都论述到。那需要比本书长得多的书才能做到。然而，我想让读者领会到，这些研究说的是什么，都指向什么方向。

依恋理论

是什么导致令人心烦的家庭关系，导致虐待儿童，导致不合群、不正常的成年人与社会缺少关联？对此问题，有很多研究思路。其中主要一个是依恋理论。这是由约翰·鲍尔比（John Bowlby）和玛丽·安斯沃思（Mary Ainsworth）在三十年前首先发展起来的，现在已经成为一个成熟、备受推崇和涉及广泛的研究方向。这一研究有一个出色的热点调查，可以参考罗伯特·卡伦（Robort Karen）的《结缘》一书（见参考文献，B1，介绍性材料）。里面没有最终答案，但有目前依恋理论所指向的问题。

在过去三十年，依恋理论记录了以下不良作用：

> 老式的……抚养方式，对孩子的情感需要缺少耐心，坚持认为最大的过错是对孩子发火、抗议、抱怨显得过于关心而惯坏孩子，对将孩子和其主要照顾者分开造成伤害而懵然无知，坚持认为严格纪律是让孩子走向成熟的必经之路。（Karen，50）

依恋理论的观点与此相反，认为："可靠、持续地获得爱，可以使孩子感到自己值得爱；他感觉到自己能够从身边的人那里得到所需，这会让他领会到自己是一个能够对他的世界有影响的人"（Karen，242）。〔350〕

　　自律和克己不会使孩子自立。关怀不会惯坏孩子。正如玛丽·安斯沃思所说："和婴儿、小孩子有身体的接触是一件好事，特别是当他们需要和寻求接触时尤其如此。这不会宠坏孩子，也不会使他们过于依赖，也不会使他们老想被抱着"（Karen，173）。这个观点得到纵向研究的支持。"婴儿在很小的时候，如果哭闹得到认真的回应，在十二个月时哭闹就会减少"（Karen，173）。"**安全型依恋**赋予的关系优势会持续到 15 岁"（Karen，202），这和本类研究实施的时间一样长。后者是一个卓越的发现；早期发展的**安全型依恋**会有持久的效果。

　　依恋理论的基本断言是相当简单的，即如果孩子一出生就对母亲、父亲或其他照料者有了"安全型依恋"，那么在后来的生活中他会表现得更好。他会更加自立、负责、善于交往、自信。安全依恋产生于经常的、爱的互动，特别是当孩子想要互动时。当孩子想要爱的互动，却让他独自待着，否定他的需要，这不会使他强大、自信、自立。这会使他产生"回避型依恋"——缺少信任，与他人积极相处出现困难，缺少对他人的尊重和责任心，很多情况下会有反社会或犯罪举动和暴力行为。依恋和回避交替作用的父母，产生了第三种依恋类型：矛盾型依恋，这会导致后来生活中对他人的矛盾行为，在人际关系中害怕被遗弃，看不到自己的责任，一直对自己的父母感到生气、受伤。矛盾型依恋的产生原因可能是，例如先是疼痛的惩罚（为了强迫服从）随后接着极端的爱（为了显示爸爸爱你）。

　　这些结果在目前看来显然支持慈亲模式的价值超过了严父模式。

［351］

重要的是，不只是严父家庭价值会伤害孩子。想想一个年轻、穷困、未受过教育的单身妈妈，她不懂得如何正确抚养孩子，当孩子需要关注时她会打孩子或忽略孩子。结果可能是回避型依恋从忽略中产生，而不仅是从严父式抚养方式中产生。在美国语境中，这有点讽刺，采用严父模式的双亲家庭，和疏忽或暴力的单亲妈妈家庭（家中没有严格或不严格的父亲），二者效果是相似的。问题不在于单亲还是双亲，问题在于关怀的质量。

对依恋理论的批评也是形形色色的：有些批评者建议给予遗传体质以更大角色，有些建议这种结果与文化相关。但主要的研究团体在这个问题上都不支持严父模式。正如严父式抚养方式的支持者所指出的那样，就目前显示的结果而言，否定安全型依恋不会建立起自立以及对他人的责任心。

对依恋理论的一个重要批评是它主要关注儿童早期阶段。而截止到 1993 年，这些结果才涉及 15 岁儿童（B1，Sroufe et al.，1992；Karen，202）。

社会化研究

其他研究关注童年后期或整个童年时期发生什么。到目前为止我发现，最接近于严父模式和慈亲模式之间正面交锋比较的是戴安娜·鲍姆林德（Diana Baumrind）的四重方案的传统研究。这一研究最好的概述——尽管它只上溯到（20 世纪）80年代初期——是在麦科比（Maccoby）和马丁（Martin）的经典论文《家庭语境中的社会化：父母与孩子的互动》中，这在《儿童心理手册》第四版中，保罗·穆森（Paul Mussen）编，发表于 1983 年。

〔352〕

鲍姆林德区分了她称之为"专制式"和"权威式"的两种儿童抚养方式，我用比较中性的语言称前者为"严父"模式，而后者是我称之为"慈亲"模式的一个版本。这里是她对这两种模式的描述：

专制式模式

1. 试图根据一套绝对的标准塑造、控制、评估其孩子的行为和态度。
2. 重视：服从、尊重权威、工作、传统和维持秩序。
3. 阻止父母和孩子之间口头上的互相让步。

权威式模式

1. 期望：孩子行为成熟；清晰的标准设定。
2. 严格执行规则和标准，必要时使用命令和处罚。
3. 鼓励孩子独立和个性。
4. 父母孩子之间开放交流，父母倾听孩子的观点，也表达他们自己的观点；鼓励口头上的互相让步。
5. 承认父母和孩子双方的权利。

[353] "严格执行"和"处罚"不包括疼痛的体罚。

凯瑟琳·刘易斯（Catherine Lewis）（B2, 1981）对于鲍姆林德模式包含的"严格执行规则和标准"做过两个重要的观察。第一个是技术方面的：鲍姆林德对"严格执行"的界定方式包含了反映成功服从的条目，刘易斯指出，这相当于"父母和孩子间矛盾小"。刘易斯也表示，如果这一模式的"严格执行"部分从所研究的行为模式中直接删掉，结果基本一样。这表明"严格执行"并没有为该模式增加任何实质内容；简单说，该模式剩下部分似乎就能降低父母和孩子之间的矛盾，所以即使没有"严格执行"，也有相似的效果。

鲍姆林德对刘易斯的批评回应如下（B2，Baumrind，1991）：

> 刘易斯（1981）挑战了我赋予严格控制模式和高成熟度要求的重要地位。我解释了严格控制的效果，她对此有缜密的批评，她认为对于发展最佳能力，既不必苛刻实践，也不必要求权威式抚养。她是对的。正如我们所见，权威式抚养对于提升能力、防止无能方面是充分的但不是必要的，这在研究中已经说明；对于女孩来说要产生社会自信，苛刻实践也是充分但不必要的。在学龄前和童年中期，权威式抚养是唯一一种持续培养最佳能力孩子而不会产生无能的孩子的模式，这对男孩和女孩同样适用。有些孩子的家庭很和谐。和谐父母都反应积极，严格适度，但并不太〔354〕重视孩子对自己的服从。

现在让我们考虑一下和谐模式。

和谐模式

1. 期望：孩子行为成熟；清晰的标准设定。

2. 反应积极，适度严格，不太重视得到孩子的服从。

3. 鼓励孩子的独立和个性。

4. 父母和孩子之间开放交流，父母倾听孩子的观点，也表达自己的观点；鼓励口头上的互相让步。

5. 承认父母和孩子双方的权利。

为了领会这些研究结果的含义，让我们先看看麦科比和马丁对专制式抚养大范围研究的概述。

> 专制式父母的孩子通常缺少和同龄人相处的社会能力：他们往往脱离社会，不主动交往，缺少自发性。尽管他们与其他类型父母的孩子们相比，在抵抗诱惑的人为措施上表现并无不同，但在投射测验和家长报告中他们表现出的"良心"迹象较少，在道德矛盾的情形下讨论什么是"对的"行为时，他们更可能采用外在而非内在的道德导向。证据显示男孩们智力表现的动力较低。一些研究将专制式抚养和低自尊心及外在心理控制点联系起来。

[355]

> 然而好斗的孩子，其父母通常是专制式的；而专制式父母的孩子则可能好斗，也可能不好斗；家庭互动的一些方面在决定专制式父母的孩子会被制服还是"失控"上很重要，但迄今为止这些方面还没有得到可靠确认。（B2, Maccoby and Martin, p. 44）

让我们逐条认真讨论一下，详细看看其含义。

严父（或"专制式"）模式被认为能使孩子强大，更适应社会，使孩子成为有效的领导者。但事实上事与愿违。专制式父母的孩子"缺少与同龄人相处的社会能力：他们往往脱离社会，不主动交往，缺少自发性"。

严格推行服从权威被认为能使孩子内心强大、自律，这样他们就能抵抗住诱惑。但这也不起作用。专制式父母的孩子

"与其他类型父母的孩子们相比，在抵抗诱惑的人为措施上表现并无不同"。

严格规矩和惩罚，这种抚养被认为可以在孩子心中培养强大的良心。但事与愿违，这样的孩子表现出的良心迹象较少。

通过实施惩罚让孩子遵守严格的规矩，这被认为能够使孩子道德上自立，内心产生道德意识，这样他们能适应道德矛盾的新环境。但再次适得其反。这样的孩子更有可能在道德观上依赖他人，即他们"在道德矛盾的情形下讨论什么是'对的'行为时，他们更可能采用外在而非内在的道德导向"。

严格的纪律被认为可以使孩子内心强大，能够控制自己，〔356〕由此可以在其内心产生高度的自尊意识。再一次，反过来才是正确的。"专制式抚养"和"低自尊心及外在心理控制点"相关联，需要其他人来掌控。

通过惩罚学会服从，被认为可以消除对父母的所有攻击性行为，变得尊重父母，不侵害他人，尊重他人。但这都不是真的。好斗的孩子一般来自哪里？"好斗的孩子，其父母通常是专制式的。"

简单说，好斗的"失控"孩子往往都是专制式抚养的产物。但反过来说是不对的。专制式抚养并不总是产生好斗的"失控"孩子。有时这些孩子是克制的，但还不太清楚是什么其他因素使他们能这样。

这整个画面对严父模式是相当谴责的。这一模式看来就是个谎言。如果这一研究是对的，严父式抚养就不能产生它所声称的那种孩子。顺便说一句，这个画面不是出自某一研究成果，或某一研究者的很多研究成果。这整个画面是从很多不同研究者的很多研究成果中汇集起来的（见参考文献，B2）。

那权威式模式如何呢，这一模式像慈亲模式吗？接下来是麦科比和马丁对很多研究者的广泛研究做的总结。结果基本上同和谐模式一样。

〔357〕

> 权威－互惠式抚养模式与孩子的以下方面相关：独立性，在认知和社会领域的"主观能动性"，社会责任感，能够控制好斗心，自信，高度自尊。（B2，Maccoby and Martin，p.48）

再让我们看看具体情况。

"权威式"父母，特别是我们所说的"慈亲"，鼓励独立性、原创性和开放交流，倾听孩子的观点，也表达自己的观点。结果不是严父模式所预测的依赖，而是慈亲模式所预测的独立。

慈亲模式预测，通过鼓励独立性和让孩子参与对话，孩子变得具有"主观能动性"，即能够独立地在心理和社会两方面发挥作用。这与严父模式的预测相反——严父模式认为只有通过惩罚性纪律推行对外在权威的服从，孩子才能将权威内化，才能独立的思考和行动。这一研究显示严父模式的预测是错的。

慈亲模式预测，鼓励、尊重、认真倾听会使孩子自制力强、行动自信、具有高度的自尊心。这一研究预测，这种策略能起作用。这一结果与严父模式的预测再次相反。

慈亲模式预测，如果孩子能够公开讨论他们被要求做某事的理由，以及他们的行为将会怎样影响他人，那么他们就会变得有社会责任感。这又是所发生的事实。

简言之，专制式（严父）模式在抚养孩子方面非常失败；权威式（慈亲）模式效果极佳。

在权威式和和谐式模式之间，效果差异相对较小。正如鲍姆林德（1991）的报告指出，"来自和谐家庭的孩子与来自权〔358〕威式家庭的孩子相比，社会责任感强，较少独断"（B2, Baumrind，1991，p. 364）。

顺便说一下，戴安娜·鲍姆林德的分类还包括其他两种模式——纵容－放任模式和漠视－无关模式。这两种模式是严父模式支持者通常错误地归罪于慈亲父母的。严父模式支持者通常将没有像他们那样推行绝对服从的抚养模式错误地混为一谈。他们甚至没有将慈亲模式考虑进去。

研究显示放纵和忽视产生了严父和慈亲模式共同预料到的结果。下面是这两种模式：

纵容－放任模式

1. 对孩子的冲动，包括性冲动和好斗冲动，采取了宽容、接受的态度。

2. 很少使用惩罚，只要有可能就避免坚持权威，避免施加控制或限制。

3. 很少要求成熟的行为（例如，有礼貌或执行任务）。

4. 只要有可能，就让孩子自己管理自己的行为、做出自己的决定。

5. 很少有规矩管理孩子的时间表（上床时间，吃饭时间，看电视时间）。

漠视－无关模式

1. 通常主要为了避免麻烦而确定自己的行为。

2. 以终止需求这样的方式来回应孩子的直接需求。　　　　〔359〕

3. 心理上不可利用。

麦科比和马丁对纵容－放任模式的发现总结如下：

它总体上消极效果要大于积极效果，就此而言，它与孩子的易冲动、好斗和缺乏独立性、缺乏承担责任的能力相关。（B2，Maccoby and Martin，pp. 45 - 46）

对漠视 - 无关模式的发现总结如下（见 Maccoby and Martin，pp. 48 - 51）：如果心理上不可依靠母亲，孩子到了两岁在心理功能的所有方面都会显出缺陷，这比其他类型的父母虐待导致的缺陷更大。在四岁到五岁半的年龄，父母的漠不关心与孩子的好斗和不服从有关联。到了 14 岁情况会更糟，孩子就会：

易冲动（是说不够专注，易情绪化，花钱比攒钱快，难以控制好斗情绪的爆发），对上学没兴趣，可能逃学，或在街上或在迪厅消磨时光；另外，父母往往不喜欢他们的朋友。［他们］往往很早就开始喝酒、抽烟、和异性约会。持续到 20 岁才被发现。在这个年龄，［他们更可能］成为享乐主义者，对挫折和感情控制缺乏宽容；他们也缺少长期目标，过度饮酒，更经常有被捕的记录。

[360] 他们也可能很少有强烈的成就动机，很少会以未来为方向。这些发现都不会使专制式、权威式或和谐式父母感到惊奇。

但这些发现将专制模式与权威模式区别开来，会令严父模式的支持者极度不安，因为尽管漠视 - 无关模式可能更糟糕，但这些发现指出专制模式是完全失败的。

这种研究绝不是最终的。负责的科学家不会说前面任何研究已经完全被证明，也没人做到。这都需要进一步完善、拓展、检验、综合。其他研究范式也需要进一步发展，以提供一个交叉检验。而研究指向的方向是不会弄错的。研究发现也不是随机到处都是。这些发现会形成一个清晰的模式，可以与其他发现相适合，这也是现在我们将看到的。

服从、惩罚和暴力

现在让我们转到对孩子体罚的效果问题上来。这一研究应该也不会慰藉严父模式的支持者。这一主要研究指出，严厉的父母在孩子童年时期实施疼痛的体罚，这会导致孩子以后生活中的家庭暴力、好斗和犯罪。

拿理查德·盖利斯（Richard Gelles）的《暴力家庭》（B5，1974）一书为例，这本书以在新罕布什尔州一个社区的访谈为基础，发现那里的家庭中存在数量惊人的身体暴力现象。盖利斯发现"很多对其配偶曾施加过暴力行为的受访者，当他们还是孩子时就曾领略过（父母间的）婚姻暴力，他们往往也是父母暴力的经常受害者"。盖利斯变得确信，"将孩子暴露在暴力中，使他们成为暴力的受害者，为他们提供暴力行为犯罪的学习环境，家庭就充当了一个基本的暴力训练场……家庭教会了孩子规范的价值体系：同意在各种情形下对家庭成员使用暴力"（Gelles，58～78）。〔361〕

这些观察在默里·斯特劳斯（Murray Straus）、理查德·盖利斯和苏珊娜·斯坦梅茨（Suzanne Steinmetz）合著的《关闭的门后：美国家庭暴力》（*Behind Clased Doors：Violence in the American Family*，B5，1981）一书中得到确认。作者们发现，有些类型的家庭暴力在一半的美国家庭中都有发生。他们认为，体罚是会导致夫妻间暴力升级的暴力行为。理查德·J. 盖利斯和默里·斯特劳斯在《亲密性暴力》（B5，1988）一书中得出结论"在对家庭暴力的原因和后果进行二十多年的研究之后，我们确信，如果我们要防止亲密性暴力，社会必须放弃对打孩子屁股的依赖性"（第197页）。

斯特劳斯、盖利斯和斯坦梅茨注意到"在十几岁经历过非常惩罚的人们，他们殴打妻子或殴打丈夫的概率比那些没有被父母打过的人大四倍"（第3页）。进一步研究指出同样的情形，这在参考文献B5部分被引用。这些研究与原教旨主义新教中体罚历史之间的关系，是一本重要的书《宽恕孩子：惩罚的宗教根源与体罚的心理冲击》〔菲利普·格雷义（Philip Greven）著〕的主题。

[362] 正如我上面所谈到的，需要至少这么大一本书才能全面评述所有关于严父与慈亲模式优缺点的研究。但在我读过的书中、在与正做这一研究的专家的对话中，就我已经发现的而言，很多不同研究范式的结果都指向同一方向：严父模式对孩子有害，且往往与其出发点背道而驰。另一方面，慈亲模式做得相当好。

主流儿童抚养指南

顺便提一下，关于儿童抚养的主流书籍反映了所有这类研究。很多书的作者是高水平的专业儿科医生，他们也做研究，以本杰明·斯波克博士的传统方式写作。他们研究儿童发展，紧跟最新的发现，多年来关心真实的孩子，并已经亲自做了一些相关研究。去一个较好的普通书店的育儿区逛逛，就会发现好几书架的书，关于如何成为会抚养孩子的父母——不做纵容孩子或忽略孩子的父母，要做真正会抚养孩子的父母。

畅销书《触点》就是个好例子，作者是 T. 贝里·布雷泽尔顿（T. Berry Brazelton），医学博士，他可能是全国最知名的、最受尊敬的执业儿科医生。原教旨主义基督徒的指南很少关注——如果有的话——儿童成长的不同阶段，布雷泽尔顿的书与之不同，非常关注每个阶段，因为任何一个抚养孩子的父母出于同情，都想尽可能地知道孩子在每个阶段的能力和困难。正如布雷泽尔顿在其论纪律一节所指出的那样，

> 在每个成长阶段，有些行为看起来过于好斗、易失控，但其实都很正常。如果在这个探索阶段你对这些行为反应过激，你可能最终会强化这些行为。（B4, Brazelton, 255）

布雷泽尔顿在纪律这一章是这么开头的，"纪律，仅次于 〔363〕 爱，是父母给孩子的第二重要的礼物"（252）。在紧接下一节开头，他说，"纪律意味着'教育'，而不是惩罚。"布雷泽尔顿为每个发展阶段的正常好斗行为列了个清单。在 18 到 30 个月之间（18 个月，詹姆斯·多布森认为是惩罚性纪律开始的年龄），布雷泽尔顿观察到：

> 发脾气和负面暴力行为在这个年龄段开始出现。在第二年和第三年，自然而关键的独立性突然到来。孩子试图与你分开，学着自己做决定……这种发脾气不可避免，所以也不用尝试避免。……你越是干涉，其持续的时间就会越长。通常最聪明的做法是，简单确保她不会伤到自己，你就走出屋子。……当她能够倾听，设法让她明白，你知

道对于两到三岁的孩子那么困难，不能自己做决定。但也让她明白，她会学会如何去做，同时即使失控也无妨。（Brazelton，257）

这与使用皮带和棍子去摧毁孩子的意志是多么不同。对体罚布雷泽尔顿怎么说呢？

体罚的缺点非常真切。记住，对于一个孩子来说，看见你失去控制、身体表现出攻击性，这意味着什么。这意味着你相信力量和身体攻击。（Brazelton，260）

[364] 这出色地说清楚了暴力产生暴力——并解释了原因。这并非布雷泽尔顿不相信管教。他花了很多时间讨论在每个成长阶段纪律是什么，以及为何体罚不是纪律。重要的是弄明白哪些表现是正常的，如何回应而不是反应过度：要和孩子详细讨论这些情况，这样她才能明白为何她会表现出攻击性，并给她一个充满爱但严格的模式让她遵循，要求她给建议并接受它，总是给她大量的温暖和爱。

如果布雷泽尔顿提供的负面非体罚性管教对你来说还不够，那还有一整本书讨论这个，《正面管教》，作者简·尼尔森（Jane Nelsen）、林恩·洛特（Lynn Lott）和斯蒂芬·格伦（Stephen Glenn）（见参考文献，B4）。并不是说慈亲式抚养忽略管教。而是对于慈亲来说，管教出自关怀，要付出大量的同情和互动。拿起皮带来抽打孩子虽然简单多了，但会后患无穷。

如果书店有任何阅读指导，那么我们会发现慈亲式抚养是可行有效的，并将一直如此。事实上，自由派应该庆祝。这意味有大量父母和孩子对慈亲道德和自由主义政治会有一个直观的理解。

儿童抚养与政治

慈亲式儿童抚养的做法优于严父式。但从其本身来看并不表明自由主义政治优于保守主义政治。例如，你可能为你的家庭生活选择慈亲模式，但政治上选择严父模式。

即使这样，也存在一个问题。严父模式是为儿童抚养所设计的，但在这个首要领域它却不起作用。它声称自身优越性是以人性为基础的。这一声称显然是错误的。

严父模式在政治上的隐喻性应用，其基础是严父模式在儿童抚养上起作用的假设，特别是它对人性的解释。但由于在儿童抚养情况中严父模式对人性的理解是错误的，所以没有理由认为其人性假设在成年人的政治情况中是对的。事实上完全有理由认为，其人性观点在政治上和在儿童抚养中一样都将失败。〔365〕

这就把我们带入下一章。

第 22 章　人类心智

[366] 严父道德不只是和抚养儿童的现实脱节。其问题可能更严重，它是和人类心智的现实脱节。

为了了解原因，我们需要先看看严父道德作出的十个深刻而必要的假定，然后再看看如果坚持这些假定人类心智将会如何。下面是这些假定：

> 存在一套普遍的、绝对的、严格的规则，针对所有时代、所有文化和所有人类成长的阶段，规定了什么正确、什么错误。

如果这不是真的，那就不会有严格的道德边界，就不会有唯一的正道让我们所有人去走，也不会有绝对的道德准则了。这就是保守派无法容忍多元文化的原因，因为多元文化否定这一主张，反而坚持不同文化应该有不同的规则标准。保守派假定，否认绝对的规则标准就是说根本不存在规则和道德标准。他们只看到不是道德绝对主义就是混乱的可能性。我们将在下面看到，这种二分法是错误的。

[367] 每个这样的规则都有一个固定、清楚、明确、可直接领会的含义，不会改变。

如果规则的含义有任何明显的可变性，那么道德边界和标准就是不严格的，"同一"规则对不同的人意味不同的情况就很合理。如果人们不能以同样的方式明白"某"规则，那么就不存在"某"规则这样的事物。只存在不同的理解。如果这一规则不是可以直接领会的，那么什么是道德标准也就取决于解释，这意味它不可能是绝对的。

　　每个道德规则必须依据原文，因此必须只使用字面概念。

　　如果一个道德规则是隐喻性的，那么就不可直接领会。为了理解其含义，就必须给一个隐喻性解释。但由于可能出现不同的隐喻性解释，这个规则就不是固定和绝对的。

　　每个人都可以使用这套有固定、清楚、明确含义的道德规则。

　　如果有人不能准确理解这一规则的含义，那么对不服从的惩罚就不能产生让人遵守规则的效果。

　　每个规则都是普遍适用的，它不只是适用于特定的人或行为，而是适用于所有类别的人和行为。

　　规则如果只限于特定的个别人和个别行为，就无法确定普遍的道德标准。规则必须覆盖各种类型的人和行为。

　　每个规则中提到的类别必须有固定的定义和准确的边

界，是对所有时代和所有文化而设定的。

[368]　　如果类别的定义不是完全固定的，那么规则的含义就会因人、因文化、因时代不同而发生变化，规则将不再是绝对的。如果类别边界不清晰，那么道德标准也会不清晰，人们也就无法明白是非曲直。

　　这是一个重点。道德绝对主义要求概念绝对主义。如果任何形式的含义变化是概念所固有的，那么使用这些概念的规则就得服从于这一含义变化。如果那样的话，绝对、普遍道德规则的全部理念就会不复存在。

　　　　所有人必须能够明白这些规则，从而自由决定是否遵循。

　　如果你都不明白事情是什么，你就无法自由选择做不做这件事。

　　　　从负责实施的法定权威的人到有义务遵守规则的人，这些规则必须能够进行完全的交流。说的和想的规则之间一定不能有含义的变化。

　　如果觉得你的命令有歧义，那么人们就无法服从。

　　　　人们做他们不想做的事情是为了趋赏避罚。这就是人性，也是"理智"的一部分。

　　　　对遵守或不遵守规则的人们实施奖惩，这整个思想都取决于这个假定是正确的。如果不正确，那么惩罚破坏规则的人、奖励遵循规则的人，就不会有效果。没有效果，权威就会垮塌。　〔369〕

但是要使这一假定正确，人们必须清楚什么算是奖励，什么算是惩罚。关于什么是奖励和惩罚，必须没有**含义变化**。

这里我们回到**含义恒定**上来。如果惩罚的含义本身不清楚，实施惩罚就毫无意义。如果关于惩罚是什么的观点能大大改变，那么你所认为的惩罚，可能其他人理解为中性的，甚至看成奖励。回忆一下**贝尔兔**和荆棘**丛**。

要想让**严父道德**切实可行，以上这些是人们必须履行的最低限度的条件。如果这些条件不能得到全面满足，那么这一道德体系就会不一致。例如，假设人们通常不按照奖励和惩罚去做事，那么惩罚的威胁将会失去威慑力，许诺奖励也不会有激励性。没有奖惩引导人的行为，严父道德就不能顺利起步。简言之，严父道德需要完美、准确、完全按照文字的沟通，连同一种行为主义。

因此，严父道德要求人类心智和人类行为方面的四个条件必须满足：

1. 彻底分类：任何事物是否属于某一类别，二者必居其一。
2. 依据原文：所有道德规则必须完全依据原文。
3. 完美沟通：听者接收的含义和说者想传达的含义完全一样。
4. 大众行为主义：按照人性，人们通常趋赏避罚并能采取　〔370〕有效行动。

认知科学表明所有这些都是错的。人类心智根本不会如此运转。不是说这些原则只是出了一点点偏差，而是它们都严重错误了。但在了解错误原因之前，先了解认识这些错误的重要性，这很重要。

分　类

让我们先看类别。首先，类别可能很模糊；它们可能有阴暗的边界。什么是富人？存在清晰的事例，但没有绝对的收入线来划分富和穷。有一个分层，但这里没有清楚的界线。当然，人们可以人为划定界线。但那样的话也就可以换方式划定界线。试想一个像"富人应该帮助穷人"这样的道德规则。如果某甲没有帮助某乙，那么规则是否被破坏，这并不总是很清楚的。

像"富"和"穷"这样的模糊类别经常出现在道德规则中。人们总是可以以这种或那种方式划界线——低于此线就是穷，高于此线就是富。但这些线划在何处存在解释和自由裁量权的问题，这正是一个严格的绝对的道德观所无法容忍的。

其二，类别可以是辐射性的，就像在母亲的案例中那样。假定你有很多各个类型的母亲。基因母亲（她捐献了形成你的卵子）。生母（她怀了你）。你出生时父亲的妻子，是她养育了你。你父亲有了第二任妻子，你的继母。你怎么知道你是否遵守了"尊重你的母亲"这一戒条？哪个母亲？所有的吗？甚至〔371〕你从未谋面的捐卵者？还是你离开子宫后就从未见过的生母？当然，从戒条（诞生）的时代以来，母亲的含义已经发生变化。这就是问题的实质。含义就这么不断地变化。绝大多数类别是辐射的。如果经历变化的概念是道德规则的一部分，那么规则就是不清晰、不明确的。这就需要解释，但解释总会有不

同的可能。这会让规则不严格、不明确，这也意味规则确定的
路径不是一条，而可能有很多条。

其三，存在典型效应。假设你有一个成见，认为运动员都
是笨蛋，而你负责一个重要大学的入学。这当然是错误的成见，
正如所有成见本质上都是错误的一样。假设你感到有道德责任
不允许笨蛋进入大学。假设你在校友的压力下允许他们入学，
你是否破坏了你自愿承担的道德责任呢？

问题在于：规则包含类别（例如笨蛋）。人们对成千上万的
自身类别通常都有成见。对人们来说，根据成见去推理，这完全
正常（尽管可能不太好）。因为不同的人有不同的成见，他们对
某个类别的理解和推理也会不同。这意味着他们对包含这个类别
的道德规则的理解是不同的。简单地说，人们对建立在成见上的
类别的推理确实存在疑虑，这一事实破坏了这个条件：规则含义
必须因人因合而变化。心智恰恰不是那样运作的。

顺便说一下，以**成见为基础的推理**只是一个更为广泛的现
象即"以典型为基础的推理"中的一个形式。在本书中我们会
看到其他以原型为基础的推理事例。其中一种是根据理想情况
的推理，就如一个人根据保守主义或自由主义的理想模式去想
象保守派和自由派一样。另一种是以恶魔或反理想为基础去推　〔372〕
理。在本书中我们看到大量以恶魔为基础的推理案例。还有一
种情况称为"显著典型"推理，人们会拿一个众所周知的案例
去代表整个类别。这普遍存在于政治和道德对话中。

模糊型类别、辐射型类别、成见以及其他以典型为基础的
推理都引入了含义变化。辐射型类别的产生大半是因为类别随
着时间推移而变化，随着时间推移的类别扩展往往也被保存到
辐射型类别结构里。

表　述

可互相替代的表述可能也使含义的日常变化形式有据可依。拿我同事查尔斯·菲尔莫尔（Charles Fillmore）（见参考文献，A3）的一个例子来说明。假设你的朋友哈里不喜欢花太多钱。你可以以两种不同方式去描述他。你可以说"他很节俭"或"他很吝啬"。两个句子都表明他不太爱花钱，但前者根据保存财富（节俭）表述了一个事实，后者根据慷慨度（吝啬）表述了一个问题。

现在想象有一个求助在说：尽量少花钱。这是一个平衡预算的修正案要送交国会的信息。对这个求助有三个解释方式："要节俭"，"要小气"，或两者都有。自由派认为政府应该节俭但不能吝啬。保守派立足严父道德，认为政府的节俭绝不是吝啬，因为削减政府资金正好可以使人们更自律、自立，这对他们有好处。

〔373〕　　关键在于这个求助——这是非常真实的求助——根据表述有了两个解释。进一步说，这个表述的含义取决于正如我们在本书中所看到世界观。但严父道德要求的人类心智观念是，这种构建和世界观差异不存在也不应该存在。道德规则要成为道德规则，必须让每个人都能以同样的方式去理解。正是不同世界观和不同的表述模式的存在表明这是错的。人类心智中这种表述差异和世界观差异真实存在，不是这一点那一点的少量存在，而是一个非常巨大范围的存在。"不得谋杀婴儿"这一禁令可能适应于房事后口服避孕药，也可能不适用，这取决于细胞团是否被表述为"婴儿"，服用避孕药是否被表述为"谋杀"。

因为表述和世界观差异以及类别属性（模糊、辐射结构、典型）而产生如此大量的正常含义变化，日常人类推理——对严父道德模式来说需要一致性条件——是无法应付的。

奖励和惩罚

对奖励和惩罚的理解中也发生了这种变化。任何时候你在详述一个奖励或惩罚时，你使用的人的类别要服从于同一类的含义变化。意思是说"奖励"和"惩罚"的含义也在变化。想想贝尔兔的道德：被扔进荆棘丛，这对其他动物来说是一个惩罚，但对他却是奖励。

丹尼尔·卡尼曼（Daniel Kahneman）、阿莫斯·特沃斯基（Amos Tvensky）和一小群合作者，经过二十多年，已经做出了大量研究（见参考文献，A5），详述人们是如何不按照大众行为主义行事的，其根据的是一个客观描述：什么应是他们的最大利益——什么应该被当作奖励和惩罚。他们一个接着一个的案例实验表明，人们甚至不是按照对他们至关重要的方式进行推理的。失败通常是因为人们使用了其他推理方式——以典型为基础的推理、可替代的表述、世界观差异——这妨碍了"理性"奖惩推理方式，这会影响到如何理解人和事件的类别，甚至影响到对简单可能性的判断。 〔374〕

事实上，人们并不是所有时候，或主要地按照最清楚最明确的奖惩去推理思考的。这一事实动摇了奖惩道德原则这一严父道德的基础。如果惩罚不总是被当作惩罚，或者如果惩罚不是人们通常行为的基础，那么整个严父范式就被动摇了。用惩罚迫使人们服从权威并从而树立自律和自立，将不再管用。正如我们在上一章看到的那样，惩罚在儿童抚养中也不管用了。

隐喻性思维

通过本书我们看到，人们通过隐喻去看待大量事物，其中就包括道德。事实上，概念性隐喻广泛存在，并且在道德思维中起重要作用。拿要公正惩罚犯罪这一道德原则为例。这要用到道德计算的隐喻，它推动了遍布世界的不同账户体系。在美国，我们会问多大的罚款或在何种监狱监禁多久才能当作惩罚。
〔375〕把幸福隐喻为财富促使我们尝试找到一个普通的手段，按照它我们能够平衡道德账簿——用一种损害平衡另一种损害（侵犯幸福）。道德计算作为一个隐喻，如果想让它发挥作用，总是需要进一步的解释。事实上有很多种可能的解释，这意味着惩罚要公正这一道德训谕无法只按照一种方式去遵循。这一道德训谕也有多样可能的解释。这种解释的多样性破坏了严父道德对道德规则的要求：要有一个绝对的、普遍的、适合所有时代和情况的、清楚而明确的含义。正是概念性隐喻的存在让严父道德行不通，因而它破坏了绝对道德准则的可能性。

不完美沟通

说到完美沟通，很明显它根本不起作用。自由派和保守派之间完美沟通的失败已经清楚地说明了问题。事实上，在认知科学和语言学中，这个失败是如此显著，以至于它甚至成了一本畅销励志书——黛博拉·坦南（Deborah Tannen）的《你就是不明白》——的主题。坦南，曾是我系里的一个学生，现在是乔治敦大学的一位杰出教授，她是研究人类对话的性质及难点这一领域的上千研究者中的一位（见参考文献，A4）。

这一知识领域的主要成果之一是，不同的人有不同的间接引语原则。有些人是轻描淡写派，说的不足以表达其思想，还差一点点睛之语，只好让听者自己去总结了。其他人是言过其实派，他们会夸张，绝不放过抖包袱的机会，也绝少不了下个结论。不同的人甚至对礼貌对话的构成要素有相当不同的观点。〔376〕例如对于有些人来说礼貌意味着含蓄，问问题而不是直接要求。对于其他人来说礼貌意味着直率，想什么说什么，不多不少。一旦人陷入这些细节中，就会发现对话策略的差异要比这复杂得多。再加上由表述、世界观差异、隐喻、辐射型类别、模糊类别以及以典型为基础的推理等所引发的含义变化，你就能明白为何沟通远不能达到完美了。

　　由此我们能明白，严父道德对人类心智的必须要求中没有一个能在真实对话中由真正人类心智去真正满足。严父道德完全与真正的心智脱节了。道德绝对主义是不可信的，因为概念绝对主义本身就是不可信的。通过强制服从的道德训练起不了作用，因为人并不是一台简单的奖惩机器。

相对主义

　　道德绝对主义的失败是否意味着完全的道德相对主义？根本不是，只不过概念绝对主义的失败意味着完全的概念相对主义而已。正如我们在对道德隐喻的研究中所见的，这些隐喻不是主观随意的，它们受到道德根本——推动人类的幸福——的强力约束。幸福的基本形式——健康、力量、财富等——约束道德隐喻的可能性。甚至抚养经验的基本形式——严父和慈亲——似乎也对道德体系的整体形式提供了有限版本。认知科学对心智体现的研究表明，尽管有大量的变体可能，变体也不是无限制或任意的。它们受自然界和社会界中运转的人类生理〔377〕

和经验的方方面面的限制。为何概念变体和变化不会导致像完全相对主义这种情形，想了解深入详尽的讨论，请看参考文献A2，Lakoff，1987，第18章。

慈亲式抚养和关怀社会

最后我们必须再讨论一个问题。为何概念变体的存在、不完美沟通和大众行为主义的失败不会导致慈亲道德出现同样的问题？欲知原因，就要暂回到儿童抚养这一话题。在慈亲模式中，持续的沟通、互动和讨论是至关重要的。正如**贝里·布雷泽尔顿**在《触点》一书中反复说过的那样，必须经常告诉孩子为何你要做这件事，问她有何意见、感觉如何，尊重她的感觉，接受她的建议，同时坚持你认为应该做的事，除非你的孩子有更好的建议。这个过程需要不断地沟通和商讨各自意图。这假定双方意图是不同的，沟通是不完美的。如果你保持沟通，留意失败的沟通，把尊重和善意留给双方，再继续沟通，你就会切中要点，沟通的差异和意思的改变就不会出现那么多，或也不会那么要紧了。安全依恋、爱意和爱的行为、相互尊重、同情、承诺、明确的期望以及信任，它们使沟通过程得以持续进行。这不仅适用于儿童抚养，也能适用于一般的人类互动中。这就克服了意思变体和不完美沟通。

[378] 明确的期望和同情取代了严父模式的严格规则。相互依存、沟通以及对伴你生活的人保持情感联系这一真实愿望，取代了奖励和惩罚。

面对困难

但是，当你社区有人想左右你，或觉得对你或其他任何人没有情感联系，会怎么样呢？迄今唯一的答案就是，尽力做好每件事去建设一个关怀社区，久而久之，将它不断扩展到其他社区。这很难，需要花费大量时间，做出大量承诺，并要进行大量沟通。但慈亲模式一般就是难以仿效，就是需要花费大量时间做出大量承诺，并要进行大量沟通。如同儿童抚养一样不好轻易替代。但严父模式是根本没法替代。

再者，正如创造一个充满关怀的家庭生活，期望能简单迅速地创造一个关怀社会也是不合理的，必须耐心，做好应对挫折的准备，还必须牢记幸福道德和自我关怀。在约到挫折时，你必须设法保持基本的快乐，照顾好自己。如果你做不到，你就不足以成为关怀者。

在整个历史中，女性一直懂得关怀是一种生活。很多男性本能地从他们的母亲和充满关怀的父亲那里学会关怀。但当社会中很大一部分人是被专制的或漠不关心的父母养育大的时，这就对在当代美国创造一个关怀社会形成了挑战。

美国处在各种道德世界观之中，只有一条路可行。

第 23 章　基本的人性

〔379〕　　概念性隐喻是道德理解和道德推理的核心。所有犹太教－
基督教道德都需要道德会计这一隐喻，这是基于把幸福当财富
的理解，这就使我们可以形成这些观念：付清道德欠账，平衡
道德账簿，积累道德盈余，获得进入天堂的奖赏。

　　如果不把道德理解为正直、邪恶理解为强迫，我们就无法把
道德失败视为**坠落**，把保持道德视为**抵抗**邪恶，把建立道德力量
视为对纪律和克己的**需要**。如果不把道德理解为健康、不道德理
解为疾病，我们就不能把不道德看成能够扩散的传染（病）从而
要求避免接触不道德之人，否则就要将它清除干净。如果我们不
把打的视为一个整体，我们就无法相应地理解道德价值观的**瓦
解**，**撕破**道德织物（结构），传统道德的**腐烂**。

　　正如在本书中处处所见，我们大量的道德理解、道德推理、
〔380〕道德语言，都要经过这些隐喻。但这些隐喻来自哪里？如我们
在第 3 章所见，有一个非常简单直接的答案。我们对道德的隐
喻来自我们对幸福经验的理解：如果我们富有而非贫穷、健康
而非有病、强壮而非虚弱、完好而非恶化、得到照料而非得不
到照料等，我们会更幸福些。幸福包括健康、财富、力量、完
好、关怀等各种状态。

　　在我们的文化和全世界的各种文化中，我们拥有各自的道
德隐喻，原因在于特定的道德观念是建立在幸福经验和人类繁
荣之上的。撇开所有隐喻性思维不讲，道德就是能促进他人的

幸福的经验。由此，道德就与促进他人的健康、财富、力量、完好、关怀等相关联。道德和各方面的幸福经验之间的关联引发了我们对道德的隐喻。即道德隐喻立足于非隐喻性的道德经验，与促进力量、完好和健康的**道德**及促进虚弱、衰败和传染的**不道德**相关联。

我们抽象的道德体系主要是隐喻性的，因为它使用了像道德会计、道德是力量、道德是完好这样的隐喻。本书中描述的绝大多数隐喻性推理凭借这些隐喻使用了推断模式和语言模式。因为道德经验是所有这些隐喻的基础，它也是所有道德理解和道德推理的基础。

所有抽象的、隐喻性的概念化道德，其根据就是经验性道德；也就是在直接经验层面的支持而非损害。没有幸福经验的这些基本形式——健康、财富、力量等，一个隐喻性的道德体系就无法起步。 〔381〕

由于道德经验是所有抽象隐喻性道德概念的基础——根本，我们可以提一个有趣的问题：这些隐喻性道德体系及其基础之间是否也存在矛盾？或者说，在一个既定的隐喻性道德体系及其基础之间是否总是和谐的？

有充分理由认为，这个问题很重要。人有时会感到，一个抽象的、隐喻性的道德体系有时与道德所关乎的现实之间脱节：与其基础——道德经验——脱节，与人类是否繁荣发展之间脱节，与个人的健康、力量、关怀、完好和财富逐一脱节。

我相信，对这个问题的含义到底是什么，到底什么时候会发生，我们能够有条理地说出个一二三。让我们考虑一下本书中我们比较的两个道德体系。

慈亲道德本身就包含某种不允许与道德经验脱节的成分。这就是道德同情的优先性——这是整个慈亲道德体系中最根本的隐喻。甚至道德关怀本身都预设了道德同情。慈亲体系中唯一比同情高的是保护；你不可能对一个想杀死或伤害你孩子的人抱有同情心。但在其他方面，同情具有最高优先性。

任何把纯粹同情放在首位的人会对其他人抱有完全的同情，会换位思考，因此不想让他人经历伤害——疾病、虚弱、贫穷、苦难、衰败等。慈亲道德以这种方式与个人的健康幸福问题保持联系，也防止与所有抽象的、隐喻性道德的基础脱节。甚至给**保护**以更高优先性，使人与他已经许诺去关怀的那些人的幸福保持联系。

〔382〕

相比来说，严父道德在这方面相当不同。其价值体系顶端是道德力量，而非同情。那里还有道德权威、道德秩序和报应（即惩罚）。在严父体系里道德同情和关怀的优先性较低。不是说它们会被遗漏，而是它们必须给道德权威、道德力量和报应让路。

这意味着对道德软弱者无法给予充分同情，比如因缺乏自律而没有工作的接受福利救济者，因缺乏自律克制不住性冲动的未婚妈妈等。这意味对那些破坏道德权威、违反法律的人无法给予充分同情；换句话说，不要同情罪犯。这也意味着对那些处在道德秩序低端者无法给予充分同情——即将灭绝的物种、雨林、其他国家贫困的非白人。

因此，这一体系中最高的隐喻——道德力量、道德权威和道德秩序——在最基础的人类经验层面并不确保一个人与人类繁荣之间保持直接联系。在严父道德中，一个人的道德脆弱（缺乏自律和自立）或破坏道德权威（犯罪）要比他的贫穷、疾病、身体虚弱或得不到照料更为重要。

因此，严父道德体系给予道德力量和道德权威这些隐喻性道德形式以高于道德经验——即贫困、疾病、身体虚弱和缺乏照料——的优先性。这就是严父道德体系与所有隐喻性道德体系的非隐喻性的、确确实实的、直接的经验基础相脱节的地方。这就是严父道德体系与一般人性相脱节的地方。 [383]

当一个抽象的、隐喻性道德体系与所有这类体系的经验基础脱节，它也就与这一道德涉及的最基本事物脱节了。

总体上讲，严父道德是脱节的：与儿童抚养的现实脱节，与人类心智的本性脱节，与一般人性脱节，与任何道德体系的本质脱节。

严父道德不光损害儿童的健康，也损害整个社会的健康。它设立了"善 vs. 恶"、"我们 vs. 他们"的二分法，并建议采取攻击性的惩罚行动反对"他们"。它将社会分成"应受"奖励和惩罚的两大群体，在此基础上"他们""应受"施加在他们身上的痛苦，这基本是主观的，终究站不住脚（正如我们在最后一章所见）。严父道德由此培育了一种排外和指责的分裂文化。它诉诸最坏的人类本能，导致人以成见看待**他们**，妖魔化**他们**，惩罚**他们**——仅仅因为他们是**他者**。

因为他们是**他们**而受到指责和惩罚，在最坏的情况下会导致最邪恶的恐怖：在波斯尼亚、卢旺达、索马里以及其他很多地方发生了大屠杀和可怕的悲剧。在美国导致了三 K 党，这就是令很多人害怕的**自卫运动**。但即使没有杀戮，生活在**指责文化**之中也不会感到快乐或富有创造性。这种文化不利于社会和谐或社会进步。

慈亲道德能够鼓励合作，提供激励、培训和环境，这样最广大的公民能够在一起高效协作，就此而言，它似乎是一个再好不过的选择了。

尾声　公共话语问题

　公共政治话语如此贫乏，它无法容纳我们这里一直讨论的绝大多数问题。它缺乏足够的道德词汇，对我们的道德概念体系也没有足够的分析，无法切合实际地讨论家庭、道德和政治之间的联系——也无法解释保守主义和自由主义自身立场是如何形成的。

但公共话语的问题甚至比这更深。假定本书的核心理论都是正确的，亦即：

政策源于以家庭为基础的道德。

那些家庭基础上的道德主要由无意识的、概念性的隐喻构成。

要理解政治立场就要理解其如何符合以家庭为基础的道德。

保守派和自由派的政治立场不可能逐个在每个问题上一一进行比较。相反，要理解对于某一具体问题的政治立场，需要将其纳入一个无意识的基于家庭的道德体系当中。这些立场之间没有可比性，因为它们各自所预设的道德体系是背道而驰的。

在道德背景下表达政治立场，不存在中性的概念，也不存在中性的语言。保守派已经发展出了自己的党派道德政治观念和党派的道德政治语言，而自由派还没有。为了产生一个平衡的话语体系，最佳的方式就是发展一种元语言——一种适用于道德和政治的概念和话语的语言。

这些命题的形式与新闻报道和媒体当中的政治讨论不一致，与传统的关于政治话语的自由主义假设也不一致。这是由很多原因导致的。

第一，新闻报道假定概念是字面的而且是无党派的。但是，概念和表达概念的语言通常是党派的，特别是在道德和政治领域。新闻报道的人物、事件、时间、地点和原因并不能反映保守派和自由派政治立场背后的隐喻性概念结构中复杂的党派差异。

第二，新闻报道假定语言的使用是中性的，假定词语的任意标签就是其字面意思。但在道德和政治方面并非如此。语言与概念系统相关联。使用某个道德或政治概念系统的语言，就是使用和加强这个概念系统。

第三，新闻报道是以问题为导向的，似乎政治问题可以从它们所嵌入的道德体系中分离出来。但实际上，政治问题无法从它们的道德体系中分离出来。

第四，传统辩论的概念与本书的命题不一致。辩论的本质就是将字面意义与问题导向结合起来。辩论是根据一个孤立的问题（如堕胎或平衡预算修正案）来界定的，它假定可以通过使用字面的概念、字面的语言和中性的形式，充分地推论和探讨某个问题。但这里面没有一点可以做到。辩论还假定其条件是相称的，假定辩论者是在同一个概念范围内。在保守派和自由派政治这里，这也是错误的。〔386〕

第五，因为语言被假定为中立的，所以媒体假设总能找到一种保持中立的方式去报道故事。但事实并非如此。用保守主义的语言和概念系统来报道一个故事，就会加强并支持保守主义的世界观。如果自由主义者也能找到有适合他们的道德政治的语言，情况也是如此。报道故事的话语和语言形式的选择本身会导致偏见。中立并不总是能做到的，尽管有可能实现一种平衡，而且成本很高。想象一下，全国的新闻报道都是从两个背道而驰的道德世界观报道的。想象一下，每一个重要的故事都有两个版本，分别来自"保守主义世界观"和"自由主义世界观"。读者可能会开悟，但他们也有可能会困惑。保守派会嗤之以鼻，因为从他们的世界观来看，不可能还存在另一种有效和明智的道德世界观。

第六，因为语言被认为是中性的，人们理所当然地认为语言的使用本身不会使某个讨论者处于劣势。这也是错误的。由于保守派制定了精明的道德政治语言，而自由派则没有，自由主义者在所有公共话语中都处于劣势，而且他们将一直处于这种不利地位，直到创造出足够的语言来反映他们的道德政治。

第七，新闻媒体认为，所有的观众、听众或读者共享一套相同的概念系统。这也是错误的。即使最"客观"的报道通常也是从一个特定的世界观来叙述的，这个世界观通常是无意识的，而且，记者也无意识地认为这就是理所当然的。

〔387〕

第八，这个国家的政治话语的本质使得我们很难讨论道德与政治之间的关系。教会与国家的分离潜在地使教会成为守卫道德的机构。人们一直以为所有的政治讨论都是以问题为导向的，在道德上是中立的。一旦将道德问题带入问题导向的讨论，整体上的道德合法性问题就显露出来了。右翼教会所支持的保守主义引发了一个棘手的问题，即如何在保持教会与国家分离的同时讨论道德问题。道德太重要了，不能留给教会。我们必须有关于道德的公共话语，并且掌握足够的词语来表明自由主义和保守主义政治立场背后的道德体系之间的差异。

第九，自由主义本身所具有的话语观使其处于不利地位。自由主义来自启蒙运动传统所假设的字面的、理性的、问题导向的话语，这是一种使用"中性的"概念资源进行辩论的传统。大多数自由主义者认为隐喻属于语言和修辞方面的问题，或者说它们隐藏了真正的问题，或者，认为隐喻是奥威尔式语言的东西。如果自由主义者想要创造一个切合自身的道德话语来对抗保守主义者，他们必须克服这个观点，即所有的思想都是字面的，以及用直截了当的理性的文字就一个问题进行辩论是可能的。这个想法是错误的——在经验上是错误的，如果自由主义者坚持这个观点，他们就几乎不可能构建一套强大道德观以应对保守主义话语。

总而言之，用现有的公共话语来讨论这项研究的结果并不是很适合。对隐喻的分析和创造出一套新的概念系统的想法都不属于公共话语。大多数人甚至不知道自己有一套概念系统，〔388〕更不清楚这个系统的结构。这并不意味着我们无法公开讨论本书中提到的保守主义和自由主义的特征。它们可以讨论，而且应该得到讨论。只是，我们需要特别注意讨论背后的无意识概念框架。

后　记

弹劾克林顿

〔389〕　　写完这本书后，此前感到困惑的事情现在也都明了了。我们先来看看关于弹劾克林顿总统的一些问题。

- 为什么保守派会将莫妮卡·莱温斯基（Monica Lewinsky）的事情看作弹劾的契机？这毕竟是私事而不是国家的事，不是吗？

- 他们为什么要做那些陈述？他们为什么一直在谈论人品，教导孩子要弃恶从善？

　　从保守派角度来看，总统与莫妮卡·莱温斯基的婚外情确实是弹劾他的最佳理由。这是对严父道德的侮辱：婚姻不忠，滥用权力，背叛信任，与一个和他女儿年龄相仿的不成熟女子有染，并对公众说谎，试图掩盖这一切。这完全是一个家庭问题。它是如何被整合成等同于叛国或腐败的弹劾理由的？这是

〔390〕 家国隐喻的产物。它将家庭事务变成了国家事务。

　　为什么管家看起来就像是管家——站有站相坐有坐相，说话一丝不苟条分缕析？他们是很罕见的比严父更为严格的一群人：有道德感、清醒、赏罚分明——所有这些都是为了让人感到他们就像是道德权威。

　　想想保守派的演讲。威斯康星州共和党代表詹姆斯·森森布伦纳（James Sensenbrenner）在众议院司法委员会的演讲是一

个很好的例子。

> 尊敬的发言人先生，绝大部分美国人都为总统的行为感到愤怒。我觉得最为棘手的问题来自为人父母者，他们该如何向孩子解释总统的行为。
>
> 每个家长都试图教育孩子区分对错、弃恶从善，教育他们永远要诚实，犯了错误要承担责任，要面对他们行为的后果。
>
> 克林顿总统的行为，每一步都与这些价值观相违背。成为一个坏的榜样并不是弹劾的充分理由；但是，破坏法治这个理由是充分的。它挫败了法庭对私人不正当行为进行判决的能力，使得我们政府的三个主要部门之一公正执行判决的能力受到了攻击。

下面是前司法委员会代表伊丽莎白·霍尔兹曼（Elizabeth Holfzman）和森森布伦纳在司法委员会召开之前的交流：

> 霍尔兹曼：森森布伦纳先生，我也不喜欢在回答问题的同时还提问。但你不觉得在没有国会授权的情况下对轰炸别国保有两套说辞，与掩盖属于自己个人私生活的性丑闻之间有着重大区别吗？〔391〕
>
> 森森布伦纳：我认为应该没有区别，因为关于做伪证和虚假陈述的法规，你知道，做伪证并没有程度上的区别。当你做了一个虚假的声明，你必须承担其后果。而且我想我们都想教育我们的下一代，说实话永远是最重要的。

这是众议院司法委员会的听证会，他们所讨论的是总统是否犯了足以被弹劾的叛国或贪污罪。为什么该委员会的保守派成员在谈论如何教育你的孩子？他为什么说弹劾"最棘手的问题"是育儿问题？他为什么说："每个家长都试图教育孩子区分对错、弃恶从善，教育他们永远要诚实，犯了错误要承担责任，要面对他们行为的后果。"

为什么他将掩盖性丑闻的行为等同于"在没有国会授权的情况下对轰炸别国保有两套说辞"呢？他为什么说："当你做了一个虚假的声明，你必须承担其后果"？为什么当这些评论混入弹劾听证会时，全国的电视广播观众连眼睛都不眨　下？为什么媒体权威人士在一片弹劾声中甚至都没有注意到育儿问题的讨论？

从本书的分析来看，答案很清楚。森森布伦纳将家国隐喻作为理所应当的。他所设定的正是家庭的严父模式，这是保守派道德世界观的特征。保守派试图让公众从家庭的道德角度来看待弹劾听证。隐喻就这样建立起来了：国会议员是严父，是道德权威。他们假定一个绝对的对和错，而他们就是判决人们是否犯错的道德权威。说谎是错的，如果你的孩子犯错，他就必须受到惩罚，因为没有惩罚，人们就学不会做正确的事情，我们社会的道德基础就会崩溃。惩罚是"法治"的基础——没有惩罚就没有法律。因此，"你必须承受犯错的后果"。

在这个隐喻中，总统是顽皮的孩子。他有义务控制自己的性行为，而他没有做到。控制自己的性行为是严父家庭生活的重要基础。总统表现出缺乏纪律——表明他在道德上有缺陷，因此在道德力量的隐喻看来，他就是不道德的。做错事必须受到惩罚，如果国会要保持道德上的权威，就要坚持实施惩罚。

〔392〕

为了正义的彰显，道德计算的隐喻也需要惩罚。在严父道德当中，对惩罚的恐惧促使孩子和成人做到依道德行事。没有惩罚，整个由道德体系统治的社会就会崩溃。这是适用于这种情况的保守主义道德框架。保守派的国会议员一再使用"正确的语言"：法治、分清善恶，接受后果，实现正义。这套语言就是为了唤起这个概念框架。

克林顿总统的战略是改变这个框架。他请求人们的宽恕，这在一个慈亲式道德体系中是有意义的。他把它当作一个家庭事务，发生在他和他的妻子及女儿之间。简而言之，他唤起了慈亲式家庭道德的框架。〔393〕

特别有趣的是，全国有超过 60% 的人支持克林顿。只有冥顽不化的保守派核心分子才支持弹劾总统。通过这个例子我想说明，大约占 20% 的"摇摆选民"既具有严父道德倾向，也理解慈亲模式——在这一案例中，他们选择了慈亲模式。布什在竞选活动中并没有忽视这一点，布什将自己塑造为（相当成功）一个"富有同情心的保守派"——尽管他其实就是一个主流意识形态的保守派，根本没有丝毫的慈亲式道德价值观。

2000 年选举

"中间派"

全国选民大约有 40%（±2%）在政治上具有严格的一贯性，另外 40%（±2%）被认为是政治中立的。选民当中的"中间派"占比相当小——只有约 20%（虽然有些估计高达 30%）。据我所知，这个群体至少包含两个重要的亚群：

● "双重概念"：同时拥有两种模式的人，他们可能将这两种模式分别用于生活的不同部分，在政治问题中也可能两种模式都考虑。例如，许多蓝领工人是家中的严父，但在国内的政治优先事项上也是慈亲式的。许多公司决策者在工作中是严父，但在家中和政治方面仍然倾向于慈亲式。

- "实用主义者"：包括务实的保守派和务实的进步派。意识形态上的进步派和保守派都坚守各自的模式，而务实的进步派和保守派则更愿意为实际的目的而作出妥协。

〔394〕

包括以上复杂性，不同版本的严父和慈亲模式强调不同的方面。不同类型的进步派和保守派也有各自不同的优先项；例如，财政保守派和社会保守派会将生活的不同方面作为优先考虑事项。然而，对于所有这些复杂性和变化，这两种基本认知模式主导着美国的政治生活。各自都为广泛的政治和社会问题在一定范围内提供了一个相对简单而一致的组织。它们都来自社会生活最核心的组织机构：家庭。

所谓"性别差异"确实存在。白人男性总体上倾向于严父道德观念，而女性整体上倾向于选择慈亲式道德观念。还存在一个"文化差异"，某些州在文化上整体都倾向于严父模式（特别是南部和中西部以及西部地区）。有的州则整体上倾向于慈亲式道德。

"中间派"这个概念最重要的是它其实永远不会真正中立。事实上，"中间"这个词是误导性的。它表明从左到右有一条线，有些处于"中间"的人既不进步也不保守。其实不然。

第一，"中立的"中间派这个设想没有考虑到实用主义者。例如，有一些务实的保守派认为减税在财政上是不负责任的，或者导弹防御系统根本没用。还有一些务实的进步派认识到以前的福利制度有些根本没用，或者，他们尽管承认公立学校制度确实存在严重的问题，但也不认为教育券可以解决问题。这

〔395〕

些人在意识形态上与"纯粹的"保守派和进步派相比并不逊

色。他们只是不愿意让意识形态——从他们的角度看来——凌驾于实际之上。（当然，从纯粹主义的角度来看，他们是让"纯粹的"务实考虑凌驾于道德原则之上。）

第二，我们需要考虑各种各样的双重概念系统。他们可能在某一个生活领域，比如财政或外交政策上采取严父道德，但在大多数国内问题上都采取慈亲式道德观念。或者有一些人主要关心生活的某一个领域，比如，种族、性别或性取向。他们可能在这个领域采取慈亲式道德，而在其他领域则采取严父道德，反之亦然。仍然，这些人在意识形态上并不是中立的；而且，他们的信念有可能非常坚定。

第三，存在既带有严父性，也有慈亲性的政策，意识形态纯粹的人可能会侧重于他们所认同的部分或不同意的部分。他们可能会以不同的方式对某一政策采取不同的态度，而不是中立。

第四，存在一些政策，个人可以通过多种方式对之进行概念化。例如，教育可以隐喻地被当成是一个企业，或者是慈亲的一种事务。某个政策可以被视为是对孩子的关爱，或者是学校系统的财务责任。一个具有双重概念系统的人，在金融领域是严父，而对于儿童而言则是慈亲，可以从任何一个角度来解读这样一个政策并做出选择，或者干脆就自相矛盾。

重要的是看到具有这些复杂类别的概念系统的人并不属于"温和"派。"温和"一词表明，意识形态背后缺乏足够的力量，不愿意过分坚持。上述四种情况都不符合这种情况。在政治生活中表现温和大多时候都被视为美德，但实际上却并非如此。然而，也存在一些真正的温和派：具有双重概念系统的人可以看到问题的两面，他们最关心的是如何避免重大冲突的发生〔396〕（通常是因为他们是实用主义者）。无论如何，对于既非纯粹的进步派也非纯粹保守派的复杂的 20% 来说，用"多面"替代"中心"、"中间"和"温和"等词更为符合现实。大多数公共讨论的目标听众都是这个多面的 20%。正是在这群人当中，隐喻框架的效应最大，使用起来必须非常小心。

2000 年大选

戈尔以巨大的政治优势进入选举的最终角逐；而布什具有巨大的经济优势。布什的策略是以严父的道德文化赢得竞选和管理国家，而在很大程度上忽视了慈亲式道德。他所面临的挑战是如何赢得各州足够多的摇摆选票。他是这样做的：

● 布什通过以下方式保证保守派阵地的支持

1. 使用身体语言、声音和言语，所有这些都告诉严父道德支持者，他是他们中的一员。

2. 保守派的核心立场：减税，教育标准和教育券，外交政策上强调自身利益和维护主权，对犯罪的严惩不贷，等等。

3. 他选择迪克·切尼，一个值得信赖的保守派作为竞选搭档。

● 布什以"富有同情心的保守派"为主题去迎合妇女和其他慈亲式的摇摆选民。他选择了慈亲式家长的语言，如"不落下一个孩子"。他经常与各种肤色的小学生拍照。他谈到外交政策中的"温和"，直接打出道德牌："让诚信回归白宫。"

[397]

了解布什和切尼历史的人都知道他们是严格的保守派——真正的保守主义信徒，但很多选民都被他们的慈亲式表象欺骗了。

戈尔输了选举，他尽了一切可能输掉了选举。

● 当布什牢牢把握住他的极端保守主义阵营时，戈尔却从不主动经营最进取的民主党阵营，让绿党候选人拉尔夫·纳德

(Ralph Nader) 致命地打入了这个阵地。

- 他没有抓住克林顿这个极为受欢迎的人，而是远离克林顿，甚至没有请克林顿在关键的几个州为他的竞选站台。

- 当克林顿公开表达对戈尔的同情时，戈尔表情麻木，看上去疏远而自以为是。尽管新闻界不断表示批评，戈尔仍然没有改变他的态度。

- 克林顿和布什都理解政治的象征层面，而戈尔几乎完全错过了，而且完全依靠政策处方来度过选举的每一天。

- 布什以"同情的保守主义"以及其他口号获得了女性和其他慈亲式的摇摆选民，戈尔却忽视了慈亲式的选民，而是以"我会为你而战"为主题。这是一个非常糟糕的选择。它完全忽视了慈亲式主题，其道德观念与"打"这个字眼相冲突。这个主题也表现了一种无力感；与总统的强大形象相违背；它隐含的意思是，当上总统仍然不够，他仍然会纠结。实际上，它听上去好像戈尔是一个弱者，而不是他试图所塑造的战士形象。

- 此外，戈尔不明白布什会采取什么策略。他不知道如何反击布什所打的同情牌，如何展现出自己所真正具备的同情心。 〔398〕

- 布什的竞选打了道德牌，而戈尔没有，因此失去了道德优势。他没有描述出一个清晰的道德立场，因此，他被人指责为不诚实，只是一个想赢得竞选的操纵性极强的政客，这些都像标签一样贴在道德立场的缺席处。

- 戈尔误解了电视辩论的本质。他以为辩论是通过政策得分点决定输赢，如果是这样，他会成为更加优秀的辩手。布什通过将问题整合进自己的优势赢得了辩论，而戈尔不知道如何重新整合问题。戈尔用事实、数据和政策进行回应，使得布什能够用自己的事实、数据和政策进行反击，而公众当然无法进行区别。所有的统计学和数学问题都变成了"模糊数学"。

● 戈尔通过指出大部分的储蓄将会进入"前1%"的纳税人的腰包，来攻击布什的税收计划。这里的假设是，所有的下层和中产阶级选民（a）都会基于自己的利益投票，（b）对富人越来越富感到反感。（a）的错误在于，按照严父式道德，中产阶级的保守派认为财产是富人应得的，他们应该保留自己所赚取的东西，从而减税是道德的。他们是基于道德投票，而不是基于个人利益（见第10章，第189～92页）。（b）的错误在于，许多下层和中产阶级的选民羡慕并想要效仿富人，而且相当比例的人（超过25%）实际上认为他们或许最终会跻身前〔399〕 1%之列。前1%的观点是毫无意义的。它只在意识形态上坚信自由主义的人那里行得通，但戈尔已经坐拥他们的投票了。总的来说，选举失败了。

总之，戈尔的失败是注定的，其中有一个重要的认知因素。戈尔和他的竞选团队没有理解这本书的内容——政治的认知和象征性维度——而布什和他的竞选经理则深谙其中的奥妙。

佛罗里达投票计数

许多人认为这些话都只是"纯粹的语言"——只是客观现实的标签。认知语言学家的理解则更加深入。我们使用语言的方式反映了我们对某事物的看法，并且可以影响他人看待世界的方式。语言至关重要，由语言所表达的思想（通常是隐喻性的思想）至关重要。

谈论选举涉及五种概念化方式。

1. 赛马。这是媒体在报道选举中最常用的隐喻。这一隐喻将关于赛马的常见推论与选举活动结合起来。因此，我们认为：

i. 每个人的起点相同，路径一样。

ii. 存在人们会遵守的规则。

iii. 最合适的候选人才能胜出，正如跑得快的马才能赢得比赛。

iv. 中立的官员保证比赛的公平，在比赛接近的情况下做出胜负判决。

v. 总有一个胜利者，赢得比赛者是"第一个到达终点线" 〔400〕 的候选人。

vi. 只要你赢了，是如何赢的没关系。

vii. 要遵守赛事礼节。失败者应该认输，而不能反对裁判的判决。如果他不这样做，他就是一个"输不起的人"。

2. 橄榄球比赛。

i. 橄榄球比赛是激烈的。它本就应该是激烈的。队员会受伤。要赢就必须惨烈。你应该为了赢得比赛而表现强悍。比赛中会有一定的犯规。

ii. 四分卫会在场上做决定。其他队员按照他的命令比赛，否则他们会被淘汰出局。

iii. 比赛在规定时间后结束。得分领先的队伍赢得比赛。

iv. 对于队员来说，时间至关重要，领先的队伍可以尽量拖时间，尽可能多地浪费时间，不让对方队伍得分。

v. 仍然，有中立的裁判保证比赛的公平，在比分接近时判决哪个队胜出。

vi. 仍然，只要赢了，如何赢得比赛并不重要。

vii. 仍然，比赛礼节是输者认输，而不能做"输不起的人"。

[401]   3. 战争

i. 这是一场生死之战，一决胜负。

ii. 双方都要"出血"。

iii. 赢得战争的总是火力大、拥有最好策略和地形掌控的候选人——而不一定是最有能力的候选人。

iv. 生命攸关时，伦理问题就可能被合理地忽视。

v. 仍然，只要赢了，如何赢得比赛并不重要。

4. 民主地建立"人民意志"的合法程序。

i. 选民最大限度的参与对于确立"人民意志"至关重要。任何干涉选民登记或实际投票的选举都会被视为非法的，应该受到合法的质疑。

ii. 建立"人民意志"，"选民的意图"应放在首要位置。任何干扰选民意图的方式，以影响选举结果的方式进行登记，都是非法的，并使选举受到争议。

iii. 每张投票都应该被计算在内。

iv. 投票计数应该公正执行。

v. 选举必须在法律程序执行之后结束。

vi. 如果选举没有或不能建立人民的意志，应该举行新的选举。

[402]   5. 一场政治活动，是这个激烈竞争的世界的一个方面。

i. 每个人都天然地追求自己的利益。

ii. 个人对自己所选择的道路负责。

iii. 遵守纪律、足够强大的人赢得竞争，赢得选举的人就应该成为统治者。

在 2000 年的大选中，所有这些选举的概念化方式在佛罗里达州的投票当中都出现了。媒体像以往那样运用了赛马的隐喻。

这个隐喻实际上有两个版本。在整体的比赛隐喻中，比赛时间从候选人"开始竞选"一直延伸到实际选举，谁处于"领先"是由民意调查决定的。赛马的隐喻以投票计数定输赢，当投票开始时比赛开始，谁处于"领先"位置首先是由民意调查决定，最后是在选举之夜的"官方计票"（当没有重新计票的时候）当中决定。在选举之夜，"结果过于接近时"，就像比赛当中处于中立立场的裁判会在稍后通过画面定格来决定谁是获胜者。

　　媒体在选举中使用的赛马这个隐喻，让布什取得了巨大的优势。它使人们将竞选理解为一些基于隐喻的原则：总会有一位胜出，胜出者就是"最先到达终点线"的候选人（隐喻1）。此外，每次都进行部分重新计票，使用了赛马比喻的投票方式：尽管是部分的，但每次计数的都是另一场比赛。布什的支持者不断重复这种隐喻的推论：布什"在选举之夜获胜"，他"在每一次计票中获胜"。戈尔的支持者表示抗议，说选举的进程远没有结束，只有整个选举完全结束之后才会有"获胜者"。这〔403〕就是一场全国性的"隐喻之战"。坚持使用赛马隐喻的保守派称戈尔的抗议是"输不起"的表现。

　　有趣的是，选举隐喻的选择不仅需要符合各方的党派利益，也需要符合自由派和保守派的道德世界观。在严父道德模型中，竞争并不是罪恶的，而是积极的有益的：是道德得以存在的绝对必要条件。没有竞争就没有必要有纪律，人们就不会遵循道德法则（见第五章，第69页）。因此，隐喻1，2，3和5——赛马、橄榄球赛、战争和强硬世界政治——都是保守派的隐喻。因此，保守主义者在计票和获得法定判决时的拖延策略，在保守派看来是合法的，这就是"耗时间"（橄榄球隐喻）的一种形式。

自由主义者，按照慈亲式家长的道德，自然地选择了隐喻4——民主地建立"人民意志"的合法程序。这来自公平的慈亲式观念（见第6章，第123~24页），以及拒绝政治声音的共情。因此，佛罗里达州最高法院会以"选民意图"作为重新计票的基础，这并不意外。

应该说，候选双方阵营的政治专业人士都会使用战争隐喻。民主党和共和党都有自己的"战争指挥室"。

隐喻5——艰难世界的隐喻在选举中起了特别重要的作用。保守派认为，如果你不理解佛州棕榈滩郡蝶形选票①引起的混乱，你的投票就不应该算数。他们对悬挂票的回应是，如果你没法正确地在你的投票中打孔，没有仔细检查，那么你的投票就不应该算数。换句话说，如果你没有足够的自律，那太糟糕了，你必须接受后果。据报道，桑德拉·黛·奥康纳（Sandra Day O'Connor）大法官也曾在私人聚会上发表类似的言论，在一次法庭上的口头辩论中，她评论道："为什么他们没有按照应该

〔404〕

————————

① "蝶形选票"是2000年的美国总统大选中佛罗里达州的棕榈滩郡使用的选票样式。这是一种全新设计的选票，它将候选人的名字分为两栏，分别印在选票两侧的对折页，所有圈选栏则集中成一行，列在选票中央，从而被称为"蝶形选票"。由于圈选栏过于密集，戈尔名字旁边供选民打洞选用的小圆圈和另一个候选人布坎南的太接近，以致戈尔的名字看起来像是有两个圆圈，而布什的名字旁边只有一个圆圈。这种设计让人搞不清楚到底自己选的是哪一位候选人，很容易做出错误的判断。许多戈尔的支持者就在圈选布坎南的格子上打了孔，没有及时发现错误就将票投了出去；有些当场发现问题的选民又重新在圈选戈尔的正确格子上打了孔，但打孔超过一个就是重复圈选的废票，这里的废票总数超过19000张。此外，选票的蝴蝶型设计和使用人手凿孔式投票的方式导致佛州500多张选票无法识别。最后，两位候选人把佛州选举的争议推上了最高法院。37天后，经美国联邦最高法院法官宣读了七十多页的裁决书，布什以537张选票的微弱优势赢得了该州的选举从而入主白宫。——译者注

遵循的标准行事呢？我的意思是说，这一点非常明确。"有成千上万的黑人被人从投票处请出去，或者欺骗他们说民意调查已经结束，在很多保守派看来，这是因为他们不够遵守纪律以确保能够投票。

当凯瑟琳·哈里斯和其他保守派选举官员公开地利用自己的权利使布什获取优势，隐喻5是这些保守派道德优越感的来源。因为共和党人控制了州长和国务卿办公室，他们也控制了选举的日常法律机制。他们所做的就是法律，所以布什的支持者可以说支持"法治"。"法治"一词在严父道德当中至关重要，因为"法律"定义了对错，"法治"是道德权威的特征。

最后，最高法院保守派法官以5比4的裁决让布什当选总统，这就是隐喻5的例子。自由派的隐喻——隐喻4取决于法律过程，在隐喻中，这是一个理想化的法律程序。但在现实生活中，法律是由法官决定的，而法官是通过赤裸裸的权力任命的政治履行者。保守派利用自己的权力，在布什领先的时刻停止计票，因为计票无法在规定时间内完成，就宣布了一个相当任意的裁决，保守主义的法官对这一点毫无质疑，相当于他们简单地选择布什为总统。他们的裁决正是出现在严父道德制度 〔405〕
之下：

> 在平等保护条款下，佛罗里达州"选民意图"重新判决选票的标准是违宪的，因为"没有具体的标准来确保其平等"。它进一步认为，"根据经常性情况制定统一的规则以确定人们的意图是切实可行的而且必要的"。

"标准"和"规则"是严父道德的核心：规则区分对错，

标准要求自律。

这一裁定不是为了树立一个先例，而是只适用于这一案例，这个事实表明了这一裁决的任意性。法院不得不将这一裁定限制在这一案例中，如果没有这样的限制，这项裁决可能会在全国抛出大量的日常法规。原因是，"意图"有赖于各种具体的情况，从忽视到歧视，没有任何"统一的规则"。全国各地的法庭每天都在制定的"标准"都是统一的规则。事实上，佛罗里达州的选举系统本身也没有"统一规则"，因为它允许有不同类型的投票机，而投票机的功能就是决定投票者的意图，准确的选择不是基于统一的规则，而是基于各个县的财富（由于最富裕的县有最好的投票机——光学扫描仪）。如果这一裁决像其他裁决一样是普遍适用的，他们就会作废佛罗里达的选票，让戈尔当选总统。

[406] 保守派最高法院法官采取隐喻5——艰难世界的隐喻的原则。他们拥有权力，任意地利用权力来停止投票，让自己的人成为总统。他们会认为这样不好吗？他们会认为自己所做的事情不道德吗？当然不会！首先，他们做的是合法的。的确，他们有权决定什么是"合法的"。那么，严父道德制度就使严父道德本身成为道德行为的最高形式（见第9章，第166页）。源于严父道德的隐喻5允许他们利用权力在戈尔获得足够的投票赢得选举之前就停止投票。他们根据媒体的选举隐喻——赛马——来行事，因为根据这个隐喻，布什在赛马结束之时的选举之夜处于"领先"地位，从而避免了媒体的严厉批评。

自由派反对这五位保守派法官的裁决，认为这与他们自己所宣称的州权利观点相矛盾。自由派认为，如果法官们是一致的，那么法庭就会援引州权利，维护佛罗里达州最高法院的管辖权。这是自由派普遍存在的错误认识：认为保守派是自相矛盾的，比如，联邦政府干涉州法律。错误的原因是，这是一个简单的道德政治问题。保守派的首要关切是严父道德；道德永远是最重要的问题。政治问题是在这个道德框架内被理解的，也是通过这个框架得到定义的。保守主义者并不是在绝对意义上反对大政府、支持州权利，而只是相对于他们的道德制度来说。从保守派角度来看，这里根本就不存在矛盾。在使用联邦政府的权力符合他们的道德制度时，保守党就不反对大政府。这一案例就明显体现了这点。

如果戈尔赢了，根据隐喻 4，这次险胜意味着他身后并没有人民的坚定意愿。作为一个好的自由主义者，他会寻求与保守派的某种和解。许多自由主义者认为，在投票计数如此接近 〔407〕的情况下险胜的布什，应该寻求与自由主义者的和解，因为他背后不代表人民意愿的支持。他们对布什完全没有采取真正的两党制表示震惊。他们不应该震惊。作为一个保守派，他的选举隐喻不需要他这样做。根据布什的隐喻，只要赢了，赢的方式以及赢了多少都不重要。他提出了一个彻头彻尾的保守主义的议程，好像他就是全权代表一样。只要研究一下严父式道德制度就不足为奇了。

布什政府的头几个月

严父道德描述了布什政府的活动。布什团队对选举的理解意味着，无论选票多么接近，只要他们获胜，就会全权代表两党，而不是两党共同执政。此外，作为道德保守派，真正的两党意识将意味着损害他们自己的道德观念。

想要了解布什政府，关键是要知道至少在头几个月内，布什政府的主要行动都不是任意的。它们全都是针对将会对上千具体问题产生重要影响的更高级的政策。保守派的策略是，赢得一个总体性的胜利，就会促成成千上万个具体案例的胜利。其中一个例子是控制司法部门的人选。如果你任命了保守派法官，他们将会做出成千上万个倾向于保守派的决定。因此，布什命令终止美国律师协会对联邦司法任命的审查，这意味着自由派人士只能得到很少的信息和理由，无法阻止政府任命有意识形态偏见的人为保守派法官。布什任命约翰·阿什克罗夫特为总检察长，泰德·奥尔森为副检察长，这意味着将会有更多保守派法官得到任命。鉴于参议院司法委员会实际投票的参议员人数受到限制，这意味着法院将整体倾向于保守派。

[408]

1.3 万亿美元的减税是支持严父道德的另一个战略举措。如果减税计划持续多年，留给社会福利项目的钱就不多了，福利项目在严父道德看来是不道德的（见第 10 章）。他们没有采取一点一点地减税的方式，而是一次性地减免消除了大量的税收。它也奖励了丹·奎勒（Dan Quayle）所谓的"最好的人"（第 10 章，第 189 页），他们高度自律，善于竞争，追求自己的利益，并变得自力更生（即"富有"）。这是一个总体奖励，而不是一堆独立的小的税收减免。因此，从保守派道德制度的角度来看，减税在这两方面看来都是道德的。

能源与环境

布什能源计划是另一个总体性战略的一部分。该战略是将能源作为经济的核心，同时摧毁环保主义。以下是布什政府头几个月的战略进展情况。

● 让亲商、支持能源开发的人员负责最环保的机构：内政部（Gale Norton）和美国环保署（Christie Whitman）。

● 减少用于环境保护的研究和开发的资金（例如，燃料经 〔409〕
济，致力于大大减少对石油的需求）和有利于改善环境的能源
(生物质能、风能、太阳能等)。

● 宣布国家能源供应危机，称之为国家安全问题。制定应
对"危机"的计划。

● 构建"危机"，将环保人士定义为问题：其规定阻碍了
能源供应的发展。

● 委任拒绝限制电价的人为联邦能源法规委员会（FERC）
主任，即使 FERC 的任务就是保证合理的能源价格。

布什政府利用加利福尼亚州能源公司的市场操控宣布国家
"能源供应危机"，尽管克里斯蒂安·贝塞尔森（Christian
Berthelsen）和斯考特·维诺克（Scott Winokur）在《三藩市纪
事报》3 月 11 日发表的文章《能源使用量飙升，虚构大于事
实》认为，加利福尼亚州的峰值能源使用量几乎没有上升，能
源公司只是通过减少供应来提高价格。

是否如很多自由主义者所说，布什和切尼此举只是要让自
己的朋友和政治支持者变得更加富有呢？确实有这个成分，但
远远不止这些。

保守主义者的生活方式

从保守派道德的角度看来，自然的存在本身就是为了供人
类剥削（见第 12 章）。环境条例阻碍了私有财产的使用和获
利，即奖励"最优秀的人"——他们遵守自律的金科玉律，追
求自由市场的道德利益，并且能够获得成功。能源危机框架将 〔410〕
环保主义视为麻烦，其中的坏人就是阻碍成功者。如果这个框
架被整体接受，那么环保主义就会被整体打败，而不是一步一

步地败退。

当布什和切尼出面反对环保成为公共政策时，自由主义者还开玩笑。什么？保守党不支持保守嘛！（Conservatives who don't conserve!）但我们应该从严父道德观念来看待环保。环保不会为"最优秀的人"提供奖励。这不是自律和勤奋的激励。这种激励是利润和消费品。环保主义（认为自然具有重要的内在价值）和环保的价值观是这种形式的严父道德的表象。切尼把环保作为一种"个人的美德"，将环保视为禁欲主义，将环保主义者视为救世主，会夺走美国人辛苦赚来的消费品。

布什和切尼把能源作为消费社会———一个按照严格的父权价值观组织起来的社会———的核心。他们提议建造 1300 个新发电厂，在未来的 20 年内平均每周建成一个，这会将这些价值观置于美国生活的中心。

布什在头几个月的任职期间，曾表明他视联邦政府为满足商业需要而服务。"商业"并不是指所有为企业工作的人；他们只是"人力资源"。它指的是企业家、业主、投资者和企业经营者———自律、在竞争激烈的市场上寻求自己的利益并取得成功的人；换句话说，是"最优秀的人"。这相当于承认布什并不反对"大政府"，只要它服务于严父道德。在能源方面，[411] 他大力利用政府机构惠及企业：FERC，能源部，内政部，EPA 等。没有保守主义者指责他这样做是支持"大政府"，因为他是为了保守派的道德目标而行事，强加给国家一种保守派的生活方式。

从这个更高层次的角度来看，布什政府的许多具体的早期行动已经到位。

• 饮用水中的砷：布什取消了克林顿严格控制饮用水中的

砷含量的行政命令。过高的砷含量有可能引发癌症和白血病，尤其是对儿童来说。砷是采矿的副产品，如果不过滤掉其运行所产生的砷，可以为矿业节省大量成本。

- 布什政府还免除了矿主发行的清理垃圾的债券。再一次，这为他们节省很多成本，但其代价是垃圾得不到清理，可能造成环境破坏。

- 克林顿曾发布行政命令，禁止在广袤的国家森林内建设道路。建设道路会干扰野生动物栖息地，同时为可能破坏森林的开发提供了路径。布什试图在尽可能多的地方推翻克林顿的命令，以使石油和采矿企业能够开发这些地区。

- 布什还支持在阿拉斯加国家野生动物保护区进行石油钻探，这是美国最原始的自然保护区域。环保人士认为，石油钻探会摧毁这块净土。而且与阿拉斯加的北坡相比，那里并没有太多的石油储备。但野生动物保护区已成为一个象征性问题。〔412〕如果允许保守派在那里钻探，那么他们应该会获得在任何地方进行钻探的允许。

- 有一项法案在保守派议会得到通过，由布什签署，这项法案推翻了工业安全的现行人体工程学标准，因为这个标准对工业来说太贵了。

- 布什能源计划支持核能和煤炭的应用。煤会污染环境，会产生大量二氧化碳等污染物。其中包括会进入下水道并沉淀在鱼类中的汞，使得很多鱼类成为危险的致癌物。核电厂生产核废料，这是地球上最有毒的物质之一，一万年以后仍然致命。能够安全存储核废料的地方尚未发现。此外，目前作为储存地的尤卡山（Yucca Mountain）位于地震带，地下有水道，会有长期污染数百英里地下水的潜在危险。而且，核能源需要巨额的联邦补贴。但是，煤炭和核能都为企业商人提供了获取私利的途径。

所有这些都表明，布什政府的一贯行事都以严父道德为中心，促进保守主义的生活方式。

外交政策

克林顿的外交政策有两个支柱：

1. 经济全球化与相互依存。其支持理论是（1）经济相互依赖的国家之间不会发生战争；（2）民主不会走向战争；（3）具有自由贸易市场的国家更有可能是或最终可能成为民主国家。〔413〕这种理论一部分是为了消除与从前或现在的对手（如俄罗斯、中国、朝鲜）的冲突，使之成为贸易关系伙伴，形成互相的贸易依赖。而且，由于美国的富有和经济上的诸多经验，足以在全球贸易中占优势地位。总之，经济上取得成功可以促进世界的和平与繁荣。

2. （有限领域的）国际道德规范。国际关系运转良好，是因为遵守了某些道德规范。维持这种道德规范对于世界体系的顺利运作至关重要。违反这种道德规范是不能容忍的。这种违法行为包括种族灭绝和种族清洗，国家对自己人民的恐怖行为，将饥饿作为政治战略手段。克林顿动用军队帮助其他国家，例如波斯尼亚、科索沃和海地处理类似的情况，目的是帮助它们建立可行的民主政府。

我们在布什政府这里将会看到，基于严父道德的保守派外交政策的态度是非常不同的。从道德自利（第 5 章，第 94～96 页）出发，遵循美国在国际事务中的自身利益的政策。从道德秩序（第 5 章，第 81～84 页）出发，我们认为与其他国家相比，美国具有道德优势，因而应当具有更高的权威。因此，美国不应该放弃其任何一项特权。由于追求严父道德中的核心作用，共产主义政权（例如中国和朝鲜）必须被视为不道德的对手。最后，必须将保守主义的生活方式从美国传播到其他国家。

布什政府早期采取的以下行动就是这种外交政策的例证。 〔414〕

• 布什政府首先采取的行动是禁止联邦政府资助的海外医疗队提供生育控制。通过这一规定，我们将保守主义的生活方式传播到其他国家。当然，这既产生了限制堕胎的效果，也进一步造成了妇女难以掌控自己的生活。

• 布什政府将中国和朝鲜定义为对手，而不是可能的合作伙伴，此举又将共产主义国家置于过去的对抗关系之中。对于朝鲜来说，其结果就是（a）朝鲜不会签署放弃研发导弹的条约，（b）朝韩之间更加不可能和解。由于增加对台湾地区的军事支持，美国将自己置于中国的对手地位。

其实，在对待中国的态度上，保守派内部关于是否要将美国的自我利益（扩大贸易）凌驾于反共政策上也是分裂的。两边都持保守派的价值观，但涉及中国问题就可能会发生冲突。

• 布什 - 切尼政府制造了一个拥有导弹的对手，他们目前正在推进导弹防御系统。他们对反对派的论据当然是无动于衷的，（a）这将引发一场新的军备竞赛，（b）真正的威胁来自恐怖主义而不是导弹，（c）这根本行不通。

• 为了建立新的导弹防御系统，美国必须摆脱《反导条约》（ABM）。

• 宣布二氧化碳不是污染物，这是政府实施的能源计划 〔415〕
所必须采取的行动。它使美国摆脱了《京都议定书》（Kyoto accords）。但是，以自利为由的布什政府无论如何都是会反对这个文书的，他说接受这个条约并采取实际行动，对于美国经济来说伤害"太大"。而其他研究表明，其实经济危害并不大。

● 布什政府向其他国家输出保守主义生活方式的行动还包括，在墨西哥和加拿大修建发电厂向美国供电，这会在这些国家产生污染。这些发电厂很可能是美国投资建成的，利润也会由美国能源公司获得。

在布什政府的头几个月里，民主党在限制保守主义者方面取得的成绩非常有限。尤其是在向公众阐明布什政府的行为方面，民主党做得特别糟糕；更加糟糕的是民主党没能提出自己的一套整体性、高层次和深思熟虑的方案。此外，民主党领导人仍然没有弄清楚道德政治在保守主义议程中的作用。佛蒙特州参议员詹姆斯·杰福兹（James Jeffords）转向民主党，打破了参议院的权力平衡。只有这才能使保守派共和党人放缓脚步。

进步派遇到的挑战

智囊团的差距

〔416〕布什政府执政有序，他在各个领域推广保守主义价值观，并且有着深思熟虑的总体性计划。这并非偶然。保守派智囊团多年来一直殚精竭虑地为接管联邦政府和进行相应的文化转型而精心准备。保守主义知识分子与这些智囊团已经非常有效地完成了他们的工作。在保守主义世界观中，他们早已或隐或明地阐明了家庭、道德、信仰和政治之间的关系。他们弄清了这些问题之间如何相互关联，以及总体性的问题框架如何有助于取得更大的政治方面的成功。

　　过去三十年来，保守派花巨资支持智囊团中的知识分子，仅 20 世纪 90 年代就花费了超过 10 亿美元。保守主义知识分子领袖与决策者 - 政府领导，商业、宗教、保守派事业和媒体领袖都联系紧密。保守主义知识分子的职业发展资金充足。由于保守派智库资金来源很多，凭借大量的一般资助和长期的资金保证，保守主义知识分子可以思考立足长远的总体性决策问题。

　　自由派智囊团及其他组织不仅只有四分之一的资金，而且他们的组织方式具有自我毁灭性。这些组织一般有三种类型：宣传、政策和互相监督。宣传和政策组织普遍都是就逐个问题而工作，几乎从来没有进行长远规划和总体性思考，其原因部分是因为他们一直忙于逐个解决具体问题，部分是因为他们不断需要应对保守派近期的攻击，还有部分原因是他们需要不断寻求资助。〔417〕

　　自由主义基金会和其他资助者的资金在使用优先项上也具有自我毁灭性。他们倾向于以项目（逐个问题）为导向，资助相对短期的项目，而且不保证能追加资助。而且，他们往往不会为职业发展或机构建设投入资金。自由主义的组织往往不资助他们的知识分子！总之，如果他们要反对保守派并获得成功，他们应该做的与他们正在做的事南辕北辙。

　　如果这是一个理性的问题，只要指出问题及其可怕的后果，就足以让自由主义的基金会和资助者改变经营方式。但这不是一个理性问题——这是一个道德政治的问题。问题的根源埋藏得很深，而且难以察觉。问题的根源在于慈亲式道德本身。自由主义的道德制度本身降低了自己成功的可能性。

　　原因见第 9 章，第 163 ~ 167 页，我们讨论两个道德制度的最高优先事项。

- 严父式道德的最高优先事项：

i. 普遍推行严父式道德。

ii. 促进自律、个人责任和自力更生。

- 慈亲式道德的最高优先事项：

i. 同情行为，促进公平。

ii. 帮助那些弱势群体。

因为保守主义的最高道德优先是推广其道德体系本身，他们自然而然地认为资助保守主义思想研究、机构建设和职业发展是必要的。因为其另一项最高优先的道德是促进自律、个人责任和自力更生，所以保守派会支持美国企业、竞争性、自由市场体制的建设，等等。

〔418〕

因为自由主义的最高道德重点是同情行为和促进公平，自由主义者自然会声援受压迫者和受剥削者。由于其另一个最高的道德优先事项是帮助弱势群体，自由主义资助者坚持认为他们的资金应该尽可能给予有需要的人，即底层人民，而不是智囊团的机构建设或职业发展，当然也不是知识分子！结果就是，保守派资助者一直在促进保守主义，而自由派的资助者并没有推动自由主义。

虽然保守派智库获得了很多资金，但他们的钱绝不是来自最富有的基金会。有很多自由派的资产足以与保守派匹敌。然而，富有的自由派希望他们的钱尽可能直接地给予受压迫者和受剥削者，没有多少钱用于机构建设、职业发展或资助他们的知识分子。从自由主义道德体系以外的立场看来，这似乎是不合理的和自我毁灭的，但从其道德体系的内部来看，似乎是自然而然的。

自由派需要做什么

美国有"黑人自豪",有"同性恋自豪",现在,我们也可以有"自由派自豪"了。

自由主义者有一套道德体系,在这本书中有明确的阐述。它不是围绕某些具体的规则组织起来的,其核心是一些更高的原则:帮助,不要伤害!这是围绕着同情心和责任感的一种关怀伦理,为自己,也为他人。这是所有具体方案和问题的道德基础。这就是自由派为何得以看穿布什政府恶行的所有举动。自由派感到愤慨,但无法表达,因为他们回避了道德观念。 〔419〕

保守派在自己这里采用"道德"这个词,而自由主义者竟然允许他们用下去!现在,是时候把这个词收回来了。"道德"是一个强大的观念。我们最伟大的领袖是道德领袖。最大的问题不是政策问题,而是道德问题!自主,自由,正直,法治,规则,以及美国的生活方式等精彩的词语都被赋予了保守派的内涵。现在,保守党掌握着这些词语,是时候把它们夺回来了,需要在慈亲式的道德的意义上重新赋予它们正确的意义。

自由主义者总是上当,在保守派设定的框架内进行辩护,总是为保守主义者所反对的东西进行辩护,如"大政府"和"政府支出"。这些问题本身并不是真正的重大问题,只有保守派道德观念才重视它们。正如我们所看到的那样,保守派同样乐于在他们认为道德的事情上支持大政府,或者花费大量的政府支出。这些术语不能只取其字面意义;相反,它们是根据严父式世界观,由保守派进行界定的。

这就需要从认知语言学中一探究竟了。

• 词语在概念框架中获得定义。词语唤起某种框架,如果你想唤起某个概念框架，你就需要征用正确的词语。

- 使用对方的词语，就等于接受了对方的概念框架。
- 特定问题的概念框架范围由更高级的道德框架所限定。

[420]
- 否定某概念框架就是接受该框架。例如：执行"不要想一头大象"的这个指令，你就一定会想一头大象。
- 反驳不是重组。你必须形成自己的概念框架，才能成功地反驳。
- 事实本身不会给你帮助。你必须正确地构建事实的概念框架，才能传达你想传达的意义。

这些是概念框架分析的一些策略性原则。鉴于保守派智囊团的优势，自由主义者需要尽快掌握策略性的概念框架以及重构框架的艺术。

以下是需要重新制定公共话语的两个例子。

概念框架重组 1：两层经济

在经济方面，我们一直相信一个非常有害的神话，即美国经济原则上是可以消灭贫穷的，只要有更好的教育，更多的就业，更多的机会，人们更加努力工作，努力存钱，做好投资，自己管好自己。然而这很明显是假的。我们目前的这个经济结构本身就需要大量的贫困。

美国目前的经济需要有人从事工资低廉的工作：清洁房屋，照顾孩子，在快餐馆打工，挑选蔬菜，餐厅服务，重劳力，洗碗，洗车，园艺，检查杂货，等等。所以，为了支持四分之三人口的生活方式，有四分之一的劳动力必须维持低工资。这些人的存在使得双收入家庭成为可能，因为这些人会帮他们照顾

[421] 房子和孩子，维持快餐店、餐馆和酒店的存在，或者从事着其他乏味、不愉快、不安全以及困难的工作，以支持中产阶级和

高等中产阶级的生活。

所有被雇用的人都可以通过自己的努力提升自己，接受教育，省吃俭用，存钱投资，摆脱贫困——也就是有体面的住房，充足的食物，医疗保险和儿童教育——这只是一个神话。即使让现在所有的底层工人都进入上层社会，国家仍然需要四分之一的人口从事低工资的工作，照顾孩子，清理房子，在快餐店工作，挑拣生菜，打理草坪，做服务生，洗车，等等。我们这个经济体绝对要依靠这些辛勤劳动的人，他们的薪酬并不会反映出他们对经济做出的贡献。

简而言之，在我们的经济体中，底层的那些人正在支撑着上层的人们，而且，他们艰难地支撑着。但我们的经济结构不允许他们的薪酬与其对整个经济体的贡献相称。

自由市场经济将劳动者视为商品，人们可以相应的价值出售。但在我们的经济环境中，个别雇主在大部分情况下都不可能负担得起给低收入者支付能够实际反映他们对整体经济做出的贡献的工资。

从一个重要的意义上讲，低收入工作者为了整体经济而努力工作，因为他们使得高层次的生活方式和收入成为可能。在一个运行良好的市场中，人们应该能够得到与他们付出的劳动相符的工资。但我们没有一个运作良好的市场。我们需要的是调整市场——寻找一种方式，让我们的整体经济可以奖励那些我们所依赖但又不能充分支付其价值的劳动者。这个机制很简单：负所得税（即所得税收抵免的一种扩充形式）。①

---

① 负所得税是政府对于低收入者，按照其实际收入与维持一定社会生活水平需要的差额，运用税收形式，依率计算给予低收入者补助的一种方法。——译者注

[422]　　　低收入者使得中产阶级生活方式得以成为可能，那么他们应该得到什么呢？他们最缺乏的是什么？是充足的医疗保险，充足的营养，体面的住房和充分的教育机会。我们整个经济体可以负担得起吗？我表示怀疑，但至少问题应该被提出来：我们是否能够承担一种道德经济——一个公平的、运行良好的经济，人们得到他们应该获得的价值？我们至少可以提供"道德上的最低限度"——低收入者应该得到的最低保障，低于这个最底线就是不道德的，当一个经济体明明可以做得更好，而没有这样做时，这个市场就不会是运作良好的。这是需要进行全国性讨论的一个话题。这个讨论应该明确，市场不是受自然力量控制的；它不是完全"自由"的；它是由人建造和运行的，我们必须问的问题是，它应该如何运行。

概念框架重组2：能源生态和美国生活方式

　　布什政府在入主白宫后的头几个月将环保主义视为能源危机中的一个问题。这个框架需要颠倒过来。能源是一个生态问题。能源包括一整套资源，有清洁安全的生物能、风能、太阳能、潮汐能——已经有足够的技术去开发它们，或者正在开发。能源是一个系统的一部分，是生态系统的一部分，它不是一个孤立的问题。这是一个关乎健康的问题：我们呼吸的空气的清洁度，我们喝的水和我们吃的食物，这些都是健康问题。空气的味道和水的味道是生活质量的问题，就像我们生活中自然和美丽的作用一样。能源也是道德问题。我们获得能源的方式，

[423] 我们的政府和企业是否有效地利用能源，以便最低限度地破坏地球的生态，这显然是一个道德问题。我们有责任爱护这个地球，如果你相信上帝，这就是宗教责任；如果你不相信，这就是伦理责任。能源也是科学问题——属于生态科学的一个问题，

它研究能源和资源。生态学家最了解如何通过我们的科学知识来回答能源问题。最后，当然这也是一个经济问题。但经济学也是一个有关健康、生活质量、道德和科学的问题。能源只能通过在系统里思考才有意义，这是生态学家所专注的思考形式。

真正的美国生活方式不仅仅是赚钱和消费主义。它还是一种深刻的道德生活方式。"追求幸福"是追求生活质量的一部分，其功能与运作良好的经济有关，但同样也与健康有关，与日常生活的美学有关，也与我们与大自然的关系相关。在最深刻的意义上，能量是一种生活方式的问题。这应该是由进步者来表达的。

当进步者仔细观察他们自己的道德制度——所有政治、社会、人际甚至宗教价值观的根源——那么如何重新制定问题的框架就会变得更加清晰。

抚养孩子

正如我们在第 21 章中所看到的那样，保守派了解严父式家庭对于政治及其整体信仰体系的核心性。因此，他们每年花费超过 2 亿美元直接用于儿童抚养方案——进一步促进严父模式。他们知道"弯苗长弯树"。而自由主义者几乎没有注意到如何抚养孩子的问题。他们从来没有真正把时间和精力放在进步思想中最核心的方面——家庭的慈亲式家长模式。这个问题甚至都不在自由派的辐射范围内。 [424]

这个问题有很多方面都是自由主义者必须处理的：

严父式养育方式对孩子个人的影响经常是灾难性的，正如我们在第 21 章中所看到的那样。允许保守派拥有实际的统治权，让他们教导父母该如何抚养子女是一个全国性的灾难——自由主义者应该为此深感惭愧。请记住，仅詹姆斯·多布森的节目就在全国 1600 多个广播电台播出。全国范围的父亲类节目（如"承诺守护者"）大多都在促进严父的回归。

越多的孩子在严父式的价值观中长大，我们就会有越多的保守派。这就是为什么威廉·贝内特基于保守派道德写出了儿童道德的书籍。如果进步者希望年轻一代的美国人成长为具有进步价值观的人，他们应该做的第一件事就是促进慈亲式的养育方式。

严父（或支持这些价值观的母亲）主要负责虐待配偶和虐待儿童。减少虐待行为的最有效的长远途径是减少严父的数量，这意味着促进慈亲式养育方式。

目前，美国正在制定有关道德教育内容和幼儿学习中心的标准。慈亲式的养育方式及其价值观应明确列入议程。保守主义者大多能够自如地将他们的价值观当作美国的一般价值观去宣传，而实际上并不是这样的。

[425] 不幸的是，大多数进步者甚至不想谈论如何抚养孩子。从以下五大进步族群中我们可以看到其原因：

1. 社会经济进步者：最重要的社会和政治问题是经济学和阶级的问题，其中包括种族、性别、民族和性倾向。

2. 政治进步者：最重要的是重申被压迫群体的真正不满。

3. 绿党：要解决的核心问题是土著人民的生活和权利问题。

4. 公民自由进步者：个人权利和公民自由是最重要的。

5. 反专制进步者：打击专制行为和制度——比如，国家和大公司的压迫性——这些他们最关心的问题。

这几大族群关注的确实都是实际的问题，但是忽视了最重要的儿童抚养问题。慈亲式的养育既不是社会经济问题，不是身份政治问题，不是生态问题，不是公民自由问题，也不是独裁政治制度问题。它甚至不在他们的辐射范围内。有一部分进步者确实非常关心儿童和家庭问题，但他们关心的是育儿、儿童保健、孕妇产前保育、贫困儿童、教育、少数民族儿童问题、虐待儿童等问题。这些非常实际的问题反映了这些群体的利益，但据我所知，这些群体并不主要关心慈亲式养育本身的发展。

　　所有这些进步政治的形式都最为关注进步主义的价值观。每个单独的群体都关注于各自的问题，这导致了进步政治的分裂。在很大程度上，保守派在他们的核心价值观问题上走到了一起。如果进步者想要树立起自己的旗帜，反对保守派的神像，他们就必须团结起来。我认为，能够把进步分子联合起来的应该是所有问题中最为核心的问题即把下一代培养成为负责任的、具有同理心的成年人。　〔426〕

参考文献

This is a topic-oriented list of references. It includes both works cited and other works that are either of an introductory or supplementary nature. It is intended to allow the reader entry to the literature, rather than to be exhaustive.

References in the text refer to the letters and numbers that structure this list. The list of categories appears first, then the category-by-category references.

Organization

A. Cognitive Science and Cognitive Linguistics
  1. Metaphor Theory
  2. Categorization
  3. Framing
  4. Discourse and Pragmatics
  5. Decision Theory: The Heuristics and Biases Approach
  6. Cognitive Science and Moral Theory

B. Child Development and Childrearing
  1. Attachment Research
  2. Socialization Research
  3. Fundamentalist Christian Childrearing Manuals

4. Mainstream Childrearing Manuals
5. Childrearing and Violence
6. Critiques of Fundamentalist Childrearing
7. Background: Childrearing and National Character

C. Politics
1. Conservative Political Writings
2. Neoconservatism
3. Modern Theoretical Liberalism
4. Communitarian Critiques
5. Modern Theoretical Libertarianism

D. Public Administration
1. Bureaucratic Reform
2. Stars Wars Policy

E. Miscellaneous

A. Cognitive Science and Cognitive Linguistics

The Baumgartner-Payr and Solso-Massaro books provide some sense of the range of questions that cognitive scientists consider. Edelman's book contains not only an overview of his own work but an account of how cognitive linguistics meshes with research in neuroscience.

Baumgartner, P., and S. Payr. 1995. *Speaking minds: Interviews with twenty eminent cognitive scientists.* Princeton: Princeton University Press.

Edelman, G. M. 1992. *Bright air, brilliant fire: On the matter of the mind.* New York: Basic Books.

Solso, R. L., and D. W. Massaro. 1995. *The science of the mind: 2001 and beyond.* New York: Oxford University Press.

A1. Metaphor Theory

The most popular introduction to the field is the Lakoff-Johnson book. Lakoff 1993 is the most recent general survey of the field. The journal *Metaphor and Symbolic Activity* is devoted primarily to empirical psychological research on metaphor. Gibbs 1994 is an excellent overview of that research. Johnson 1981 is a survey of previous approaches to the study of metaphor. *Cognitive Linguistics* is a more general journal devoted not only to metaphor research but to the whole gamut of cognitive approaches to linguistics.

Gentner, D., and D. R. Gentner. 1982. Flowing waters or teeming crowds: Mental models of electricity. In *Mental models,* edited by D. Gentner and A. L. Stevens. Hillsdale, N.J.: Erlbaum.

Gibbs, R. 1994. *The poetics of mind: Figurative thought, language, and understanding.* Cambridge: Cambridge University Press.

Johnson, M. 1987. *The body in the mind: The bodily basis of meaning, imagination, and reason.* Chicago: University of Chicago Press.

Johnson, M., ed. 1981. *Philosophical perspectives on metaphor.* Minneapolis: University of Minnesota Press.

Klingebiel, C. 1990. The bottom line in moral accounting. Manuscript, University of California, Berkeley.

Lakoff, G. 1993. The contemporary theory of metaphor. In *Metaphor and thought,* 2d ed., edited by A. Ortony, 202–51. Cambridge: Cambridge University Press.

Lakoff, G., and M. Johnson. 1980. *Metaphors we live by.* Chicago: University of Chicago Press.

Lakoff, G., and M. Turner. 1989. *More than cool reason: A field guide to poetic metaphor.* Chicago: University of Chicago Press.

Reddy, M. 1979. The conduit metaphor. In *Metaphor and thought,* edited by A. Ortony, 284–324. Cambridge: Cambridge University Press.

Sweetser, E. (In preparation). Our Father, our king: What makes a good metaphor for God.

Sweetser, E. 1990. *From etymology to pragmatics: Metaphorical and cultural aspects of semantic structure.* Cambridge: Cambridge University Press.

Taub, S. 1990. Moral accounting. Manuscript, University of California, Berkeley.

Turner, M. 1991. *Reading minds: The study of English in the age of cognitive science.* Princeton: Princeton University Press.

Winter, S. 1989. Transcendental nonsense, metaphoric reasoning and the cognitive stakes for law. *University of Pennsylvania Law Review* 137, 1105–1237.

A2. Categorization

Lakoff 1987 is a survey of categorization research up to the mid-1980s. The papers by Rosch are the classics in prototype theory.

Barsalou, L. W. 1983. Ad-hoc categories. *Memory and Cognition* 11:211–27.

Barsalou, L. W. 1984. Determination of graded structures in categories. Psychology Department, Emory University, Atlanta.

Brugman, C. 1988. *Story of "over."* New York: Garland.

Kay, P. 1983. Linguistic competence and folk theories of language: Two English hedges. In *Proceedings of the Ninth Annual Meeting of the Berkeley Linguistics Society,* 128–37. Berkeley: Berkeley Linguistics Society.

Kay, P., and C. McDaniel. 1978. The linguistic significance of the meanings of basic color terms. *Language* 54:610–46.

Lakoff, G. 1972. Hedges: A study in meaning criteria and the logic of fuzzy concepts. In *Papers from the Eighth Regional Meeting, Chicago Linguistic Society,* 183–228. Chicago: Chicago Linguistic Society. Reprinted in *Journal of Philosophical Logic* 2 (1973):458–508.

Lakoff, G. 1987. *Women, fire, and dangerous things: What categories reveal about the mind.* Chicago: University of Chicago Press.

McNeill, D., and P. Freiberger. 1993. *Fuzzy logic.* New York: Simon and Schuster.

Rosch, E. (E. Heider). 1973. Natural categories. *Cognitive Psychology* 4:328–50.

Rosch, E. 1975a. Cognitive reference points. *Cognitive Psychology* 7:532–47.

Rosch, E. 1975b. Cognitive representations of semantic categories. *Journal of Experimental Psychology: General* 104:192–233.

Rosch, E. 1977. Human categorization. In *Studies in cross-cultural psychology,* edited by N. Warren. London: Academic Press.

Rosch, E. 1978. Principles of categorization. In *Cognition and categorization,* edited by E. Rosch and B. B. Lloyd, 27–48. Hillsdale, N.J.: Erlbaum.

Rosch, E. 1981. Prototype classification and logical classification: The two systems. In *New trends in cognitive representation: Challenges to Piaget's theory,* edited by E. Scholnick, 73–86. Hillsdale, N.J.: Erlbaum.

Rosch, E., and B. B. Lloyd. 1978. *Cognition and categorization.* Hillsdale, N.J.: Erlbaum.

Schwartz, A. 1992. Contested concepts in cognitive social science. Honors thesis, University of California, Berkeley.

Smith, E. E., and D. L. Medin. 1981. *Categories and concepts.* Cambridge: Harvard University Press.

Taylor, J. 1989. *Linguistic categorization: Prototypes in linguistic theory.* Oxford: Clarendon Press.

Wittgenstein, L. 1953. *Philosophical investigations.* New York: Macmillan.

Zadeh, L. 1965. Fuzzy sets. *Information and Control* 8:338–53.

A3. Framing

Fillmore is the major source for empirical linguistic research. Schank and Abelson started the major artificial intelligence approach. Holland and Quinn introduced the techniques to anthropology.

Fillmore, C. 1975. An alternative to checklist theories of meaning. In *Proceedings of the First Annual Meeting of the Berkeley Linguistics Society,* 123–31. Berkeley: Berkeley Linguistics Society.

Fillmore, C. 1976. Topics in lexical semantics. In *Current issues in linguistic theory,* edited by P. Cole, 76–138. Bloomington: Indiana University Press.

Fillmore, C. 1978. The organization of semantic information in the lexicon. In *Papers from the Parasession on the Lexicon,* 1–11. Chicago: Chicago Linguistic Society.

Fillmore, C. 1982a. Towards a descriptive framework for spatial deixis. In *Speech, place, and action,* edited by R. J. Jarvella and W. Klein, 31–59. London: Wiley.

Fillmore, C. 1982b. Frame semantics. In *Linguistics in the morning calm,* edited by the Linguistic Society of Korea, 111–38. Seoul: Hanshin.

Fillmore, C. 1985. Frames and the semantics of understanding. *Quaderni di Semantica* 6:222–53.

Holland, D. C., and N. Quinn, eds. 1987. *Cultural models in language and thought.* Cambridge: Cambridge University Press.

Schank, R. C., and R. P. Abelson. 1977. *Scripts, Plans, Goals, and Understanding.* Hillsdale, N.J.: Erlbaum.

A4. Discourse and Pragmatics

Green and Levinson are excellent introductory pragmatics texts. Schiffrin and the Brown-Yule book provide excellent ways into the discourse literature.

Brown, G., and G. Yule. 1983. *Discourse analysis.* Cambridge: Cambridge University Press.

Brown, P., and S. C. Levinson. 1987. *Politeness: Some universals in language usage.* Cambridge: Cambridge University Press.

Goffman, E. 1981. *Forms of talk.* Oxford: Basil Blackwell.

Gordon, D., and G. Lakoff. 1975. Conversational postulates. In *Syntax and semantics 3: Speech acts,* edited by P. Cole and J. L. Morgan, 83–106. New York: Academic Press.

Green, G. 1989. *Pragmatics and natural language understanding.* Hillsdale, N.J.: Erlbaum.

Grice, P. 1989. *Studies in the way of words.* Cambridge: Harvard University Press.

Gumperz, J. J. 1982a. *Discourse strategies.* Cambridge: Cambridge University Press.

Gumperz, J. J. 1982b. *Language and social identity.* Cambridge: Cambridge University Press.

Hall, E. T. 1976/1981. *Beyond culture.* New York: Anchor/ Doubleday.

Keenan, E. O. 1976. The universality of conversational implicature. *Language in Society* 5:67–80.

Lakoff, R. 1973. The logic of politeness; or, minding your P's and Q's. In *Papers from the Ninth Regional Meeting of the Chicago Linguistic Society,* 292–305. Chicago: Chicago Linguistic Society.

Levinson, S. C. 1983. *Pragmatics.* Cambridge: Cambridge University Press.

Saville-Troike, M. 1989. *The ethnography of communication: An introduction.* 2d ed. Oxford: Basil Blackwell.

Schiffrin, D. 1994. *Approaches to discourse analysis.* Oxford: Basil Blackwell.

Scollon, R., and S. W. Scollon. 1995. *Intercultural communication: A discourse approach.* Oxford: Basil Blackwell.

Stubbs, M. 1983. *Discourse analysis: The sociolinguistic analysis of natural language.* Chicago: University of Chicago Press.

Tannen, D. 1986. *That's not what I meant!: How conversational style makes or breaks your relations with others.* New York: Morrow.

Tannen, D. 1991. *You just don't understand: Women and men in conversation.* New York: Ballantine.

Tannen, D., ed. 1993. *Framing in discourse.* New York: Oxford University Press.

van Dijk, T. 1985. *Handbook of discourse analysis.* New York and London: Academic Press.

Weiser, A. 1974. Deliberate ambiguity. In *Papers from the Tenth Regional Meeting of the Chicago Linguistic Society,* 723–31. Chicago: Chicago Linguistic Society.

Weiser, A. 1975. How not to answer a question: Purposive devices in conversational strategy. In *Papers from the Eleventh Regional Meeting of the Chicago Linguistic Society,* 649–60. Chicago: Chicago Linguistic Society.

A5. Decision Theory: The Heuristics and Biases Approach

These are sample papers from a huge literature. They are chosen largely because they demonstrate framing effects.

Kahneman, D., and A. Tversky. 1983. Can irrationality be intelligently discussed? *Behavioral and Brain Sciences* 6:509–10.

Kahneman, D., and A. Tversky. 1984. Choices, values, and frames. *American Psychologist,* 39:341–50.

Tversky, A., and D. Kahneman. 1974. Judgment under uncertainty: Heuristics and biases. *Science* 185:1124–31.

Tversky, A., and D. Kahneman. 1981. The framing of decisions and the psychology of choice. *Science* 211:453–58.

Tversky, A., and D. Kahneman. 1988. Rational choice and the framing of decisions. In *Decision making: Descriptive, normative, and prescriptive interactions,* edited by D. E. Bell, H. Raiffa, and A. Tversky, 167–92. Cambridge: Cambridge University Press.

A6. Cognitive Science and Moral Theory

Classical moral theory assumed that the empirical study of the mind could not affect moral issues. Three books by distinguished philosophers challenge that assumption.

Churchland, P. M. 1995. *The engine of reason, the seat of the soul: A philosophical journey into the brain.* Cambridge, Mass.: MIT Press.

Flanagan, O. 1991. *Varieties of moral personality: Ethics and psychological realism.* Cambridge: Harvard University Press.

Johnson, M. 1993. *Moral imagination: Implications of cognitive science for ethics.* Chicago: University of Chicago Press.

B. Child Development and Childrearing

B1. Attachment Research

Karen's book is the best overall introduction. I suggest you start there.

Ainsworth, M. D. S. 1967. *Infancy in Uganda: Infant care and the growth of love.* Baltimore: The Johns Hopkins University Press.

Ainsworth, M. D. S. 1969. Object relations, dependency and attachment: A theoretical view of the infant-mother relationship. *Child Development* 40:969–1025.

Ainsworth, M. D. S. 1983. A sketch of a career. In *Models of achievement: Reflections of eminent women in psychology,* edited by A. N. O'Connell and N. F. Russo, 200–219. New York: Columbia University Press.

Ainsworth, M. D. S. 1984. Attachment. In *Personality and the behavioral disorders,* edited by N. S. Endler and J. McV. Hunt, 1:559–602. New York: Wiley.

Ainsworth, M. D. S. 1985. Attachments across the lifespan. *Bulletin of the New York Academy of Medicine* 61:792–812.

Ainsworth, M. D. S., M. D. Blehar, E. Waters, and S. Wall. 1978. *Patterns of attachment: A psychological study of the strange situation.* Hillsdale, N.J.: Erlbaum.

Belsky, J., and J. Cassidy. (In press). Attachment: Theory and evidence. In *Developmental principles and clinical issues in psychology and psychiatry,* edited by M. Rutter, D. Hay, and S. Baron-Cohen. Oxford: Basil Blackwell.

Belsky, J., and L. V. Steinberg. 1978. The effects of day care: A critical review. *Child Development* 49:929–49.

Belsky, J., L. Youngblood, and E. Pensky. 1990. Childrearing history, marital quality, and maternal affect: Intergenerational transmission in a low-risk sample. *Development and Psychopathology* 1:291–304.

Bowlby, J. 1944. Forty-four juvenile thieves: Their characters and home life. *International Journal of Psycho-Analysis* 25:19–52, 107–27. Reprinted (1946) as monograph. London: Bailiere, Tindall and Cox.

Bowlby, J. 1951. Maternal care and health care. Geneva: *World Health Organization Monograph Series* 2.

Bowlby, J. 1958. The nature of the child's tie to his mother. *International Journal of Psycho-Analysis* 39:350–73.

Bowlby, J. 1967. Foreword. In M. D. S. Ainsworth, *Infancy in Uganda*. Baltimore: The Johns Hopkins University Press.

Bowlby, J. 1970. *Child care and the growth of love*. 2d ed. Harmondsworth, Middlesex: Penguin.

Bowlby, J. 1973. *Attachment and loss*. Vol. 2: *Separation*. New York: Basic Books.

Bowlby, J. 1979. *The making and breaking of affectional bonds*. New York: Routledge.

Bowlby, J. 1980. *Attachment and loss*. Vol. 3: *Loss, sadness and depression*. New York: Basic Books.

Bowlby, J. 1982. *Attachment and loss*. Vol. 1: *Attachment*. Rev. ed. New York: Basic Books.

Bowlby, J. 1988. *A secure base: Clinical applications of attachment theory*. London: Routledge.

Bowlby, J., K. Figlio, and R. Young. 1990. An interview with John Bowlby on the origins and reception of his work. *Free Associations* 21:36–64.

Brazelton, T. B. 1983. *Infants and mothers: Differences in development*. Rev. ed. New York: Delta.

Brazelton, T. B., B. Koslowski, and M. Main. 1974. The origins of reciprocity: The early mother-input interaction. In *The effect of the infant on its caregiver*, edited by M. Lewis and L. Rosenblum. New York: Wiley.

Goldberg, S. 1991. Recent developments in attachment theory. *Canadian Journal of Psychiatry* 36:393–400.

Karen, R. 1994. *Becoming attached: Unfolding the mystery of the infant-mother bond and its impact on later life*. New York: Warner Books.

Lieberman, A. F. 1993. *The emotional life of the toddler*. New York: The Free Press.

Main, M. 1991. Metacognitive knowledge, metacognitive monitoring, and singular (coherent) versus multiple (incoherent) model of attachment: Findings and directions for future research. In *Attachment across the life cycle,* edited by C. M. Parkes, J. Stevenson-Hinde, and P. Marris. New York: Tavistock/Routledge.

Main, M., and D. Weston. 1981. The quality of the toddler's relationship to mother and to father as related to conflict behavior and readiness to establish new relationships. *Child Development* 52: 932–40.

Main, M., and D. Weston. 1982. Avoidance of the attachment figure in infancy: Descriptions and interpretations. In *The place of attachment in human behavior,* edited by C. M. Parkes and J. Stevenson-Hinde, 31–59. New York: Basic Books.

Main, M., and E. Hesse. 1990. Parents' unresolved traumatic experiences are related to infant disorganized attachment status: Is frightened and/or frightening parental behavior the linking mechanism? In *Attachment in the preschool years,* edited by M. Greenberg, D. Cicchetti, and E. M. Cummings. Chicago: University of Chicago Press.

Main, M., N. Kaplan, and J. Cassidy. 1985. Security in infancy, childhood, and adulthood: A move to the level of representation. In *Growing points in attachment theory and research. Monographs of the Society for Research in Child Development* 50 (Serial No. 209), edited by I. Bretherton and E. Waters, 66–104.

Sroufe, L. A. 1979. Socioemotional development: A developmental perspective on day care. In *Handbook of infant development,* edited by J. Osofsky. New York: Wiley.

Sroufe, L. A., and E. Waters. 1977. Attachment as an organizational construct. *Child Development* 48:1184–89.

Sroufe, L. A., B. Egeland, and T. Kreutzer. 1990. The fate of early experience following developmental change: longitudinal approaches to individual adaptation in childhood. *Child Development* 61:1363–73.

Sroufe, L. A., N. E. Fox, and V. R. Pancake. 1983. Attachment and dependency in developmental perspective. *Child Development* 54:1615–27.

Sroufe, L. A., R. G. Cooper, and G. B. DeHart. 1992. *Child development: Its nature and course.* 2d ed. New York: McGraw-Hill.

Stern, D. N. 1985. *The interpersonal world of the infant.* New York: Basic Books.

Stern, D. 1977. *The first relationship*. Cambridge: Harvard University Press.

B2. *Socialization Research*

Maccoby and Martin is the best overall survey, though it stops in 1983. Baumrind 1991 covers research on authoritarian vs. authoritative childrearing up to 1991.

Apolonio, F. J. 1975. Preadolescents' self-esteem, sharing behavior, and perceptions of parental behavior. *Dissertation Abstracts* 35: 3406B.

Baldwin, A. L. 1948. Socialization and the parent-child relationship. *Child Development* 19:127–136.

Baldwin, A. L. 1949. The effect of home environment on nursery school behavior. *Child Development* 20:49–62.

Baldwin, A. L., J. Kalhoun, and F. H. Breese. 1945. Patterns of parent behavior. *Psychological Monographs* 58.

Baumrind, D. 1967. Child care practices anteceding 3 patterns of preschool behavior. *Genetic Psychology Monographs* 75:43–88.

Baumrind, D. 1971. Current patterns of parental authority. *Developmental Psychology Monograph* 4.

Baumrind, D. 1972. An exploratory study of socialization effects on black children: Some black-white comparisons. *Child Development* 43:261–67.

Baumrind, D. 1977. Socialization determinants of personal agency. Paper presented at the meeting of the Society for Research in Child Development, New Orleans, March 27–30.

Baumrind, D. 1979. Sex-related socialization effects. Paper presented at the meeting of the Society for Research in Child Development, San Francisco.

Baumrind, D. 1987. A developmental perspective on adolescent risk-taking behavior in contemporary America. In *New directions for child development: Adolescent health and social behavior*, edited by W. Damon, vol. 37: 92–126. San Francisco: Jossey-Bass.

Baumrind, D. 1989. Rearing competent children. In *Child development today and tomorrow*, edited by W. Damon, 349–78. San Francisco: Jossey-Bass.

Baumrind, D. 1991. Parenting styles and adolescent development. In *The encyclopedia of adolescence,* edited by R. Lerner, A. C. Petersen, and J. Brooks-Gunn, 746–58. New York: Garland.

Baumrind, D., and A. E. Black. 1967. Socialization practices associated with dimensions of competence in preschool boys and girls. *Child Development* 38:291–327.

Becker, W. C., D. R. Peterson, Z. Luria, D. J. Shoemaker, and L. A. Hellmer. 1962. Relations of factors derived from parent-interview ratings to behavior problems of five-year-olds. *Child Development* 33:509–35.

Block, J. 1971. *Lives through time.* Berkeley: Bancroft Books.

Burton, R. V. 1976. Honesty and dishonesty. In *Moral development and behavior,* edited by T. Lickona. New York: Holt, Rinehart and Winston.

Comstock, M. L. 1973. Effects of perceived parental behavior on self-esteem and adjustment. *Dissertation Abstracts* 34:465B.

Coopersmith, S. 1967. *The antecedents of self-esteem.* San Francisco: W. H. Freeman.

Egeland, B., and L. A. Sroufe. 1981a. Attachment and early maltreatment. *Child Development* 52:44–52.

Egeland, B., and L. A. Sroufe. 1981b. Developmental sequelae of maltreatment in infancy. *New Directions for Child Development* 11:77–92.

Eisenberg, N., and P. H. Mussen. 1989. *The roots of prosocial behavior in children.* Cambridge: Cambridge University Press.

Eron, L. D., L. O. Walder, and M. M. Lefkowitz. 1971. *Learning of aggression in children.* Boston: Little, Brown.

Feshbach, N. D. 1974. The relationship of child-rearing factors to children's aggression, empathy and related positive and negative social behaviors. In *Determinants and origins of aggressive behavior,* edited by J. deWitt and W. W. Hartup. The Hague: Mouton.

Gilligan, C. 1982. *In a different voice: Psychological theory and women's development.* Cambridge: Harvard University Press.

Gilligan, C. 1987. Adolescent development reconsidered. In *New directions for child development,* edited by C. E. Irwin, Jr., vol. 37:63–92. San Francisco: Jossey-Bass.

Goldstein, A. P., and G. Y. Michaels. 1985. *Empathy: Development, training, and consequences.* Hillsdale, N.J.: Erlbaum.

Gordon, D., S. Nowicki, and F. Wichern. 1981. Observed maternal and child behavior in a dependency-producing task as a function of children's locus of control orientation. *Merrill-Palmer Quarterly* 27:43–51.

Hoffman, M. L. 1960. Power assertion by the parent and its impact on the child. *Child Development* 31:129–43.

Hoffman, M. L. 1970. Moral development. In *Carmichael's manual of child psychology,* edited by P. H. Mussen, vol. 2. New York: Wiley.

Hoffman, M. L. 1975. Moral internalization, parental power, and the nature of parent-child interaction. *Developmental Psychology* 11:228–39.

Hoffman, M. L. 1976. Empathy, role-taking, guilt and the development of altruistic motives. In *Moral development and behavior,* edited by T. Lickona. New York: Holt, Rinehart and Winston.

Hoffman, M. L. 1981. The role of the father in moral internalization. In *The role of the father in child development,* 2d ed., edited by M. E. Lamb. New York: Wiley.

Hoffman, M. L. 1982. Affective and cognitive processes in moral internalization. In *Social cognition and social behavior: Developmental perspectives,* edited by E. T. Higgins, D. N. Ruble, and W. W. Hartup. Cambridge: Cambridge University Press.

Hoffman, M. L., and H. D. Saltzstein. 1967. Parent discipline and the child's moral development. *Journal of Personality and Social Psychology* 5:45–57.

Johannesson, I. 1974. Aggressive behavior among schoolchildren related to maternal practices in early childhood. In *Determinants and origins of aggressive behavior,* edited by J. deWitt and W. W. Hartup. The Hague: Mouton.

Lamb, M. E. 1977. Father-infant and mother-infant interaction in the first year of life. *Child Development* 48:167–81.

Lamb, M. E. 1981. Fathers and child development: An integrative overview. In *The role of the father in child development,* 2d ed., edited by M. E. Lamb. New York: Wiley.

Lefkowitz, M. M., L. D. Eron, L. O. Walder, and L. R. Huesmann. 1977. *Growing up to be violent.* New York: Pergamon.

Lewin, K., R. Lippitt, and R. White. 1939. Patterns of aggressive behavior in experimentally created social climates. *Journal of Social Psychology* 10:271–99.

Lewis, C. C. 1981. The effects of parental firm control: A reinterpretation of findings. *Psychological Bulletin* 90:547–63.

Loeb, R. C., L. Horst, and P. J. Horton. 1980. Family interaction patterns associated with self-esteem in preadolescent girls and boys. *Merrill-Palmer Quarterly* 26:203–17.

Maccoby, E. E., and J. A. Martin. 1983. Socialization in the context of the family: Parent-child interaction. In *Handbook of child psychology* (formerly *Carmichael's manual of child psychology*), 4th ed., edited by P. H. Mussen, vol. 4: *Socialization, personality, and social development,* edited by E. M. Hetherington, 1–101. New York: Wiley.

Patterson, G. R. 1976. The aggressive child: Victim and architect of a coercive system. In *Behavior modification and families.* Vol. 1: *Theory and research,* edited by L. A. Hamerlynck, L. C. Handy, and E. J. Mash. New York: Brunner-Mazell.

Patterson, G. R. 1979. A performance theory for coercive family interactions. In *The analysis of social interactions: Methods, issues and illustrations,* edited by R. B. Cairns. Hillsdale, N.J.: Erlbaum.

Patterson, G. R. 1980. Mothers: The unacknowledged victims. *Monograph of the Society for Research in Child Development* 45 (5, Serial N. 186).

Patterson, G. R. 1982. *Coercieve family process.* Eugene, Ore.: Castalia Press.

Patterson, G. R., and J. A. Cobb. 1971. A dyadic analysis of "aggressive" behavior. In *Minnesota symposium on child psychology,* vol. 5, edited by J. P. Hill. Minneapolis: University of Minnesota Press.

Pulkkinen, L. 1982. Self-control and continuity from childhood to adolescence. In *Life-span development and behavior,* edited by P. B. Baltes and O. G. Brim, vol. 4. New York: Academic Press.

Qadri, A. J., and G. A. Kaleem. 1971. Effect of parental attitudes on personality adjustment and self-esteem of children. *Behaviorometric* 1:19–24.

Saltzstein, H. D. 1976. Social influence and moral development: A perspective on the role of parents and peers. In *Moral development and behavior,* edited by T. Lickona. New York: Holt, Rinehart and Winston.

Sears, R. R. 1961. Relation of early socialization experiences to aggression in middle childhood. *Journal of Abnormal and Social Psychology* 63:466–92.

Yarrow, M. R., J. D. Campbell, and R. Burton. 1968. *Child rearing: An inquiry into research and methods.* San Francisco: Jossey-Bass.

Zahn-Waxler, C., E. M. Cummings, and R. Iannotti, eds. 1986. *Altruism and aggression: Biological and social origins.* Cambridge: Cambridge University Press.

Zahn-Waxler, C., M. Radke-Yarrow, and R. A. King. 1979. Child-rearing and children's prosocial initiations toward victims of distress. *Child Development* 50:319–30.

B3. Fundamentalist Christian Childrearing Manuals

Dobson 1970/1992 is the classic and probably the most moderate. Hyles is the most extreme.

Christenson, L. 1970. *The Christian family.* Minneapolis: Bethany House.

Dobson, J. 1970. *Dare to discipline.* Wheaton: Living Books/Tyndale House.

Dobson, J. 1978. *The strong-willed child: Birth through adolescence.* Wheaton: Living Books/Tyndale House.

Dobson, J. 1987. *Parenting isn't for cowards.* Dallas: Word.

Dobson, J. 1992. *The new dare to discipline.* Wheaton: Tyndale House.

Dobson, J., and Bauer, G. 1990. *Children at risk.* Dallas: Word.

Fugate, J. R. 1980. *What the Bible says about . . . child training.* Tempe: Alpha Omega.

Hyles, J. 1972. *How to rear children.* Hammond: Hyles-Anderson.

LaHaye, B. 1977. *How to develop your child's temperament.* Eugene, Ore.: Harvest House.

LaHaye, B. 1990. *Who will save our children?* Brentwood, Tenn.: Wolgemuth and Hyatt.

Swindoll, C. 1991. *The strong family.* Portland: Multnomah.

Tomczak, L. 1982. *God, the rod, and your child's bod: The art of loving correction for Christian parents.* Old Tappan: Fleming H. Revell.

B4. *Mainstream Childrearing Manuals*

Spock and Rothenberg is the updated version of the classic. The Brazelton books are currently extremely popular.

Bettelheim, B. 1987. *A good enough parent: A book on child-rearing.* New York: Alfred A. Knopf.

Brazelton, T. B. 1983. *Infants and mothers.* New York: Delacorte Press/Lawrence.

Brazelton, T. B. 1984. *Neonatal behavioral assessment scale.* 2d ed. Philadelphia: Lippincott.

Brazelton, T. B. 1984. *To listen to a child.* Reading: Addison-Wesley/Lawrence.

Brazelton, T. B. 1985. *Working and caring.* Reading: Addison-Wesley/Lawrence.

Brazelton, T. B. 1989. *Toddlers and parents.* Rev. ed. New York: Delacorte Press/Lawrence.

Brazelton, T. B. 1992. *On becoming a family.* Rev. ed. New York: Delacorte Press/Lawrence.

Brazelton, T. B. 1992. *Touchpoints.* Addison-Wesley.

Brazelton, T. B., and B. G. Cramer. 1990. *The earliest relationship.* Reading: Addison-Wesley/Lawrence.

Cramer, B. G. 1992. *The importance of being baby.* Reading, MA: Addison-Wesley/Lawrence.

Dreikurs, R. 1958. *The challenge of parenthood.* Rev. ed. New York: Hawthorn Books.

Dreikurs, R. 1964. *Children: The challenge.* New York: Penguin.

Fraiberg, S. 1959. *The magic years: Understanding and handling the problems of early childhood.* New York: Charles Scribner's Sons.

Ginott, H. G. 1956. *Between parent and child.* New York: Macmillan.

Gordon, T. 1975. *P.E.T.: Parent Effectiveness Training: The tested way to raise responsible children.* New York: New American Library.

Kimball, G. 1988. *50/50 parenting: Sharing family rewards and responsibilities.* Lexington: Lexington Books.

Leach, P. 1984. *Your growing child from babyhood through adolescence.* New York: Alfred A. Knopf.

Leach, P. 1989. *Your baby and child: From birth to age five.* Rev. ed. New York: Alfred A. Knopf.

Nelsen, J. 1981. *Positive discipline*. Fair Oaks, Calif.: Sunrise Press.

Nelson, J., L. Lott, and H. S. Glenn. 1993. *Positive discipline A-Z: 1001 solutions to everyday parenting problems*. Rockland, Calif.: Prima Publishing.

Popkin, M. 1987. *Active parenting: Teaching cooperation, courage, and responsibility*. San Francisco: Perennial Library.

Rosen, M. 1987. *Stepfathering*. New York: Ballantine Books.

Samalin, N., with M. Moraghan Jablow. 1987. *Loving your child is not enough: Positive discipline that works*. New York: Penguin Books.

Spock, B. 1988. *Dr. Spock on parenting: Sensible advice from America's most trusted child care expert*. New York: Simon and Schuster.

Spock, B., and M. B. Rothenberg. 1992. *Dr. Spock's baby and child care*. New York: Simon and Schuster.

Winnicott, D. W. 1987. *The child, the family and the outside world*. Introduction by M. H. Klaus. Reading: Addison-Wesley/ Lawrence.

Winnicott, D. W. 1988. *Babies and their mothers*. Introduction by B. Spock. Reading: Addison-Wesley/Lawrence.

Winnicott, D. W. 1993. *Talking to parents*. Introduction by T. B. Brazelton. Reading: Addison-Wesley/Lawrence.

B5. Childrearing and Violence

Greven's book provides an overview of the research.

Altemeyer, B. 1988. *Enemies of freedom: Understanding right-wing authoritarianism*. San Francisco: Jossey-Bass.

Bandura, A. 1973. *Aggression: A social learning analysis*. Englewood Cliffs: Prentice-Hall.

Bruce, D. 1979. *Violence and culture in the antebellum South*. Austin: University of Texas Press.

Dobash, R. E., and R. Dobash. 1979. *Violence against wives: A case against the patriarchy*. New York: The Free Press.

Gelles, R. J. 1987. *The violent home*. Rev. ed. Newbury Park: Sage Publications.

Gelles, R. J., and M. A. Straus. 1988. *Intimate violence*. New York: Simon and Schuster.

Gil, D. G. 1970. *Violence against children: Physical abuse in the United States.* Cambridge: Harvard University Press.

Gordon, L. 1988. *Heroes of their own lives: The politics and history of family violence—Boston 1880–1960.* New York: Viking.

Greven, P. 1991. *Spare the child: The religious roots of punishment and the psychological impact of physical abuse.* New York: Alfred A. Knopf.

Huesmann, L. R., L. D. Eron, M. N. Lefkowitz, and L. O. Walder. 1984. Stability of aggression over time and generations. *Developmental Psychology* 20:1120–34.

Kelman, H. C., and V. L. Hamilton. 1989. *Crimes of obedience: Toward a social psychology of authority and responsibility.* New Haven: Yale University Press.

Lefkowitz, M. M., L. D. Eron, L. O. Walder, and L. R. Huesmann. 1977. *Growing up to be violent: A longitudinal study of the development of aggression.* New York: Pergamon Press.

Pagelow, M. D., and L. W. Pagelow. 1984. *Family violence.* New York: Praeger.

Pizzey, E. 1977. *Scream quietly or the neighbors will hear.* Hillside, N.J.: Enslow.

Pizzey, E., and J. Shapiro. 1982. *Prone to violence.* Feltham, England: Hamlyn Paperbacks.

Pleck, E. 1987. *Domestic tyranny: The making of social policy against family violence from colonial times to the present.* New York: Oxford University Press.

Renvoize, J. 1978. *Web of violence: A study of family violence.* London: Routledge and Kegan Paul.

Shupe, A., W. A. Stacy, and L. R. Hazlewood. 1987. *Violent men, violent couples: The dynamics of domestic violence.* Lexington: Lexington Books.

Straus, M. A., R. J. Gelles, and S. K. Steinmetz. 1981. *Behind closed doors: Violence in the American family.* Garden City: Anchor Books.

Taves, A., ed. 1989. *Religion and domestic violence in early New England: The memoirs of Abigail Abbot Bailey.* Bloomington: Indiana University Press.

Taylor, L., and A. Maurer. 1985. *Think twice: The medical effects of corporal punishment.* Berkeley: Generation Books.

Walker, L. E. 1984. *The battered woman syndrome.* New York: Springer.

B6. Critiques of Fundamentalist Childrearing

Bartkowski and Ellison is an excellent comparison of mainstream and fundamentalist approaches, as well as a rich source of research material.

Bartkowski, J. P., and Ellison, C. G. 1995. Divergent models of childrearing in popular manuals: Conservative Protestants vs. the mainstream experts. *Sociology of Religion* 56:21–34.

Boone, K. C. 1989. *The Bible tells them so: The discourse of Protestant fundamentalism.* Albany: SUNY Press.

Ellison, C. G., and J. P. Bartkowski. 1995. Religion and the legitimation of violence: The case of conservative Protestantism and corporal punishment. In *The web of violence: From interpersonal to global,* edited by L. R. Kurtz and J. Turpin. Urbana: University of Illinois Press.

Ellison, C. G., and D. E. Shertak. 1993a. Conservative Protestantism and support for corporal punishment. *American Sociological Review* 58:131–44.

Ellison, C. G., and D. E. Shertak. 1993b. Obedience and autonomy: Religion and parental values reconsidered. *Journal for the Scientific Study of Religion* 32:313–29.

Elshtain, J. B. 1990. The family in political thought: Democratic politics and the question of authority. In *Fashioning family theory,* edited by J. Sprey, 51–66. London: Sage.

Fromm, E. 1941. *Escape from freedom.* New York: Holt, Rinehart and Winston.

McNamara, P. H. 1985. Conservative Christian families and their moral world: Some reflections for sociologists. *Sociological Analysis* 46:93–99.

Nock, S. L. 1988. The family and hierarchy. *Journal of Marriage and the Family* 50:957–66.

Roof, W. C., and W. McKinney. 1987. *American mainline religion.* New Brunswick: Rutgers University Press.

Rose, S. D. 1988. *Keeping them out of the hands of Satan: Evangelical schooling in America.* New York: Routledge, Chapman, and Hall.

Wald, K. D., D. E. Owen, and S. S. Hill. 1989. Habits of the mind? The problem of authority in the New Christian Right. In *Religion and behavior in the United States,* edited by T. G. Jelen, 93–108. New York: Praeger.

Warner, R. S. 1979. Theoretical barriers to the understanding of evangelical Christianity. *Sociological Analysis* 40:1–9.

B7. Background: Childrearing and National Character

Current research on the effects of childrearing has an antecedent in earlier, very intensive research on the relationship between childrearing and national character. The best survey is Inkeles and Levinson. An important part of the history of the movement is discussed in Andrew Lakoff's paper on Margaret Mead's involvement.

Adorno, T. W., E. Frenkel-Brunswik, D. J. Levinson, and R. N. Sanford. 1950. *The authoritarian personality*. New York: Harper and Row.

Bateson, G., and M. Mead. 1942. *Balinese character: A photographic analysis*. New York: New York Academy of Sciences.

Benedict, R. F. 1946. *The chrysanthemum and the sword*. Boston: Houghton Mifflin.

Benedict, R. F. 1949. Child rearing in certain European cultures. *American Journal of Orthopsychiatry* 19:342–50.

Gorer, G. 1950. The concept of national character. *Science News* 18:105–23. Harmondsworth, England: Penguin Books.

Gorer, G., and J. Rickman. 1949. *The people of Great Russia*. London: Cresset Press.

Haring, D. G., ed. 1948. *Personal character and cultural milieu*. Syracuse: Syracuse University Press.

Inkeles, A., and D. J. Levinson. 1954. National character: The study of modal personality and sociocultural systems. In *Handbook of social psychology,* vol. 2: *Special fields and applications,* edited by G. Lindzey, chap. 26. Cambridge: Addison-Wesley.

Kardiner, A. 1945. The concept of basic personality structure as an operational tool in the social sciences. In *The science of man in the world crisis,* edited by R. Linton, 107–22. New York: Columbia University Press.

Lakoff, A. 1995. Margaret Mead's diagnostic photography. *Visual Anthropology Review,* Spring 1996.

Mead, M. 1951a. *Soviet attitudes toward authority*. New York: McGraw-Hill.

Mead, M. 1951b. The study of national character. In *The policy sciences,* edited by D. Lerner and H. D. Lasswell, 70–85. Stanford: Stanford University Press.

Mead, M. 1953. National character. In *Anthropology today,* edited by A. L. Kroeber, 642–67. Chicago: University of Chicago Press.

Whiting, J. W. M., and I. L. Child. 1953. *Child training and personality.* New Haven: Yale University Press.

C. Politics

C1. Conservative Political Writings

This is the tip of the iceberg—just the books mentioned in the text.

Bennett, W. J. 1992. *The de-valuing of America: The fight for our culture and our children.* New York: Simon and Schuster.

Bennett, W. J. (ed. with commentary). 1993. *The book of virtues: A treasury of great moral stories.* New York: Simon and Schuster.

Gillespie, E., and B. Schellhas. 1994. *Contract with America: The bold plan by Rep. Newt Gingrich, Rep. Dick Armey and the House Republicans to change the nation.* New York: Times Books/ Random House.

Gingrich, N. 1995. *To renew America.* New York: HarperCollins.

Limbaugh, R. 1993. *See, I told you so.* New York: Simon and Schuster.

C2. Neoconservatism

These are the writings of some prominent conservative intellectuals, some of whom started out further to the left.

DeMuth, C., and W. Kristol. 1995. *The neoconservative imagination: Essays in honor of Irving Kristol.* Washington, D.C.: AEI Press.

Ehrman, J. 1995. *The rise of conservatism: Intellectuals in foreign affairs, 1945–1994.* New Haven: Yale University Press.

Fukuyama, R. 1992. *The end of history and the last man.* New York: The Free Press.

Glazer, N. 1976. American values and American foreign policy. *Commentary,* July.

Kirkpatrick, J. 1988. Welfare state conservatism: Interview by Adam Meyerson. *Policy Review,* Spring.

Kristol, I. 1976. What is a ''neo-conservative''? *Newsweek,* January 19, p. 17.

Kristol, I. 1983. *Reflections of a neoconservative: Looking back, looking ahead.* New York: Basic Books.

Kristol, W. 1993. A conservative looks at liberalism. *Commentary* 96(3):33–36.

Kristol, W. 1994. William Kristol looks at the future of the GOP. *Policy Review* 67:14–18.

Lipset, S. M. 1988. Neoconservatism: Myth and reality. *Society.*

Moynihan, D. P. 1993. Defining deviancy down. *American Scholar,* Winter.

Moynihan, D. P. 1993. Toward a new intolerance. *Public Interest,* Summer.

Muravchik, J. 1991. *Exporting democracy.* Washington: American Enterprise Institute.

Podhoretz, N. 1979. *Breaking ranks.* New York: Harper and Row.

Sowell, T. 1987. *A conflict of visions: Ideological origins of political struggles.* New York: William Morrow.

Wilson, J. Q. 1980. Neoconservatism: Pro and con. *Partisan Review* 4.

Wilson, J. Q. 1993. *The moral sense.* New York: The Free Press.

C3. Modern Theoretical Liberalism

John Rawls's *A Theory of Justice* is the most influential work in modern theoretical liberalism, which seeks to consider social issues such as poverty, health, and education in the same arena as individual rights.

Arneson, R. 1989. Introduction. A symposium on Rawls's *Theory of Justice:* Recent developments. *Ethics* 99:695–710.

Daniels, N. 1978. *Reading Rawls: Critical studies of* A Theory of Justice. Oxford: Basil Blackwell.

Harsanyi, J. 1976. *Essays on ethics, social behaviour and scientific explanation.* Dordrecht: Reidel.

Kukathas, C., and P. Pettit. 1990. *Rawls:* A Theory of Justice *and its critics.* Stanford: Stanford University Press.

Mulhall, S., and A. Swift. 1992. Liberals and communitarians. Cambridge, Mass.: Basil Blackwell.

Pogge, T. W. 1989. *Realizing Rawls.* Ithaca: Cornell University Press.

Rawls, J. 1971. *A theory of justice.* Cambridge: Belknap Press/ Harvard University Press.

Rawls, J. 1982. The basic liberties and their priority. In *The Tanner Lectures on Human Values,* edited by S. MacMurrin, 3:1–89. Cambridge: Cambridge University Press.

Rawls, J. 1993. *Political liberalism.* New York: Columbia University Press.

Raz, J. 1986. *The morality of freedom.* Oxford: Oxford University Press.

Rorty, R. 1982. *Consequences of pragmatism: Essays: 1972–1980.* Brighton: Harvester Press.

C4. Communitarian Critiques

Theoretical liberalism focuses on the individual and individual rights. Communitarian critiques claim that it makes no sense to think of individuals as separate from their communities and that responsibilites must be considered alongside rights.

Bellah, R., et al. 1985. *Habits of the heart: individualism and commitment in American life.* Berkeley: University of California Press.

Daly, M., ed. 1994. *Communitarianism: A new public ethics.* Belmont: Wadsworth.

Etzioni, A. 1988a. *The moral dimension: Toward a new economics.* New York: The Free Press.

Etzioni, A. 1988b. *The spirit of community: Rights, responsibilities, and the communitarian agenda.* New York: Crown.

Etzioni, A., ed. 1995. *New communitarian thinking: Persons, virtues, institutions, and communities.* Charlottesville: University of Virginia Press.

Gutmann, A. 1985. Communitarian critics of liberalism. *Philosophy and Public Affairs* 14:308–22.

Kukathas, C., and P. Pettit. 1990. The communitarian critique. In *Rawls: A Theory of Justice and its critics,* edited by C. Kukathas and P. Pettit, 92–118. Stanford: Stanford University Press.

MacIntyre, A. 1986. *After virtue: A study in moral theory.* 2d ed. London: Duckworth.

Sandel, M. 1982. *Liberalism and the limits of justice*. Cambridge: Cambridge University Press.

Spragens, T. A., Jr. 1995. Communitarian liberalism. In *New communitarian thinking*, edited by A. Etzioni, 37–51. Charlottesville: University of Virginia Press.

Taylor, C. 1985. Atomism. In his *Philosophical Papers*, vol. 2:187–210. Cambridge: Cambridge University Press.

Walzer, M. 1981. Philosophy and democracy. *Political Theory* 9: 379–99.

Walzer, M. 1983. *Spheres of justice*. Oxford: Basil Blackwell.

Wolff, R. P. 1977. *Understanding Rawls: A reconstruction and critique of* A theory of justice. Princeton: Princeton University Press.

C5. Theoretical Libertarianism

Theoretical libertarians maintain a pure focus on individual rights.

Nozick, R. 1974. *Anarchy, state and utopia*. New York: Basic Books.

D. Public Administration

D1. Bureaucratic Reform

Osborne and Gaebler is the classic, providing a blueprint for the Clinton administration's attempted reform of the bureaucracy. Barzelay documents an example of bureaucratic reform in the state of Minnesota.

Barzelay, M., with B. J. Armajani. 1992. *Breaking through bureaucracy: A new vision for managing in government*. Berkeley: University of California Press.

Drucker, P. 1985. *Innovation and entrepreneurship*. New York: Harper and Row.

Drucker, P. 1989. *The new realities*. New York: Harper and Row.

Kanter, R. M. 1983. *The change masters: Innovation and entrepreneurship in the American corporation*. New York: Harper and Row.

Osborne, D., and T. Gaebler. 1992. *Reinventing government: How the entrepreneurial spirit is transforming the public sector*. New York: Addison-Wesley.

Wilson, J. Q. 1989. *Bureaucracy: What government agencies do and why they do it.* New York: Basic Books.

D2. Star Wars Policy

This is a classic on why Star Wars isn't feasible. It has become relevant again in the current debate over the resurrection of the Star Wars program.

Lakoff, S., and H. F. York. 1989. *A shield in space? Technology, politics, and the Strategic Defense Initiative: How the Reagan administration set out to make nuclear weapons "impotent and obsolete" and succumbed to the fallacy of the last move.* Berkeley: University of California Press.

E. Miscellaneous

Lovejoy, A. O. 1936. *The great chain of being: A study of the history of an idea.* Cambridge: Harvard University Press.

索 引

progressive politics and rais-
ing, 423–25
socialization research on rais-
ing, 351–60
Christenson, Larry, 342–43
Christianity/Christians
born-again, 254–55
Christ and moral accounting,
258–60
conservative and Strict Fa-
ther, 247–54
conservative family agenda
and childrearing, 339–49
education and, 232–33
interpretation and modes of
thought, 245–47
liberal and Nurturant Parent,
255–58
Moral Accounting metaphor
and, 53–54, 248–51, 253,
258–60, 379
two models of, 260–62
See also Bible, the; Judeo-
Christian tradition; religion
citizens
conservative model, 169–70,
211–12
liberal model, 173
civil liberties. See rights
classical theoretical liberalism,
19–20
class structure. See social class
Clinton, Bill
Americorps program, 184–85
domestic violence, 274
election of 2000, 397
environmental protection,
410–11
foreign policy, 412–13

gays in the military, 227
impeachment of, 389–93
reinventing government, 191–
92
Clinton, Hillary Rodham, 171–
73, 183
cognitive linguistics, 3
cognitive modeling, 156–60
cognitive science, 3–5, 15, 17–
18, 27–29, 41
college loans, 167–69, 184–85
common sense, 4–7
communication, 375–78. See
also language; metaphors
communism, 182–83, 195,
200
communitarianism, 59, 151
compassion, 118–19
competition, 68–69
conceptual metaphors, 4–5, 63,
374–75
conservatism
on childrearing, 339–49
citizens and demons, 169–73,
211–12
common sense of, 7
failure to understand conser-
vatism, 148–50
feminism and, 303–7
ideological model of, 11–17
language of, 29–30
liberals and, 26–27, 143–48,
317–20
moral agenda of, 196
moral categories of, 162–69
morality in contemporary pol-
itics, 18–19
Reagan's deficit spending
and, 194–96

in the Nurturant Parent
model, 119–20, 135, 137–38
work and, 131
Moral Strength metaphor
Christianity and, 253
Clinton's impeachment and,
392
college loans and, 168
crime and, 200
demarcation of good and
evil, 90
drug problem and, 187
homosexuality and, 226
human experience and, 382
individual success or failure
and, 203
moral virtues and, 88
in the Nurturant Parent
model, 126–29, 136–37
self-denial and, 122
self-discipline and, 233
in the Strict Father model,
71–76, 99–101, 163–65
Moral Wholeness metaphor,
90–92, 99–101
multiculturalism, 170, 228
Mussen, Paul, 352

Nader, Ralph, 397
National Endowment for the
Arts, 98, 148, 239–40
National Endowment for the
Humanities, 98, 146, 229–30
National Organization of
Women (NOW), 301
Nation As Family metaphor,
153–56
Clinton impeachment and,
390–92

fair and equal treatment of
people, 223, 225
family models applied to,
179–81
family values and politics, 326
and government, attitudes to-
ward, 272–74
immigration and, 187–88
military spending and, 192
multiculturalism and, 228
political worldview and, 160
punishment and, 208–9
taxation and, 190
variations in models and, 286
nature
conservative environmen-
talism, 212–15
conservative view of, 409
as explanation for social prob-
lems, 204–5
human (*see* human nature)
metaphors of, 213–18
Moral Order metaphor and,
81–83
Nurturant Parent model view
of, 112, 215–18
Strict Father model view of,
212–15
See also environment/
environmentalists
Nelsen, Jane, 364
New Criterion, 237, 239
New Dare to Discipline, The
(Dobson), 182
Nietzsche, Friedrich, 83
North, Oliver, 65
Norton, Gale, 408
NOW. *See* National Organiza-
tion of Women

(*see also* Moral Order meta-
phor)
Moral Self-Interest metaphor,
129–31, 138 (*see also* Moral
Self-Interest metaphor)
Moral Self-Nurturance meta-
phor, 119–20, 135, 137–38
(*see also* Moral Self-Nurtur-
ance metaphor)
Moral Strength metaphor,
126–29, 136–37 (*see also*
Moral Strength metaphor)
Nation As Family metaphor
and, 154–56
nature, view of, 112, 215–18
pathologies of, 311–17
reasons for embracing, 337–
38
restitution and, 133–34, 136
reward and punishment in,
113
social programs, applied to,
179–80, 184–87
taxation, applied to, 190
variation in (*see* variation)
work and, 131–32

O'Connor, Sandra Day, 403
Olasky, Marvin, 267
old-growth forests, 219–20
Olson, Ted, 407
Original Sin, 249, 257, 258
orphanages, 185–86
Orwell, George, 153
Osborne, David, 327

pathologies, 310–11
of family models, 311–17

stereotypes of liberals, 317–
20
stereotyping, 320–21
Permissiveness, Pathology of,
313
political ideology, coherent,
14–16
political liberalism. *See* liber-
alism
politics, morality and, 322–31.
See also government
Positive Discipline A—Z
(Nelsen, Lott, and Glenn),
364
postmodern humanists, 170
pregnancy, teen, 185, 187
presidential election. *See* elec-
tion of 2000
prototypes, 4, 8–11, 175–76,
284, 371
public discourse, 3–4, 32, 384–
88
public policy, categories of,
175
punishment. *See* Morality of
Reward and Punishment; re-
ward and punishment

Quayle, Dan, 29, 189, 306, 408

radial categories, 7–8, 14, 283–
85, 370–71
radical politics, 301
Raspberry, William, 5–6
Rawls, John, 20–21, 37, 151,
324
Reagan, Nancy, 185–86
Reagan, Ronald, 192, 194–96
reciprocation, 46–47

traditional values, conservatives and, 148–49
trust, 55–56
turning the other cheek, 50
Tversky, Amos, 373

variation
  in feminism (*see* feminism)
  liberal strict-father intellectuals, 296–98
  libertarians, 293–96
  linear scale, 103, 139, 288–89
  in meaning, 370–76
  moral focus (*see* moral focus)
  parameters of, 103–7, 139–40, 284–85
  pathological (*see* pathologies)
  pragmatic, 103–4, 140, 285–88
  prototypes and, 175–76, 284
  radial categories and, 283–85
veil of ignorance, 20–21
vigilantism, 275–80
The Violent Home (Gelles), 360–61

Washington, George, 153
welfare, 25–27
  conservatives and, 171, 186
  corporate, 172–73
  Strict Father perspective on, 74
  See also Aid to Families With Dependent Children (AFDC); Women, Infants and Children (WIC) program
well-being
  meaning of, 41–43

metaphorical abstraction and, 380–83
Well-Being As Wealth metaphor, 45–47
  Christianity and, 253, 379
  financial rights and, 57
  free market economics and, 94
  as fundamental, 62–63
  punishment and, 374–75
  retribution and, 48
  turning the other cheek and, 50
Whitman, Christine Todd, 306, 408
WIC. *See* Women, Infants, and Children program
Winokur, Scott, 409
Women, Fire, and Dangerous Things (Lakoff), 283
Women, Infants, and Children (WIC) program, 145. *See also* welfare work
  moral accounting and, 54–55
  nurturance and, 131–32
Work Exchange metaphor, 55
worldview, 3, 27–29, 31–36
  conservative (*see* conservatism)
  liberal (*see* liberalism)
  models of, reasons for, 36–37

You Just Don't Understand (Tannen), 375

图书在版编目（CIP）数据

道德政治：自由派和保守派如何思考／（美）乔治
·莱考夫（George Lakoff）著；张淳，胡红伟译. --
北京：社会科学文献出版社，2019.4
  书名原文：Moral Politics：How Liberals and
Conservatives Think
  ISBN 978 - 7 - 5201 - 3916 - 8

  Ⅰ.①道…　Ⅱ.①乔…②张…③胡…　Ⅲ.①政治伦
理学 - 研究 - 美国　Ⅳ.①B82 - 051

  中国版本图书馆 CIP 数据核字（2018）第 257148 号

道德政治：自由派和保守派如何思考

著　　者／〔美〕乔治·莱考夫（George Lakoff）
译　　者／张　淳　胡红伟

出 版 人／谢寿光
责任编辑／刘　娟
文稿编辑／杨　睿

出　　版／社会科学文献出版社·甲骨文工作室（分社）（010）59366527
      地址：北京市北三环中路甲 29 号院华龙大厦　邮编：100029
      网址：www. ssap. com. cn
发　　行／市场营销中心（010）59367081　59367083
印　　装／北京盛通印刷股份有限公司

规　　格／开本：889mm×1194mm　1/32
      印　张：13.375　字　数：305 千字
版　　次／2019 年 4 月第 1 版　2019 年 4 月第 1 次印刷
书　　号／ISBN 978 - 7 - 5201 - 3916 - 8
著作权合同
登 记 号／图字 01 - 2014 - 7417 号
定　　价／79.00 元

本书如有印装质量问题，请与读者服务中心（010 - 59367028）联系